蜗牛养殖技术

龚泉福 龚 晴 编著

上海科学技术出版社

图书在版编目(CIP)数据

蜗牛养殖技术 / 龚泉福,龚晴编著. —上海:上海科学
技术出版社,2016.6
ISBN 978 - 7 - 5478 - 3041 - 3

Ⅰ.①蜗…　Ⅱ.①龚…②龚…　Ⅲ.①蜗牛—养殖
Ⅳ.①S865.9

中国版本图书馆 CIP 数据核字(2016)第 072083 号

蜗牛养殖技术

龚泉福　龚　晴　编著

上海世纪出版股份有限公司
上 海 科 学 技 术 出 版 社　出版
(上海钦州南路 71 号　邮政编码 200235)

上海世纪出版股份有限公司发行中心发行
200001　上海福建中路 193 号　www.ewen.co
上海书刊印刷有限公司印刷

开本 889×1194　1/32　印张 9.25
字数:200 千
2016 年 6 月第 1 版　2016 年 6 月第 1 次印刷
ISBN 978 - 7 - 5478 - 3041 - 3/S · 122
定价:28.00 元

本书如有缺页、错装或坏损等严重质量问题,
请向工厂联系调换

前　言

蜗牛是一种食药同源的陆生贝类软体动物。蜗牛人工养殖已有 100 多年的历史。我国蜗牛养殖始于 20 世纪 80 年代初,在各级政府的重视下,各地纷纷完善蜗牛养殖政策的激励措施,经过千万养殖蜗牛创业者的努力拼搏,在经历了 30 多年的艰难发展后,终于完成了中国蜗牛养殖业的建立。一个趋向集约化、规模化、标准化的新型现代养殖业正遍及全国各地。

发展蜗牛养殖业可为人类开辟新的食品资源。随着人们收入水平和生活质量的日益提高,城乡居民膳食结构中的健康、美容、益智食品将逐步增加,而蜗牛正是人类合理、理想且能增强体质的新型食品资源,它为人类改变食物结构提供了物质基础。同时,蜗牛也给畜牧、水产养殖业提供了数量巨大的动物蛋白质饲料来源。

蜗牛养殖业是我国大农业发展的一个组成部分。蜗牛养殖可以带动养殖业和其他相关产业的发展,能大规模实现转化增值,能更多地吸纳农村富余劳动力,增加农民收入。同时,发展蜗牛养殖也是推动农业和农村经济发展的一个重大举措。

蜗牛养殖不争劳力、不争粮食和耕地,是投资少、成本低、见效快、饲养简便、饲料广泛价廉、繁殖率高、发病率低、无声无味、无污染而又易推广的养殖好项目。蜗牛可以运用室内外养殖相结合的方法饲养。一只蜗牛一个生物年度可以生产商品蜗牛 8 千克以上,饲养 7 个月每 667 平方米(1 亩)饲养用地产商品蜗牛 4～6 吨。若一个养殖场以保持年存栏 10 万只种蜗牛的养殖规模计算,则平均一个生物年度可生产商品蜗牛 800 吨以上,至少增收 420 万元以上,可带动 500 户农村家庭致富。蜗牛养殖的经济效益分别为养猪的 3.7 倍、养鸡的 1.6 倍、养鱼的 4.5 倍。

随着国内外巨大的蜗牛消费市场对蜗牛需求量的逐年攀升,加之养殖容易、利润丰厚的特点,许许多多农户、下岗职工、退休人员,以及大中型工商、农业集团便纷纷投资养殖蜗牛。然而,由于经验不足、养殖技术不到位等问题,常导致蜗牛大批死亡,损失惨重。为推进蜗牛养殖技术的进步,加快蜗牛养殖先进实用技术的推广和普及,促进蜗牛养殖业又好又快地发展,笔者根据 30 多年来养殖蜗牛的实践经验和积累的国内外最新、最先进的蜗牛养殖资料,编写了《蜗牛养殖技术》一书,以满足各地蜗牛养殖者的迫切需求,并为广大蜗牛养殖者提供技术支撑。

本书内容丰富,对蜗牛的肉用种类、生态、繁殖、养殖技术、饲养管理、疾病防治、采收和运输以及技术标准、养殖技术规程、行业标准等均有详细的介绍,力求给予读者从建场到养殖管理、产品研发、产业化经营等诸方面提供切合实际的技术指导。

本书不仅是广大蜗牛养殖从业者的一部内容丰富、技术齐全的实践指导读本，而且对初从事蜗牛产业的投资者更是一部必不可少的工具书。

　　本书在编写过程中，承蒙蜗牛养殖业同行的热情支持和指导，尤其是张贵明、林进波、杨凤臣、王信宝、冯学珍、刘毅、刘宽生等同志为本书的编写提供了宝贵的蜗牛养殖资料，在此一并致以衷心的感谢。

　　书中如有不妥之处，诚望广大读者指正。

编著者

2016 年 3 月于上海

目 录

第一章 蜗牛的利用价值和资源种类 ……………………………… 1

一、蜗牛的应用价值与经济价值 ………………………………… 1

  （一）供食用 ……………………………………………………… 1

  （二）入药治病 …………………………………………………… 4

  （三）作畜禽饲料 ………………………………………………… 6

  （四）作优质钙质来源 …………………………………………… 9

  （五）制作工艺品 ………………………………………………… 10

  （六）提取蜗牛酶与凝集素 ……………………………………… 10

  （七）利用蜗牛黏液等提炼化妆品与洗涤液的原料 …………… 11

  （八）监测土壤污染程度 ………………………………………… 12

二、肉用蜗牛种类 ………………………………………………… 13

  （一）锈色环口螺 ………………………………………………… 14

  （二）高大环口螺 ………………………………………………… 14

  （三）梨形环口螺 ………………………………………………… 14

  （四）褐云玛瑙螺 ………………………………………………… 15

  （五）多带黄皮坚螺 ……………………………………………… 15

  （六）凸板坚螺 …………………………………………………… 16

  （七）皱疤坚螺 …………………………………………………… 16

  （八）海南坚螺 …………………………………………………… 16

  （九）广德真厚螺 ………………………………………………… 17

  （十）马氏巴蜗牛 ………………………………………………… 17

  （十一）江西巴蜗牛 ……………………………………………… 17

  （十二）谷皮巴蜗牛 ……………………………………………… 18

  （十三）白玉蜗牛 ………………………………………………… 18

（十四）小林花园蜗牛 ………………………………… 18

（十五）盖罩大蜗牛 …………………………………… 19

（十六）散大蜗牛 ……………………………………… 19

（十七）亮大蜗牛 ……………………………………… 20

第二章　蜗牛的生态 …………………………………… 21

一、生栖环境与习性 …………………………………… 21

（一）生栖环境 ………………………………………… 21

（二）生活习性 ………………………………………… 22

二、温度与湿度 ………………………………………… 27

（一）温度 ……………………………………………… 27

（二）湿度 ……………………………………………… 34

三、光照和通气 ………………………………………… 37

（一）光照 ……………………………………………… 37

（二）通气 ……………………………………………… 40

四、冬眠与夏眠 ………………………………………… 42

（一）冬眠 ……………………………………………… 42

（二）夏眠 ……………………………………………… 46

五、食性 ………………………………………………… 50

（一）杂食性 …………………………………………… 50

（二）偏食性 …………………………………………… 50

六、土壤 ………………………………………………… 51

（一）土壤矿物质 ……………………………………… 51

（二）土壤有机质 ……………………………………… 53

（三）土壤微生物 ……………………………………… 54

（四）土壤温度 ………………………………………… 56

（五）土壤湿度 ………………………………………… 58

（六）土壤空气 ………………………………………… 59

（七）土壤 pH ………………………………………… 61

（八）盐度 ……………………………………………… 64

（九）其他化学制剂和辐射 …………………………… 66

七、御敌力与电刺激 …………………………………… 68

（一）御敌力 ………………………………………… 68

（二）电刺激 ………………………………………… 68

第三章　蜗牛的繁殖 ………………………………… 70

　一、性别与产卵 ………………………………………… 70

　　（一）性别 ………………………………………… 70

　　（二）产卵 ………………………………………… 70

　二、发生 ………………………………………………… 72

　　（一）受精 ………………………………………… 72

　　（二）卵裂 ………………………………………… 72

　　（三）胚胎发育 …………………………………… 73

　三、生长 ………………………………………………… 75

　　（一）生长规律 …………………………………… 75

　　（二）生长类型 …………………………………… 75

　　（三）生长环境 …………………………………… 76

　四、世代与寿命 ………………………………………… 77

　　（一）世代 ………………………………………… 77

　　（二）寿命 ………………………………………… 77

第四章　种蜗牛的选择与培育 ……………………… 79

　一、种蜗牛的选择 ……………………………………… 79

　　（一）选择标准 …………………………………… 79

　　（二）选择方法 …………………………………… 80

　二、种蜗牛的繁育方式 ………………………………… 81

　　（一）纯种繁育 …………………………………… 81

　　（二）提纯复壮 …………………………………… 82

　三、种蜗牛的管理 ……………………………………… 82

　　（一）搭配与投喂饲料 …………………………… 82

　　（二）管控饲养土干湿 …………………………… 84

　　（三）调控温度与湿度 …………………………… 84

　　（四）调控光照 …………………………………… 86

　　（五）掌握放养密度 ……………………………… 86

　四、种蜗牛的产卵和孵化 ……………………………… 87

（一）交配 ……………………………………………… 87

（二）产卵 ……………………………………………… 88

（三）孵化 ……………………………………………… 92

第五章　蜗牛的饲养管理 ………………………………… 96

一、场地选择和饲养要求 ………………………………… 96

（一）室外场地 ………………………………………… 96

（二）室内场地 ………………………………………… 98

二、饲养方式及设施设备 ………………………………… 99

（一）大田围网饲养 …………………………………… 99

（二）塑料大棚饲养 …………………………………… 100

（三）标准化大棚饲养 ………………………………… 101

（四）庭院饲养 ………………………………………… 104

（五）土沟饲养 ………………………………………… 104

（六）高温遮阳木架饲养 ……………………………… 105

（七）塑料泡沫箱饲养 ………………………………… 106

（八）砖池饲养 ………………………………………… 106

（九）木箱饲养 ………………………………………… 107

（十）床式饲养 ………………………………………… 107

（十一）水式饲养 ……………………………………… 108

（十二）防空洞饲养 …………………………………… 108

三、饲料与营养 …………………………………………… 109

（一）常用饲料 ………………………………………… 109

（二）日食量 …………………………………………… 110

（三）营养需求 ………………………………………… 111

（四）饲料的配合 ……………………………………… 116

（五）人工配合饲料 …………………………………… 122

四、蜗牛的日常管理 ……………………………………… 125

（一）制定饲养管理规则 ……………………………… 125

（二）控制生长速度 …………………………………… 129

（三）掌握放养密度 …………………………………… 131

（四）饲养土管理 ……………………………………… 133

（五）设置防逃设施 ⋯⋯⋯⋯⋯⋯⋯⋯⋯⋯⋯⋯⋯⋯ 138

（六）蜗牛与蚯蚓混养 ⋯⋯⋯⋯⋯⋯⋯⋯⋯⋯⋯⋯⋯ 142

（七）做好蜗牛粪便和残食清扫等保洁工作 ⋯⋯⋯ 146

（八）防疫消毒 ⋯⋯⋯⋯⋯⋯⋯⋯⋯⋯⋯⋯⋯⋯⋯⋯ 148

（九）投喂饲料 ⋯⋯⋯⋯⋯⋯⋯⋯⋯⋯⋯⋯⋯⋯⋯⋯ 152

（十）调节温度和湿度 ⋯⋯⋯⋯⋯⋯⋯⋯⋯⋯⋯⋯⋯ 154

五、幼蜗牛、生长蜗牛和成蜗牛的饲养 ⋯⋯⋯⋯⋯⋯ 157

（一）幼蜗牛 ⋯⋯⋯⋯⋯⋯⋯⋯⋯⋯⋯⋯⋯⋯⋯⋯⋯ 157

（二）生长蜗牛 ⋯⋯⋯⋯⋯⋯⋯⋯⋯⋯⋯⋯⋯⋯⋯⋯ 159

（三）成蜗牛 ⋯⋯⋯⋯⋯⋯⋯⋯⋯⋯⋯⋯⋯⋯⋯⋯⋯ 160

六、蜗牛的冬季管理 ⋯⋯⋯⋯⋯⋯⋯⋯⋯⋯⋯⋯⋯⋯⋯ 161

（一）越冬前的准备 ⋯⋯⋯⋯⋯⋯⋯⋯⋯⋯⋯⋯⋯⋯ 161

（二）越冬时间与密度 ⋯⋯⋯⋯⋯⋯⋯⋯⋯⋯⋯⋯⋯ 162

（三）越冬保温方法 ⋯⋯⋯⋯⋯⋯⋯⋯⋯⋯⋯⋯⋯⋯ 162

（四）越冬期管理要点 ⋯⋯⋯⋯⋯⋯⋯⋯⋯⋯⋯⋯⋯ 167

七、蜗牛大田围网饲养技术 ⋯⋯⋯⋯⋯⋯⋯⋯⋯⋯⋯⋯ 169

（一）大田围网饲养特点 ⋯⋯⋯⋯⋯⋯⋯⋯⋯⋯⋯⋯ 169

（二）放养前的准备 ⋯⋯⋯⋯⋯⋯⋯⋯⋯⋯⋯⋯⋯⋯ 170

（三）饲养管理要点 ⋯⋯⋯⋯⋯⋯⋯⋯⋯⋯⋯⋯⋯⋯ 171

八、蜗牛温室大棚放牧饲养技术 ⋯⋯⋯⋯⋯⋯⋯⋯⋯⋯ 173

（一）温室大棚放牧饲养特点 ⋯⋯⋯⋯⋯⋯⋯⋯⋯⋯ 173

（二）设计温室大棚 ⋯⋯⋯⋯⋯⋯⋯⋯⋯⋯⋯⋯⋯⋯ 173

（三）种植蔬菜 ⋯⋯⋯⋯⋯⋯⋯⋯⋯⋯⋯⋯⋯⋯⋯⋯ 175

（四）放牧蜗牛 ⋯⋯⋯⋯⋯⋯⋯⋯⋯⋯⋯⋯⋯⋯⋯⋯ 175

（五）调控温度和湿度 ⋯⋯⋯⋯⋯⋯⋯⋯⋯⋯⋯⋯⋯ 175

九、蜗牛围栏饲养技术 ⋯⋯⋯⋯⋯⋯⋯⋯⋯⋯⋯⋯⋯⋯ 177

（一）选择场地 ⋯⋯⋯⋯⋯⋯⋯⋯⋯⋯⋯⋯⋯⋯⋯⋯ 177

（二）搭建饲养设施 ⋯⋯⋯⋯⋯⋯⋯⋯⋯⋯⋯⋯⋯⋯ 177

（三）建设围栏与辅助设施 ⋯⋯⋯⋯⋯⋯⋯⋯⋯⋯⋯ 177

（四）饲养管理要点 ⋯⋯⋯⋯⋯⋯⋯⋯⋯⋯⋯⋯⋯⋯ 178

十、蜗牛离土饲养 ⋯⋯⋯⋯⋯⋯⋯⋯⋯⋯⋯⋯⋯⋯⋯⋯ 180

（一）搭建和安装饲养设施 ·················· 180

（二）饲养管理要点 ·················· 182

十一、蜗牛体质下降原因和健、病态蜗牛鉴别 ·· 186

（一）引起蜗牛体质下降的原因 ·················· 186

（二）健、病态蜗牛鉴别 ·················· 187

十二、蜗牛天敌和病害防治 ·················· 188

（一）天敌防治 ·················· 188

（二）病害防治 ·················· 197

（三）使用中草药添加剂防病治病 ·················· 201

第六章　四大蜗牛饲养关键技术 ·················· 203

一、褐云玛瑙螺 ·················· 203

（一）生活习性 ·················· 203

（二）室内饲养技术 ·················· 203

（三）室外饲养技术 ·················· 210

（四）天敌和病害防治 ·················· 211

二、白玉蜗牛 ·················· 212

（一）生活习性 ·················· 212

（二）室内饲养技术 ·················· 213

（三）室外饲养技术 ·················· 215

（四）天敌和病害防治 ·················· 217

三、散大蜗牛 ·················· 218

（一）生活习性 ·················· 218

（二）饲养技术 ·················· 218

（三）天敌和病害防治 ·················· 221

四、亮大蜗牛 ·················· 222

（一）生活习性 ·················· 222

（二）室内饲养技术 ·················· 223

（三）露天饲养技术 ·················· 225

（四）天敌与病虫害防治 ·················· 226

第七章　蜗牛的收购与包装运输 ·················· 228

一、收购 ·················· 228

（一）采收 ·························· 228

（二）收购标准 ···················· 229

二、包装运输 ························ 231

（一）运输季节 ···················· 231

（二）运输前的准备 ················ 231

（三）包装运输方法 ················ 232

（四）运输途中注意事项 ············ 234

第八章　蜗牛养殖业发展探讨 ········ 236

一、蜗牛养殖业标准化模式 ·········· 236

二、蜗牛养殖产业化发展模式 ········ 240

三、蜗牛养殖标准化生产模式 ········ 241

四、蜗牛养殖专业村建设模式 ········ 244

五、蜗牛养殖小区建设模式 ·········· 246

六、蜗牛养殖专业合作社建设模式 ···· 249

七、申报蜗牛产业化龙头企业标准 ···· 252

八、蜗牛出口贸易的基本程序 ········ 253

主要参考文献 ························ 255

附录　蜗牛养殖相关标准与规程 ······ 256

（一）鲜活蜗牛技术标准 ············ 256

（二）冷冻蜗牛肉技术标准 ·········· 259

（三）无公害商品白玉蜗牛标准 ······ 263

（四）蜗牛冻肉的验收标准 ·········· 266

（五）出口冻煮蜗牛肉检验标准 ······ 268

（六）蜗牛用水水质卫生标准 ········ 272

（七）无公害白玉蜗牛养殖技术规程 ·· 274

（八）无公害白玉蜗牛人工繁殖技术规程 278

第一章 蜗牛的利用价值和资源种类

一、蜗牛的应用价值与经济价值

(一) 供食用

1. 营养成分及价值

蜗牛肉质嫩、爽口、味道鲜美,而且具有丰富的营养。据分析测定,1千克褐云玛瑙螺鲜肉中含蛋白质115.3克、脂肪10.9克、总糖533克、灰分11.2克(表1-1),以及多种氨基酸(表1-2)和多种矿物元素(表1-3),还含有生物碱、酚类、香豆精和有机酸等。蜗牛肉的蛋白质含量明显高于猪肉、牛肉、羊肉和鸡蛋(表1-4)。此外,蜗牛肉中含有16种氨基酸,其中赖氨酸、蛋氨酸、苏氨酸、缬氨酸、亮氨酸、异亮氨酸、苯丙氨酸则是人体所必需的。特别是蜗牛肉含有的谷氨酸和天门冬氨酸具有增加人体脑细胞活力及帮助消除疲劳的作用。所以,蜗牛是一种理想的高蛋白、低脂肪的营养食品,尤其适于患高血压、冠心病的老人食用,对发育中的儿童也是一种营养佳品。常食蜗牛可使人体新陈代谢更旺盛,精气神诸佳,养颜润肤,抗衰健身,延年益寿。

蜗牛有相当高的经济价值,在国际市场上,1吨蜗牛冻肉的价值在3万美元以上;在我国,1吨蜗牛冻肉价值人民币9万元以上。在西欧国家及美国,特别是法国吃蜗牛是一种饮食文化,百姓普遍喜好吃蜗牛,饭店、酒家乃至国宴都把蜗牛肉作为美味佳肴来招待贵宾。在欢度重大节日时,也是不可或缺的一道大菜。故有"离了蜗牛无好菜,缺少蜗牛不算席"之说。他们对蜗牛的青睐程度可见一斑。现在法国每年要吃掉5万多吨蜗牛。在意大利、西班牙吃蜗牛也非常盛行,由于自产不足,每年都要进口上千吨蜗牛肉。在美国,吃蜗牛已成时兴,十分普遍。在华盛顿地区,视蜗牛为"吉祥"食品。6只蜗牛的一盘菜价达18美元。现在美国每年要从24个国家进口6亿美元的蜗牛制品。如今,全世界每年消费蜗牛300万吨。

自20世纪80年代起,吃蜗牛在我国各地也盛行起来,许多知名饭店、酒家都经营蜗牛美味佳肴。在我国的国宴上,推出蜗牛肉名菜款待国宾。现在蜗牛菜已进入百姓家,成为都市人餐桌上的美味佳肴。时下,我国每年要消费蜗牛10万吨之多。

蜗牛肉不但可按中国传统的方法烹调,做成200多种不同风味的菜肴,还可加工成冻肉、罐头、休闲食品,以及保健食品、药品等。

表1-1 褐云玛瑙螺主要营养成分及含量(每千克鲜重)

营养成分	含量(克)	营养成分	含量(毫克)
水分	775.1	灰分	11.2
蛋白质	115.3	维生素 B_1	0.21
脂肪	10.9	维生素 B_2	0.24
总糖	53.3	维生素 E	1.63

表1-2 褐云玛瑙螺氨基酸种类及含量(克/千克鲜重)

氨基酸种类	含量	氨基酸种类	含量
天门冬氨酸	8.6	异亮氨酸	3.7
苏氨酸	3.2	亮氨酸	7.7
丝氨酸	3.0	酪氨酸	3.4
谷氨酸	14.7	苯丙氨酸	4.9
脯氨酸	3.6	组氨酸	2.2
甘氨酸	10.5	赖氨酸	6.3
缬氨酸	4.8	精氨酸	6.6
蛋氨酸	0.8	丙氨酸	6.3

表 1-3　褐云玛瑙螺矿物元素种类及含量(微克/克鲜重)

元素名称	含量	元素名称	含量
硫	1 265	锶	5.09
磷	1 522	锌	67.8
钙	2 787	铁	150.79
镁	472	钠	196.18
钾	949	铝	82.7
钡	3.32	铜	29.21
镍	0.14	碘	60
锰	4.03		

表 1-4　每百克鲜蜗牛与常见食物营养成分的比较

食物名称	蛋白质(克)	脂肪(克)	碳水化合物(克)	热量(千焦)	钙(毫克)	磷(毫克)
蜗牛	18	5	7	2 139.45	106	178
猪肉	16.7	28.8	1.1	1 381.64	11	177
牛肉	17.7	20.3	4.0	1 129.90	5	179
羊肉	13.3	34.6	0.6	1 536.56	11	129
鸡	23.3	1.2	—	435.43	11	190
鸭	16.5	7.5	0.1	561.03	11	145
鸡蛋	14.8	11.6	0.5	695.01	55	210
鸭蛋	13.0	14.7	1.0	778.75	71	210

2. 食用蜗牛种类

可供食用的蜗牛种类较多,大凡体型较大的蜗牛一般均可食用。我国民间习惯食用的蜗牛有:梨形环口螺、锈色环口螺、高大环口螺、褐云玛瑙螺、白玉蜗牛、皱疤坚螺、海南坚螺、多带黄皮坚螺、凸板坚螺、江西巴蜗牛、马氏巴蜗牛、谷皮巴蜗牛等。国外食用的蜗牛有:网纹阿非利加蜗牛、巴西蜗牛、阿沙京蜗牛、罗马蜗牛、小灰蜗牛、散大蜗牛、亮大蜗牛、盖罩大蜗牛、小林花园蜗牛等。现在,全世界食用的蜗牛多为褐云玛瑙螺、白玉蜗牛、散大蜗牛、亮大蜗牛和盖罩大蜗牛。

(二) 入药治病

蜗牛用于治疗疾病,在我国有着悠久的历史,不但民间流传有各种单方、偏方、秘方,而且有关文献上也有记载。我国古代医学家陶弘景的《名医别录》中,就记载蜗牛是一味中药。李时珍的《本草纲目》中,详细介绍了蜗牛的药用价值。《中药大辞典》更详尽收载了蜗牛的异名、基原、采集、制法、药材、成分、性味、功能主治、用法与用量、选方、临床报道、各家论述、备考等项。

1. 蜗牛肉

(1) 化学成分

① 蜗牛肉含粗蛋白质 63.1%、糖原 22.4%、灰分 6.4%(总干重)。钙及磷的含量高。多种氨基酸中,赖氨酸含量较高,占总氮的 0.94%。脂类中十八碳脂肪酸占总脂肪酸含量的 46%,包含亚油酸。甾醇类中有胆甾醇及少量 β-谷甾醇。

② 血淋巴含无机离子 6 486 微克/毫升、游离氨基酸 0.457 微摩尔/毫升、总蛋白 1.9~5.9 克/100 毫升。蛋白由 5%~12% 白蛋白及球蛋白组成;含有血蓝蛋白 A 及血蓝蛋白 B、氧合血蓝蛋白,后者常与锰结合;还含有儿茶酚胺。支气管神经节含多巴胺(4.3 微克/克)、氨基酸(30.6 微摩尔/克),还含有苏氨酸、丝氨酸、天门冬氨酸、精氨酸等。

③ 肝胰含有淀粉酶,糖苷酶,α、β-半乳糖苷酶,α、β-甘露糖苷酶,α、β-乙酰氨基葡萄糖苷酶,脱氧核糖苷酶,β-葡萄糖苷酶,α-L-岩藻糖苷酶,β-N-乙酰氨基半乳糖苷酶,酯酶,蛋白多糖等。

(2) 药理作用

① 白蛋白腺及卵中半乳聚糖可利用为不同来源的嗜异沉淀素。

② 血淋巴中血蓝蛋白亚基是胰蛋白酶抑制剂,可被 5% 三氯醋酸破坏。

(3) 炮制:洗净,晒干或置坩埚内煅透用。

①《日华子草本》:"入药炒用。"

②《草本新编》:"甘草些须,同火炒焙干。"

（4）性味：咸，寒。

①《别录》："味咸，寒。"

②《药性论》："有小毒。"

（5）归经

①《玉楸药解》："入足太阳膀胱、足厥阴肝经。"

②《本草求真》："入大肠、胃。"

（6）功用主治：清热，消肿，解毒。治风热惊痫，消渴，喉痹，疰腮，瘰疬，痈肿，痔疮，脱肛，蜈蚣咬伤。

①《别录》："主贼风喝僻踠跌，大肠下脱肛，筋急及惊痫。"

②《药性论》："生研取服，止消渴。"

③《品汇精要》："祛风热，消疮肿。"

④《纲目》："治小儿脐风撮口，利小便，消喉痹，止鼻衄，通耳聋，治诸肿毒痔漏，制蜈蚣蝎蚕毒。"

⑤《本草新编》："善杀虫，以活者投麻油中，自化为油，涂虫疮。"

⑥《玉楸药解》："利水泄火，消肿败毒，去湿清热。"

⑦《医林纂要》："治血风疮及杨梅疮。"

⑧《黑龙江中药》："通乳。"

（7）用法与用量：内服：煎汤，1～2周，或捣汁、焙干研末。外用：捣敷或焙干研末调敷。

（8）宜忌：不宜久服。

①《纲目》："畏盐。"

②《本草经疏》："非真有风热者不宜用，小儿薄弱多泄者不宜用。"

2. 蜗牛壳

（1）功用主治

①《本草图经》："主一切疳"。

②《纲目》："治牙匿，面上赤疮，鼻上酒齄，久利下脱肛。"

（2）用法与用量：内服：研末。外用：研末调敷。

3. 蜗牛黏液

据古代文献记载，蜗牛黏液是治疗体弱和肺病人群，尤其是儿童的最佳食物。将蜗牛的肉与糖混合在一起放袋子里，悬挂在地窖中，待肉和糖混为糖浆时便可使用。另外,可用针刺破蜗体取泡沫黏液外敷在耳朵上,可治耳痛。

(三) 作畜禽饲料

随着畜禽养殖业的发展,蛋白质饲料供应日益紧张。由于动物性蛋白质饲料短缺,我国每年从国外进口大量鱼粉,以满足家畜家禽饲养的需要。因此,利用蜗牛作为家畜家禽的饲料,是开辟动物蛋白饲料来源的新途径,具有较大的发展前途。蜗牛除能供给丰富的蛋白质外,还含有家畜家禽必需的赖氨酸、蛋氨酸、精氨酸和磷、钾、钙及维生素等。蜗牛体内的消化酶,如脂肪酶、纤维素酶、乳糖酶、蔗糖酶等对促进家畜家禽饲料的分解转化也有一定作用。因此,用蜗牛作饲料,不仅能促进家畜家禽生长,而且肉质鲜嫩、家禽产蛋量高。蜗牛肉粉、蜗牛壳和全蜗牛的成分含量见表1-5,蜗牛粉的氨基酸含量见表1-6。

表1-5 蜗牛肉粉、蜗牛壳和全蜗牛的成分

成分	含量		
	蜗牛肉粉	蜗牛壳	全蜗牛
蛋白质(%)	60.0(53.7~67.4)	2.8	16.1
灰分(%)	9.6(4.2~12.7)	54.5	46.0
粗纤维(%)	5.4		
乙醚渗出物(%)	6.1(4.6~7.6)	1.0	2.0
无氮渗出物(%)	18.9		
总能量(兆焦/千克)	21.38		
钙(%)	2.0(1.0~3.2)	36.1	31.1
磷(%)	0.84(0.76~0.9)	0.1	0.3

表1-6 蜗牛粉中各种氨基酸含量

氨基酸种类	含量(%)	氨基酸种类	含量(%)
赖氨酸	4.35	甘氨酸	3.82
组氨酸	1.43	丙氨酸	3.31

氨基酸种类	含量(%)	氨基酸种类	含量(%)
精氨酸	1.83	胱氨酸	0.6
天门冬氨酸	5.98	缬氨酸	3.07
苏氨酸	2.75	蛋氨酸	1.0
丝氨酸	2.96	亮氨酸	4.62
谷氨酸	8.16	酪氨酸	2.44
脯氨酸	2.79	苯丙氨酸	2.62

1. 喂猪

例如海南省农科院畜牧兽医研究所采用同一品种和同一日龄生猪进行育肥试验，一组饲喂蜗牛，一组饲喂鱼粉。两组饲料配方的粗蛋白质含量均为12.43%。试验结果：喂蜗牛组平均每头每月净增重38.9千克，比喂鱼粉组重4千克。其肉料比：鱼粉组为1：（3.81～5.16）；蜗牛组为1：（3.72～4.39）。体重每增加500克，蜗牛组比鱼粉组每月每头少支出饲料费用6.89～10.47元。每500克肉成本，蜗牛组为0.64元，而鱼粉组则为0.85元。喂蜗牛组的猪对疾病抵抗力强，没有发生任何疾病。试验表明：用蜗牛代替鱼粉喂猪，不但能提高生猪出栏率和改善猪肉品质，而且能节省饲养成本。

（1）加工方法：用蜗牛喂猪，加工方法有以下两种。

① 先将蜗牛带壳打烂晒干，然后粉碎贮存。喂猪时，把蜗牛粉与饲料混匀，25千克以下的猪每天喂100克，25千克以上的猪每天喂150克。此法适合养猪场。

② 将蜗牛去壳，用草木灰搓去肉内的黏液，然后洗净、剁烂，与饲料一起煮。用量：小猪一天2只，大猪一天3只。由于蜗牛碱性大（pH为8～9），故在下锅前须滴上两滴酸醋中和。此法适合农户。

此外，还可将蜗牛连肉带壳用烘干机烘干，打碎磨粉，加工成颗粒饲料，可以长期贮存备用。

（2）注意事项：用鲜蜗牛喂猪一定要煮熟。因为蜗牛喜吃腐败的动、植物，体内易长寄生虫（以蛲虫为主），未经粉碎或煮过就喂猪，容易将寄生虫带到猪的体内。

2. 喂鸡

肉鸡饲养试验表明,在日粮中添加 20% 的熟制蜗牛或 10% 的鲜活蜗牛,增重和饲料利用率均比喂鱼粉的对照组要好。为了获得最大增重,鲜活蜗牛必须煮沸 15～20 分钟。熟蜗牛粉占日粮的 15% 时,增重和饲料利用率都无异于鱼粉的对照组。

在玉米、豆粕型的日粮中,无论是加 5%～10% 的蜗牛粉,还是鱼粉,均能改善雏鸡的生长性能。喂含 5%～10% 的蜗牛粉日粮时,无需添加蛋氨酸。添加 20% 蜗牛粉的日粮,当补充 0.25% DL-蛋氨酸时,雏鸡的增重和饲料利用率都达到最佳状态。

产蛋鸡饲养试验表明,喂含蜗牛粉的日粮,一般有较高水平的产蛋率。但蜗牛粉用量高于 10% 时,出现蛋重下降的现象。产蛋鸡日粮中,蜗牛粉用量在 5% 范围内,不会引起蛋重下降;用量达 10% 时,也不会使产蛋率有明显下降。

产蛋鸡喂蜗牛粉,会使蛋黄颜色加深,这是因为软体动物体组织中广泛存在着胡萝卜素和叶黄素,这些色素对表皮、性腺和成熟蛋的色泽特征是有影响的,但对蛋的质量和味道没有任何影响。

用 10% 的鲜活蜗牛或熟蜗牛喂青年肉鸡,生长性能都非常好。在基础日粮的各种养分很充足的情况下,用这种不含鱼粉的基础日粮加蜗牛粉饲喂,还是能明显地取得增重的效果。

蜗牛粉中可能含有与鱼粉中相类似的未知生长因子。这种未知生长因子,能减少玉米、豆粕型日粮中除赖氨酸和蛋氨酸外的其他必需氨基酸的盈余量,因而能得到更合适的氨基酸平衡。

当日粮中蜗牛粉用量超过 10% 时,为使肉鸡发挥最大的生长性能,必须用煮沸加工的蜗牛粉。一般认为,蜗牛经过沸水煮沸,可除去黏液;更主要的是,可去掉蜗牛的毒素和不适口味,改善它的饲用价值。所以"煮沸"成为制作蜗牛粉时的一道正常工序。另外,含蜗牛粉的日粮中添加蛋氨酸,不能解释为仅仅是为了补偿蛋氨酸的不足,而是可能对蜗牛粉中某些未知抗生因素有很好的解毒作用。

3. 喂鸭

肉鸭饲养试验表明,饲养 7～10 天的肉鸭,每天喂 3 次鲜活蜗牛

（早、中、晚各 1 次），每次每只肉鸭喂 40～50 克，连喂 30～40 天，肉鸭生长快，增重迅速，胴体发达，肉质好，饲养成本低，育肥快，一般 50 天左右即可出栏。

4. 喂水貂

据报道，蜗牛还可用来作为珍贵经济动物养殖的蛋白质饲料。例如养水貂，每天每只水貂需要吃鲜鱼 150 克，养到成熟需要 8 个月，全程饲料成本费约需 30 元。据试验，一只水貂每天加喂一只 20 克左右的活蜗牛，经 20 天测定，加喂蜗牛的体重比对照增加 30% 左右。

（四）作优质钙质来源

1. 加工钙粉

据测定，蜗牛壳中水分（在 105 ℃干燥后）为 0.2%～0.3%，二氧化碳 39.6%～39.8%，二氧化硒 0.1%，氧化铁和氧化铝 0.1%，氧化钙 53.7%～54.6%，氧化镁 0.2%～0.3%，有机物 4.9%～5%。从中可看出，蜗牛螺壳以钙质所占的比率为最大，其钙质以碳酸钙的状态存在。此外，蜗牛壳中的有机物大部分为蛋白质 2.8%，灰分 54.5%，乙醚浸出物 1.0%，磷 0.14%。因此，蜗牛壳研成粉末后可以作为家畜、家禽和鱼类饲料中的钙质来源，其效果很好。当然也可作为蜗牛自身的钙质来源。

2. 加工含钙食醋

用蜗牛壳加工的含有钙质的食醋，是在醋酸的作用下，将贝壳中的钙离子分离出来，使钙质游离于食醋液体中，人食用这种含钙质的食醋后，可补充体内的钙质。这种钙在人体骨骼中附着力好，效果持久。

3. 作为牙膏填料

可直接把蜗牛壳合成纳米级"羟基磷灰石"，用来充当高档牙膏的填料。其投产后，每年可收回数万吨废弃蜗牛壳。目前，国内生产牙膏的填料大多含氟，氟可以预防龋齿，但长期过量使用会损害牙齿。而"羟基磷灰石"是蜗牛壳的无机成分，可代替含氟材料生产高档牙膏。同时，通过高温研磨的方法可将蜗牛壳做成高级环保型墙面涂料。据悉,国内"羟基磷灰石"主要利用珊瑚生产,成本高,一般只在医院骨科使用。据统计,我国每年骨病患者就要消耗价值9 600万美元的"羟基磷灰石"材料,其中80%为进口。把蜗牛壳合成纳米级"羟基磷灰石",成本仅是进口的1/300,其市场前景十分广阔。

(五)制作工艺品

蜗牛贝壳富有光泽,色彩绚丽,形状奇特,有塔形、圆形、圆锥形、圆盘形、圆柱形、烟斗形和球形等。也有的贝壳上长满无数的刚毛和针刺,有的长着肋或棘,有的长着各种色带、斑纹或皱褶,有的贝壳壁很厚、坚实,有的则薄而透明,像绢纱一般,可供人们观赏,或加工成各种贝雕工艺品。

制作蜗牛贝壳工艺品,首先用砂轮机把贝壳口磨平,然后置于稀浓度的盐酸水溶液中浸泡30分钟,腐蚀掉蜗牛贝壳上的"彩釉",再放入锅中煮20分钟,捞出、晾干即可使用。根据制作的工艺品不同,可在贝壳上彩绘各种颜色,增加造型的立体效果。

同时,蜗牛贝壳还可以用做餐具。按以上的方法加工好贝壳,在用做餐具前要经过严格消毒处理,并保证贝壳内无任何残留物后方能使用。

(六)提取蜗牛酶与凝集素

随着人们对蜗牛观察和研究的深入,不断有新的发现。1898年德国学者比德尔曼等人,从蜗牛消化腺中发现有纤维素酶、半纤维素酶、甘露糖酶、蔗糖酶、乳糖酶、半乳糖酶、蛋白水解酶等30多种具有生物活性的混合酶。1922年法国学者捷加等人,首次从法国蜗牛(即盖罩大蜗牛)的消化腺中分离、提取出这种混合酶(即蜗牛酶)。蜗牛酶可作为溶解细胞壁的生物制剂。近十几年来,蜗牛酶越来越广泛地应用于细胞生物学和遗传学的研究。例如,用蜗牛酶处理植物细胞,以溶解细胞壁,从而使其与另一细胞相互融合,取出或移植其细胞核,培育成一个新的完整的杂交植物。又如,用蜗牛酶来溶解酵母菌细胞壁,使酵母细胞仍可保持生物活性,从中取出线粒体。因此,蜗牛酶具有许多其他单一酶所无法比拟的功能。近年来,国内外对于蜗牛酶用途的研究愈加深入,除应用于细胞学、遗传学外,还应用于轻工纺织、发酵酿造、医药保健及化妆美容品上。它的活性超过5万单位以上,国际上称为软黄金,社会效益和经济效益显著。我国科学工作者于1974年分别从褐云玛瑙螺和褐带环口螺的消化腺体中成功分离和提取了蜗牛酶。蜗牛酶价格昂贵,过去完全靠进口,随着对蜗牛酶的不断开发和利用,相信在不久的将来会有大的发展。

　　近年来世界上有许多国家的科技工作者,还从蜗牛体内蛋白腺体中提取出对血液学研究有应用价值的凝集素。近年国内一些医学科研单位,也分别从褐云玛瑙螺、同型巴蜗牛和江西巴蜗牛等的体内蛋白腺体中成功提取了凝集素。

(七)利用蜗牛黏液等提炼化妆品与洗涤液的原料

　　蜗牛黏液是蜗牛身上各种黏液腺体分泌的黏滑液体,尤以足腺分泌的黏液最多。据测定,蜗牛黏液是一种弱碱性的大分子糖蛋白,含有水、胶原蛋白、维生素、乙醇酸等成分。而法国庭园蜗牛萃取液中含有月见草油、芦荟凝脂、橄榄凝脂、胆固醇、甜杏蛋白、玻尿酸、橄榄多酚、维生素E、胶原蛋白等成分。

　　蜗牛黏液无色、单细胞、黏滑、不含磷。据美国华盛顿大学生物工程学家克里斯托弗·瓦伊尼报道,蜗牛黏液的结构与蜘蛛丝有相似之处,蜘蛛丝的成分是蛋白质,它是由蜘蛛纺织器里的纺织腺分泌出来的黏滑丝汁,当其遇到空气,即变成一根根细细的蛛丝。蜗牛黏液与空气接触时,则硬化而发亮,或成膜状。蜗牛黏液与水发生反应时,黏液中的液态晶体会像拉开的手风琴那样扩展开去。蜗牛黏液与食用醋(米醋)发生反应时,则发生中和反应,很快黏液消失掉。另外,蜗牛黏液对纸或布不会发生质地变脆的现象。

　　1. 蜗牛黏液的美容特性

　　蜗牛黏液的结构特征和所含营养成分,使其具有了美容特性。

　　(1)延缓衰老、美容养颜:蜗牛黏液具有四大功能:①可促进新陈代谢,舒缓抑菌作用,有效修补伤痕;②能形成一层保湿防护膜,有效保持皮肤水分;③胶原蛋白生成,能有效保持皮肤组织的弹性蛋白;④能祛除肤色暗沉,淡化色斑,有效预防肌肤老化。利用蜗牛黏液制成各种类型的美容养颜化妆品,或加工成洗涤剂用于洗衣、洗澡、洗发、洗餐具、洗水果等。这种化妆品能够保护人体皮肤润滑、抗皱、防冻、防晒、保湿、洁白,使皮肤嫩白和延缓衰老。

2006年4月,韩国株式会社派员到我国,要求蜗牛产业协会帮助该社长期采购蜗牛黏液用于提炼高级化妆品。现韩国生产的韩雅蜗牛系列化妆品——蜗牛霜畅销世界各地。意大利驻沪咨询公司也与中国蜗牛产业协会磋商,要求中方提供蜗牛黏液,意方出技术、设备,将蜗牛黏液加工成化妆品返销意大利。另据报道,日本有一项让活蜗牛在脸上爬行的美容服务,一些美容院以此为主要美容项目。方法是:主要通过特殊的机械将从蜗牛黏液中提炼的高浓度美容液注射入皮肤,然后进行按摩、贴面膜,再让蜗牛在脸上爬行,这样可以更好地促进皮肤吸收蜗牛黏液的有效成分,以达到去角质、保湿美容的效果。据悉,我国台湾小品蜗牛生物技术有限公司利用蜗牛黏液生产的"全效蜗牛修护霜"、"全效蜗牛修护晚安面膜"和"蜗牛净透湿颜乳"产品已投放市场,消费者使用后反映效果很好。

(2)吸附能力强:据报道,褐云玛瑙螺的黏液对于放射性污染水有很好的吸附能力,尤其8月龄螺的黏液对于核裂变产物污染水的净化效果特别显著。其助凝效果优于通常使用的仙人掌类植物净化剂,用量小,且不受水质酸碱度的影响。蜗牛的黏液及其净化机制等是值得进一步研究的。

2. 蜗牛废水的利用

蜗牛废水是指洗刷蜗牛、蒸煮蜗牛的废水。可利用其生产生物液,每500毫升可发酵500千克生物饲料(各种作物秸秆、牧草、树叶、青草、米糠、麦麸等均可发酵),饲喂猪、牛、羊、鸡、鸭、鱼等,无需添加任何粮食,适口性好,营养丰富。通过提取后的水,排放出去对环境无任何污染,所以蜗牛废水是一种产品,是变废为宝的直接原料。

(八) 监测土壤污染程度

1. 作为监测环境污染的指示生物

蜗牛在生活和摄食过程中直接与土壤和植物接触,能直接吸收大气、土壤及植物中的金属污染物。但由于蜗牛身体中含有一种可以减轻金属毒性的特殊蛋白质,即便被吸入了蜗牛体内也不会受到严重伤害。基于蜗牛这一特点,测定蜗牛体的重金属含量,既可反映土壤污染物质浓度,也可反映蜗牛体的富集强度。因此,蜗牛可作为监测环境污染的指示生物。

2. 测定蜗牛体的重金属含量方法

蜗牛体内重金属等有毒有害物质的积累情况,国外已有较系统的研究分析,但在国内研究报道却很少。分析测定蜗牛体重金属含量的变化,对蜗牛处理环境污染物效果的评价、蜗牛的合理利用等都有重要的现实意义。测定蜗牛体重金属含量有两种方法。

(1)测定蜗牛消化腺中的金属污染物含量。如法国弗郎什孔泰大学的科研人员发现,蜗牛消化腺中的金属污染物含量是反映土壤污染程度的一个重要指标。通过检验这一指标,可及时通报和预防土壤和环境污染。研究人员发现,在含有镉、锌、铜、铅等重金属污染的土壤进行化验,结果发现这一地区土壤中所含金属污染物与蜗牛消化腺中金属污染物含量相同。

(2)测定蜗牛体中的金属污染物含量。

① 测定样品的设备:以养殖的白玉蜗牛或散大蜗牛成、幼蜗牛混合样品为材料。取新鲜活蜗牛洗净,5 ℃处理6～8小时,除去杂物后立即置于 105 ℃烘箱中烘至恒重,研碎过筛后,得到蜗牛分析试样。

② 测定方法:可按相关标准进行测定。

③ 测定结果:对某地区养殖的白玉蜗牛体内重金属含量进行测定,汞的含量≤0.1毫克/千克,铅的含量≤0.5毫克/千克,砷的含量≤0.5毫克/千克,铜的含量≥35.2毫克/千克。结果表明,铜的含量严重超标。

二、肉用蜗牛种类

大型肉用蜗牛种类主要有下列几种。

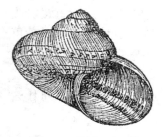

图 1－1　锈色环口螺

（一）锈色环口螺

锈色环口螺[*Cyclophorus ferruginosus* (Heude)]（图 1－1），属环口螺科。贝壳大，陀螺形，壳质较薄，壳高 30 毫米，宽 20～33 毫米。有 4～4.5 个螺层。壳顶尖，壳面呈铁锈色，并有光泽。体螺层膨大，中间有一宽带，栗色，近脐孔处为淡白色。螺层上具有斜行排列的生长线。壳口圆形，口缘薄脆。厣呈圆形，为角质。生活在山区和农田的草丛、树叶和石块下，危害蔬菜、瓜果、豆类作物。壳和肉加工后可作畜禽饲料或鱼类饵料。分布于我国云南昆明等地。

（二）高大环口螺

高大环口螺[*Cyclophorus cxaltus* (pfiffer)]（图 1－2），属环口螺科。贝壳大，圆锥形，壳质较厚实。壳高 25 毫米，宽 31 毫米。螺层凸出，有 5.5 个螺层。体螺层膨大，上有一条龙骨状突起。表面带有光泽，呈焦黄褐色，并有细密斜行的生长线或色带。壳口呈圆形，口缘外折、肥厚，呈白瓷色。厣为角质，呈圆形，暗黄色。脐孔小，圆孔状。大多生活在草丛、落叶和石块下，危害植物枝叶。肉可供食用，也可作禽畜饲料。分布于我国广东、广西、海南、香港、湖北等地。

图 1－2　高大环口螺

（三）梨形环口螺

梨形环口螺（*Cyclophorus pyrostoma* Moellendorff）（图 1－3），属环口螺科。贝壳稍大，陀螺形，壳质较厚。壳高 25

图 1－3　梨形环口螺

毫米,宽24～31毫米。螺旋部圆锥形,体螺层极为膨大,有5个螺层。壳面深褐色,上有许多色斑和黄褐色条纹,并有细密的生长线。壳顶为淡白色。壳口呈圆形,口缘外卷、厚实,口内带有光泽,呈橘黄色。厣薄,为角质。脐孔呈小孔状。生活在山区草丛、石块和树叶下,取食植物幼嫩枝叶,肉可作禽畜饲料。分布于我国海南、广东、广西、福建等地。

(四)褐云玛瑙螺

褐云玛瑙螺〔*Achatina fuica* (Ferussac)〕(图1-4),属玛瑙螺科。贝壳大型,壳质稍厚、有光泽,呈长卵圆形。壳高130毫米,宽54毫米。有6.5个螺层。螺旋部圆锥形,体螺层膨大,壳顶尖,缝合线深。壳面黄褐色,并有黄褐色雾状花纹。壳口卵圆形,口缘较薄,易碎。

图1-4　褐云玛瑙螺

腹足部肌肉厚实,背部颜色较深,呈棕黑色。生活在菜园、农田、果园的湿土上和树叶下,以蔬菜、瓜果、幼苗等植物为食。肉可供食用,也可作畜禽饲料、鱼类饵料,还可作药用,或提取蜗牛酶、抗A血凝素等。分布于我国福建、台湾、云南、广东、广西、海南等地。

(五)多带黄皮坚螺

图1-5　多带黄皮坚螺

多带黄皮坚螺〔*Camaena xanthoderma polyzona*(Moellendorff)〕(图1-5),属坚齿螺科。贝壳大型,圆球形,壳质厚。壳高51毫米,宽58毫米。有5.5个螺层。壳面黄褐色,并有多条棕褐色带。壳口半月形,口缘外折、呈白色。生活在山区草丛、石块下,危害蔬菜和农作物。肉可食用、药用,或作畜禽饲料用。分布于我国广东、广西、海南等地。

图 1 - 6 凸板坚螺

（六）凸板坚螺

凸板坚螺〔*Camaena ochthoplax* (Benson)〕（图 1 - 6），属坚齿螺科。贝壳大型，圆球形，壳质厚。壳高 41 毫米，宽 62 毫米。壳顶钝，有 5.5 个螺层，体螺层上有龙骨突起，壳面焦褐色，并有水波状皱纹。缝合线浅。壳口大，新月形，口缘厚，外折呈白瓷色，内缘形成白色胼胝部。生活在林木草丛中、落叶下。肉可供食用、药用，或作畜禽饲料用。分布于我国云南一带。

（七）皱疤坚螺

皱疤坚螺〔*Camaena cicatricosa* (Muller)〕（图 1 - 7），属坚齿螺科。贝壳大型，扁圆球形，左旋，壳质坚厚。壳高 35 毫米，宽 49 毫米。有 5.5 个螺层。壳面黄褐色，并有多条栗色带。壳顶迟钝，体螺层下部膨大，壳口半月形，口缘外折、呈白色。生活在山区、农田的草丛和石块下。肉可供食用、药用，或作畜禽饲料用。分布于我国广东、广西、海南、湖南、上海等地。

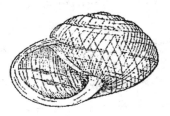

图 1 - 7 皱疤坚螺

（八）海南坚螺

海南坚螺〔*Camaena hainanensis* (H. Adams)〕（图 1 - 8），属坚齿螺科。贝壳大型，圆球形，壳质厚。壳高 39 毫米，宽 43.5 毫米。有 5.5 个螺层。壳顶钝，壳面淡黄色，并有色带多条。壳口椭圆形，口缘外折，稍厚，白色。生活在山区草丛、石堆下，喜温暖潮湿的环境。肉可供食用、药用，或作畜禽饲料用。分布

图 1 - 8 海南坚螺

于我国海南、广东、广西等地。

(九)广德真厚螺

广德真厚螺[*Euhadra moreletiana* (Heude)](图1-9),属巴蜗牛科。贝壳巨大,扁圆形,壳质坚厚,有光泽。壳高35.5毫米,宽52毫米。壳顶低矮,体螺层特大,占壳高的2/3。壳面红褐色,在体螺层中部有一条乳白色带,其上下各有一条紫红色带。壳口马蹄形,口缘外折较厚,内壁呈粉红色。生活在山区草丛、石块下,危害蔬菜。肉可供食用、药用,或作畜禽饲料用。分布于我国安徽广德、宁国,以及天目山一带。

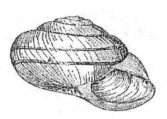

图1-9 广德真厚螺

图1-10 马氏巴蜗牛

(十)马氏巴蜗牛

马氏巴蜗牛[*Bradybaena maacki* (Gerstfeldt)](图1-10),属巴蜗牛科。贝壳较大,圆锥形,壳质厚。壳高36.5毫米,宽34毫米。有6.5个螺层。壳顶钝,壳面黄褐色,并有淡黄色和紫色带。壳口半圆形,脐孔深而大,呈洞穴状。生活在山区、农田的草丛和落叶下,危害蔬菜、花卉等。肉可供食用、药用,或作畜禽饲料用。分布于我国吉林、辽宁,尤其是长白山一带。

(十一)江西巴蜗牛

江西巴蜗牛[*Bradybaena kiangsinensis* (Martens)](图1-11),属巴蜗牛科。贝壳较大,圆球形,壳质厚。壳高28毫米,宽30毫米。有6.5个螺层。壳顶尖,体螺层特大。壳面黄褐色,在体螺中部有条红褐色

图1-11 江西巴蜗牛

带。壳口椭圆形,口缘向外折。生活在农田、山区的草丛和石堆下,危害蔬菜等农作物。肉可供食用、药用,或作畜禽饲料用。分布于我国江西、广西、四川、河北、河南、黑龙江和长江流域等地。

图 1-12 谷皮巴蜗牛

(十二) 谷皮巴蜗牛

谷皮巴蜗牛[*Bradybaena carphochroa* (Moellendorff)](图 1-12),属巴蜗牛科。贝壳较大,扁圆锥形,壳质半透明。壳高 22 毫米,宽 34.5 毫米。有 6～6.5 个螺层。壳顶钝,体螺层膨大。壳面淡黄色或黄褐色,体螺层上有一条红褐色带。壳口椭圆形,口缘薄,脐孔洞穴状。生活在山区、农田的草丛和落叶下。肉可供食用、药用,或作畜禽饲料用。分布在我国广西、四川、贵州等地。

(十三) 白玉蜗牛

白玉蜗牛(*Whita Achatirna fulica*)(图 1-13),属玛瑙螺科。贝壳大型,壳质厚,有光泽,呈长卵圆形。壳高 100 毫米,宽 70～75 毫米。有 6.5～8 个螺层。螺旋部呈圆锥形,体螺层膨大,缝合线深。壳面呈黄或深黄底色,带有焦褐色雾状花纹。前两个螺层光滑,其他各螺层有连续的棕色纹条。生长线粗而明显。壳口呈卵圆形,口缘薄、锋利。壳内为淡紫色或蓝白色。无脐孔。腹足为黄白色。野生稀少,生活在农田、石堆下,危害蔬菜等农作物。肉可供食用、药用,或作畜禽饲料用。现多为人工饲养。

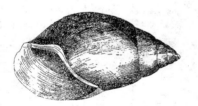

图 1-13 白玉蜗牛

(十四) 小林花园蜗牛

小林花园蜗牛(*Cepaea nemorals*)(图 1-14),属大蜗牛科。贝壳中等大小,壳质厚,坚实,有光泽,呈矮圆球形。壳高 17～18 毫米,

壳宽22～23毫米。有5.5个螺层。前几个
螺层缓慢增长,略膨胀,体螺层特别膨大。
壳面颜色多变,呈黄褐、红褐或褐色。在靠
近脐孔的壳面上有5条褐色到黑色的色带,
并有较粗的生长肋纹和皱褶。壳口呈椭圆
形,宽大,口缘完整而厚,呈红褐色至黑色,
在口缘和脐孔的区域呈红褐色至黑色。脐

图1-14 小林花园蜗牛

孔被轴缘遮盖。壳顶尖,缝合线深。身体的
颜色多种,有灰白、黄灰或浅黄绿色等。头和柄眼为黑色,跖足为黑
灰色。生活在森林地带多腐殖质、阴暗潮湿的环境中,在山区灌木
丛、草丛中也常见。以各种植物幼芽、嫩叶为食。肉质较好,可供食
用、药用,或作畜禽饲料用。主要分布于欧洲各国。

(十五) 盖罩大蜗牛

图1-15 盖罩大蜗牛

盖罩大蜗牛(*Helix pomatialinnaeus*)
(图1-15),属大蜗牛科。贝壳较大,壳质厚
而坚实,不透明,呈卵圆形或球形。壳高38～
45毫米,宽45～50毫米。有5～6个螺层。
体螺层膨大,并向下倾斜,螺旋部较矮小,稍
凸出,无光泽。壳面呈奶白色或米黄色,其上
有较粗的肋纹、条纹和生长线,并且还有色
带。脐孔较小,常被轴缘遮盖。壳口向下倾斜,口缘锋利、呈"U"形。
耐低温,生活在草丛、落叶、石块下和葡萄园内,危害蔬菜、瓜果、葡萄
枝叶。肉可供食用,或作畜禽饲料用。主要分布于西欧及东欧部分
国家。因其生活在葡萄园内,故又称葡萄蜗牛。蛋白质含量较高,为
法国等西欧国家人们喜爱的传统食品之一。

(十六) 散大蜗牛

散大蜗牛(*Helix aspersa* Muller)(图1-16),属大蜗牛科。贝
壳呈卵圆形或球形。壳高35～40毫米,宽38～45毫米。壳质稍厚、
不透明,壳表面呈淡黄褐色,并有多条深褐色的色带和细小的斑点。

图 1-16　散大蜗牛

有 4～5 个螺层。体螺层特膨大,螺旋部矮小。壳面有明显的螺纹和生长线。体螺层在壳口处向下倾斜。壳口完整,口缘锋利,轴缘外折并遮住脐孔。能在严寒地区生栖、繁衍,常生活在草丛、林地、石块下,危害所有绿色植物。肉可供食用,或作禽类饲料用。主要适生于北欧地区。

(十七) 亮大蜗牛

亮大蜗牛(*Helix lucorum* Muller)(图 1-17),属大蜗牛科。贝壳大型,呈圆球形。壳高 28～35 毫米,宽 40～60 毫米。壳质厚而结实,不透明,有 5～5.5 个螺层。螺旋部增长缓慢,呈低圆锥形,体螺层膨大。壳口不向下倾斜。壳面呈深黄褐色或黄褐色,具有光泽,并有多条黑褐色色带。壳顶钝,壳口呈椭圆形,口缘锋利、外折。耐低温,生活

图 1-17　亮大蜗牛

在菜园、农田、果园的湿土和树叶下,危害蔬菜、瓜果叶等绿色植物。肉具有较高的食用价值。主要分布于意大利、希腊、土耳其、比利时、波兰、罗马尼亚、匈牙利、俄罗斯、法国等地。

第二章 蜗牛的生态

绝大多数种类的蜗牛生活在陆地上,遍布六大洲,从北极圈的苔藓地带到大洋洲内陆的沙漠地区,几乎到处都有蜗牛的踪迹。

蜗牛周围所有一切有机和无机因子都属于它的外界环境。蜗牛的活动、习性、存活、繁殖、数量消长及分布等均与外界环境中的各种因子有着密切的关系。这些影响蜗牛的生态和分布的因子称为生态因子。生态因子包括气候因子(如温度、湿度、降雨、降雪、光照、风等),化学因子(如氧和二氧化碳等气体、酸碱度、盐度等),土壤因子,生物因子(如动物、植物、微生物)等。这些生态因子相互联系、相互制约,并对蜗牛产生影响。但在不同的条件下,又有不同的主导因子(如温度、湿度、食物等)在起作用。由于这种主导因子对蜗牛生存与数量消长有决定性影响,所以又叫限制因子。研究和掌握生态因子对蜗牛的直接或间接的影响,尤其是适时抓住主导因子,妥善处理蜗牛与生态因子间错综复杂的关系,使蜗牛在适宜的生态因子的影响下,更好地生长、发育和繁殖,这在蜗牛养殖生产上是非常重要的。

一、生栖环境与习性

(一)生栖环境

蜗牛喜栖于有机质较丰富的疏松团粒土壤中,但对土壤的酸碱度有一定的要求。大多数个体生活在 pH5~6 或 pH7 的表土层中,但有些种类也可以在相对较酸性的地域生存。另外,有些种类的蜗牛则多生活在石灰岩地带,如褐云玛瑙螺、褐带环口螺、海氏奇异螺、奇异扭颈螺、粗糙棘轮螺、红带坚螺、广德真厚螺等,而法国散大蜗牛大多喜欢生活在含钙较丰富的土壤环境中。

蜗牛所需要的土表温度为 17～24 ℃,土表湿度为 15％～17％。冬眠时期,螺体钻土深度在 25 厘米以内;在干燥时期,螺体钻土深度在 15 厘米以内。在越冬时期,螺体如果不能钻入 25 厘米深的土壤中去蛰伏,则会被冻死。另外,蜗牛对某些物质如石灰、草木灰、煤焦油、松节油、樟脑等含有异常气味的化学物质,都有回避性反应。

在自然界,由于蜗牛对外界环境长期适应的结果,不同地区不同种的蜗牛,生长、繁殖时间均不相同。例如,分布于我国广东、福建等地的褐云玛瑙螺,每年从惊蛰开始出来活动,清明前后则活动逐渐频繁,直至 10 月上旬,为其 1 年中活动的盛期。在炎热的 7～8 月份有 1 次夏眠,11 月以后则逐渐进入冬眠。而生长在海南的褐云玛瑙螺在 12 月仍可产卵、繁殖。分布在法国、德国、意大利、瑞士等地的盖罩大蜗牛、散大蜗牛,以及分布在土耳其的亮大蜗牛,对环境的适应性也有所不同。这些种类的蜗牛能适应较低的温度,在 10～15 ℃仍能活动、觅食。在自然界中生活的蜗牛也往往选择温度和湿度非常适宜、食物十分丰富的时期产卵,这也是蜗牛长期适应当地环境的结果。有些种类的蜗牛(如亮大蜗牛)在夏末至初秋产卵、繁殖,以卵的形式越冬,春末孵化、生长。蜗牛就这样在自然界周而复始地生长、繁殖。

在自然界中,蜗牛喜欢群居,不善于单独生活。翻开杂草堆、落叶堆或农田旁的树干、植物秸秆,可见栖息着许多蜗牛,很少见到单只栖息的蜗牛。群居的蜗牛一切活动都比单独的要敏捷,如吃食快、运动量大、交配正常、生长也快。蜗牛的群居性,是适应生存的结果。因为蜗牛群居可以增强抗御不适环境的能力。如遇到干旱时,为了减少各自体内的水分蒸发,它们会聚成团,以减少蒸发面积,并各自分泌出一种黏液,形成一个整体保护膜,以防止体内水分的蒸发。遇到寒冷气候时,它们也是如此,可减少体内能量的散失。由此可见,蜗牛的生活与周围的环境是密切相关的。

(二) 生活习性

1. 栖息规律

蜗牛为夜行性动物,害怕阳光直射,昼伏夜出,黄昏至第二天清晨露水未干之前活动、觅食、交配和产卵。喜栖息于杂草丛生、树木葱郁及农作物繁茂的阴暗潮湿环境中。多栖息于腐殖质多而疏松的土壤中、果蔬根系周围、枯草堆及洞穴里、石块下；如果地面过于干燥或潮湿，往往爬到灌木上，也有的在树隙间或树叶背面进行较短期的栖息。

在树隙间栖息的蜗牛，一般螺顶向下，螺口朝天，纵插于树隙间。栖息于叶背或树干上时则头部缩入壳内，用腹足吸附。一般蜗牛所栖息的洞穴为天然的土壤裂缝，洞穴的位置常位于地面与斜坡接触处或稍高。洞穴的大小和形状不一，有半圆形、条形、椭圆形不等。蜗牛的栖息密度与洞穴大小及温度和湿度有关。如果温度和湿度适宜，洞穴较大则栖息蜗牛较多；反之，较少。在洞穴中蜗牛的壳口向洞穴内方的土表黏附，在洞穴较小而蜗牛栖息密度较大时，则有些蜗牛紧密地黏附并排列在其他蜗牛的外壳上。蜗牛经常出入的洞口外面有疏松土壤和大量粪便，洞穴周围也留有较明显的白色闪光黏液痕迹。

在人工养殖时，蜗牛白天大多栖息在木箱或容器的壁和顶上，或钻进泥土中。由于蜗牛有白天多栖息而不活动的习性，因此，在饲养时应考虑设置适当的隐蔽物，尤其在室外养殖时更应注意。而盖罩大蜗牛与其他蜗牛相反，其不具严格的夜行习性，它们在白天也进行活动，捕捉蜗牛的人能够在白天找到它们，甚至在不下雨和天气相当干燥的时候（相对湿度只达 40%）也能找到它们。

在环境条件适宜时，蜗牛在地面活动；如果环境条件不适宜，则钻入土表层或洞穴、树洞和石块下隐居起来，这时它的身体完全缩到贝壳里面，用足分泌一种白色的膜厣将壳口封闭起来，安然地蛰伏于其中。生活在炎热地区的蜗牛，遭到强热和强光时，它就不断地加厚背上已经相当沉重的贝壳并使其壳面的颜色变白，以尽量减少吸收外界的光和热，或者进入夏眠。蜗牛入土时先用腹足黏附地面，用以支持躯体，然后头颈部伸长做左右扭转活动，大小触角延伸并进行左右摆动收缩，唇瓣左右收张，以探索土壤的疏松部分，将头颈部先深入土中，腹足随即进行有节奏的移动，最后头颈部的肌肉不断向右扭转，借壳口边缘刮土之助，使躯体顺利地慢慢向右旋转而钻入土层中,待螺体全部入土后在壳顶盖以松土。蜗牛出土时动作与进土时相反,使螺体慢慢向左旋转,当头颈部快要接触地面,便做较大的弯曲而出地面活动。

2. 夜出性

天生万物,各有本性。蜗牛是夜出性(避光性)陆生软体动物。主要在夜间活动觅食,白天"睡觉"。每天日落后,当光照度降到5~30勒时,蜗牛便出来四处活动和觅食,等食饱后,待天快亮时(光照度约100勒)即陆续返回原处,有的仍停留在原地休息,有的钻入饲料堆或菜叶堆下面或躲藏在避光的处所。黄世水等(1998年)选择白天在树干或草地上栖息的褐云玛瑙螺34只,用红漆在螺壳上标记,于次日观察,除3只返回原来栖息点附近栖息外,其余的均不同程度地向其他方向迁移栖息,最远迁移距离达18.32米。而原栖息点又有新的蜗牛栖息。即使在温、湿度适宜的白天,蜗牛从栖息场所爬出地面来活动的也要比夜间活动的少得多。在高山上很难寻找到蜗牛的足迹,这固然与高山上阳光充足、紫外线辐射强烈有关。

在阴湿和浓雾的白天,光照度低下,蜗牛也会频繁出来活动和觅食,有的会爬到高高的大树、石壁、房屋墙壁等处。

蜗牛习于夜出活动,源于蜗牛视觉能力多偏于短光波。由于位于头部大触角顶端的一双眼睛中没有视锥体,无法分辨颜色,它们只能简简单单地区分光线的强弱及紫外光。而对绿、紫色的弱光(5~20勒)有趋光性。因此,蜗牛在微弱的光线下面要看得远些,在强光下反而看不远了。有人曾经做过实验,证明蜗牛在微弱的光线下能看6厘米远处,而在强光下只能看4~5毫米远,仅相当于微弱光线下视力的1/12左右。当夜幕降临或大雨滂沱时,蜗牛的那双眼睛就完全成了摆设,对20厘米以外的黑色物体就看不见了,这时它只能利用嗅觉来感知世界。此时它的两个大前触角成了嗅觉接收器,引导着它挪向食物。

在自然界中,蜗牛昼伏夜出的时间很大程度上取决于太阳日出日落的时间。同时,由于经纬度的不同,各地日出日落的时间有所差异,蜗牛昼伏夜出的时间也随着经纬度的不同而变化。通常来说,蜗牛夜出活动的时间在晚上8~11时,到次日清晨6时日出前停止活动,寻找隐蔽的地方潜栖起来。而人工室内养殖的蜗牛则在傍晚时从箱、池壁上爬下来或从饲土中爬出来活动、摄食,直至天亮前再爬上箱、池壁上栖息。

3. 爬行速度

蜗牛外出活动时,依靠腹足部和环带肌肉不断地波浪式伸缩,缓慢爬行。那么,蜗牛的爬行速度究竟有多慢?据1990年8月25日《羊城晚报》曾报道:"据美国科学家观测,通常褐云玛瑙螺在平滑面上的爬行速度为4.8～5.0米/时;而小灰蜗牛的爬行速度则快一些,为7.8米/时。一般来说,蜗牛爬行的路程往往崎岖不平,所以行进的平均速度为4米/时左右。"由此得出结论:蜗牛自饲养场逃走时,一夜间最远逃离32米。有人认为褐云玛瑙螺昼夜的爬行距离可达50米。因此,一旦发现饲养的蜗牛逃跑,翌晨可在场地外围32米之内捡回。

根据蜗牛爬行的习性,在人工饲养过程中,要时时注意盖紧箱盖,以免蜗牛外逃。

蜗牛爬行时,只能前进,不会后退。而且有一只蜗牛在前面爬行,往往后面就有好几只蜗牛相伴而行。在行进中即使遇到天敌和障碍,也只能缩入贝壳防御,却不能后退逃跑。在饲养过程中,如果有的蜗牛被缝隙卡住,若不是人为把它提回,它就只能停留在那里一直到饿死。尤其是幼蜗牛,因个体较小,最易发生这种现象。因此,在养殖过程中,要时刻留心观察。

有的蜗牛不仅会爬,而且还能跳动。生长在我国海南、广西南部山区丛林中的一种玻璃蜗牛,它们的腹足很大,不能收缩到贝壳里,当受到刺激时,腹足肌肉会剧烈收缩而跳动,甚至可以跳过10厘米的障碍物。还有一种叫琥珀螺的蜗牛,生活在湖泊或小溪边的草丛中,有时能漂浮在水面上,仅露出呼吸孔,利用腹足肌肉的收缩进行游泳,或随波逐流而迁徙。生活在非洲的一些蜗牛能分泌丝状的黏液,可借助这种黏液像蜘蛛一样从树枝上直滑下来。

4. 迁移能力

蜗牛还会因环境的变化和饲料的短缺而产生群迁或作周期性的迁移。例如,当褐云玛瑙螺的繁殖密度过大而缺乏饲料时,往往会集体迁移。广东一带菜农经常遇见成群的蜗牛爬越浅水沟,搬迁到邻近的地里。还常看到"你往我追,盲目地跟从,形成蜗牛海战术",前面的蜗牛跌入了水沟中,后面跟进的蜗牛却爬骑在前面蜗牛的背上通过的景观。

蜗牛还具有一定的浮水迁移能力。蜗牛用肺呼吸,沉入水中(约6小时)会窒息死亡,但浮在水面的蜗牛可以通过流水在田间流动。能浮于水面的褐云玛瑙螺、白玉蜗牛等将其身体伸出螺壳外,并通过伸长头颈不停地扭动来改变身体在水中的位置,使整个螺体向周围的水面漂移。在水流的冲力下,使螺体较快地向下游远处漂流。据悉,2010年上海绿洲养殖场养殖的白玉蜗牛,在8月的一天下午下了2个多小时的暴雨,上万只蜗牛淹没在雨水中,但在第二天清晨,却发现相隔20米宽的河对岸的一块黄豆地里,几百只白玉蜗牛在绿油油的黄豆叶上悠然地觅食。这缘于蜗牛随雨水退去进入河水中,然后漫及黄豆地所致。因此,人工野外养殖蜗牛时,要切实做好防逃工作,特别是暴雨天蜗牛的防逃工作。

5. 不同季节的活动规律

自然界中蜗牛的活动受温度、湿度和阴雨等气候因素,以及季节的变化影响。

每年的3月惊蛰以后,当气温回升到16 ℃以上时,蜗牛相继从冬眠中"苏醒"过来,开始陆续出土活动、取食。随着气温的日趋升高,蜗牛活动量也随之增加,白天潜伏,傍晚或清晨取食,遇到阴雨天则整天栖息在植株上。4月下旬到5月上旬成蜗牛开始交配,此后不久产卵,卵期10~15天,初孵出的幼蜗牛群集在一起取食,长大后分散开生活。

自6月15日以后进入夏季高温季节,气温一天比一天升高,有时连续几天气温高达37~38 ℃,夜间也在27~28 ℃,且空气异常干燥,没有一丝凉意。此时,蜗牛躲藏在瓦砾堆中、石块下、墙角边、墙缝里、土块下、土壤缝隙中,以及植物的根部、树叶下、树干的阴面,或灌木丛和杂草丛中,以摆脱过热的天气和强烈阳光的照射。阳光和风带来的干燥,使蜗牛缩在壳里一动不动。

当太阳快落山、黄昏来临的时候,蜗牛逐渐出现在地面上,它们的数量到半夜时分最多。在宁静的夏夜,当温度15~25℃时,大多数蜗牛出来活动,往往是因为有露水或刚刚下过雨之后,空气湿度很大,土壤也十分潮湿。午夜是蜗牛活动的高峰,到早晨时,蜗牛的数量逐渐减少,日出之后蜗牛很快隐藏起来。

在夏季,下雨后,空气、土壤湿度较为湿润,则到处可以看到蜗牛在植株上、地上、山岩、墙角边爬行。到夏末,白天变得凉爽和湿润,许多农作物趋向成熟,杂草的稠密度增大,蜗牛的数量也很快增加,再次进入活动、取食盛期。

在深秋微凉的夜晚,出来活动的蜗牛也有一定的数量,但大多数蜗牛开始寻找适合冬眠的场所准备过冬。到11月上旬,当气温下降到14℃时,蜗牛便进入冬眠,直到翌年3~4月气温回升到16℃时打破休眠,再开始活动。

二、温 度 与 湿 度

(一) 温度

1. 适宜温度

温度的高低直接影响着蜗牛的新陈代谢的快慢。在气温20~25℃下,蜗牛心脏跳动次数每分钟30~40次;在休眠状态中,当温度为3.75℃时,心脏每分钟跳动6次,在0℃时每分钟2次。在冬眠期间,蜗牛不再摄食,消化液的分泌极为缓慢,处于停止生长的状态,体重损失大大减少。

温度的高低还影响蜗牛的生长和繁殖。随着温度的升高,蜗牛的成熟期缩短,繁殖率、产卵率均提高。据报道,英国爱尔兰农业水产研究所为提高欧洲蜗牛的繁殖速度,对最适生长和繁殖温度进行了对比研究。试验分两组,分别在透明和不透明容器及15℃和20℃的环境下饲养40周,结果表明:在20℃时蜗牛生长速度明显高于15℃时,最终重量提高30%,产卵量增加10倍;但温度超过适宜温度后,又会下降。例如,褐云玛瑙螺在广东、海南地区长得极快,5个月内能长到90克重,当年秋末产出的卵也能越冬,翌年惊蛰以后即能孵化出幼蜗牛;而在上海地区生长就较慢,5个月才长50克重。褐云玛瑙螺的繁殖盛期在海南为 3～5 月,在山东青岛则为 7～9 月。在我国广西、广东地区,繁殖期为 4～11 月,盛产期在 7 月;而在塞舌尔,繁殖盛期为 11～12 月,在马来西亚为 3～5 月。

不同种类的蜗牛和同一种类蜗牛处在不同的生长发育阶段,其对温度的适应性也有较大的差异;即使同一种蜗牛的不同个体,因其生理功能、营养状况以及处在某一温度下时间的长短不同,均会导致有关蜗牛适宜生活温度测定值的差异。在养殖过程中发现,在 6～8 月当气温达到 30 ℃以上时,个体重达到 8～10 克以上的散大蜗牛,每天都会死去一大批;而个体重 5 克以下的散大蜗牛则很活跃,几乎看不到死亡的。不同种类蜗牛的生长发育所需适宜温度是不同的(表 2-1)。

表 2-1　不同种类蜗牛生长发育最适温度

蜗牛种类	最适温度(℃)	蜗牛种类	最适温度(℃)
褐云玛瑙螺	23～30	盖罩大蜗牛	25～30
白玉蜗牛	23～30	小林花园蜗牛	20～22
散大蜗牛	18～21.5	同型巴蜗牛	20～26
亮大蜗牛	18～24	海南坚螺	25～30

一般来说,蜗牛在 15～20 ℃范围内就能正常地出来活动、觅食;20～28 ℃时,蜗牛的活动觅食最活跃,生长也最快,交配产卵也最多;当气温上升到 30～36 ℃时,它们的活动相应减少;超过 38 ℃时,蜗牛呈休眠或半休眠状态;超过 42 ℃,蜗牛有被热死的危险。反之,当气温降到 0 ℃以下,蜗牛会因突然降温而死亡。由此可见,蜗牛是一种喜温怕冷的动物,既不耐高温,也不耐寒。

不同种类的蜗牛对温度的适应能力是不相同的。生活在北极地带的蜗牛可在 -120 ℃的严寒环境里越冬,4 年不吃不喝,仍不至于死亡。而生活在赤道的非洲蜗牛在高热环境里会使贝壳颜色变白,使光线反射以减少热量,且加厚贝壳,使光和热不易侵入,同样能够巧妙地生存下来。如非洲撒哈拉沙漠,温度高达 67.78 ℃,在此生活的干瘪螺,仍旧处之泰然。从我国情况来看,生活在南方的蜗牛耐热性强;而生活在北方的蜗牛抗寒性强。即使同一种类,因生活的区域不同,对寒、热的抵抗力也有差别。例如,生活在北方的同型巴蜗牛的抗寒力就胜过生活在南方的。

从温度条件来看,温度过高或过低均不利于蜗牛的发育,每年4～5月的低温和降雨可以阻止成蜗牛的产卵和幼蜗牛的发育,而7～8月的高温往往迫使蜗牛进入夏眠。据报道,褐云玛瑙螺在低于14 ℃或高于40 ℃或干旱条件下都会进入休眠。若长期干旱无雨,蜗牛会大批死亡。而在温暖和湿润的年份,往往造成褐云玛瑙螺的大发生。在我国南方沿海地区,以及台湾和海南,环境条件有利于褐云玛瑙螺生存,使其常年发生危害,有些年份突然大暴发,不得不动用大量的人力来防治。这些事实也在一定程度上反映了褐云玛瑙螺发生危害所需的温度条件。

冬眠是蜗牛度过低温不利环境的一种适应性反应。入冬以后,气温逐渐下降,土壤表层温度也随之降低,这对蜗牛的越冬生长是极为不利的。而此时土壤下层的温度稍高,所以当冬季来到后,大多数蜗牛钻入25厘米深的土层中休眠,这样就可以避免因气温骤降而死亡。冬季温度下降,蜗牛一般向下移动,温度越低,钻土越深;春季天气渐暖,蜗牛向上移;夏季土壤表层温度过高时,蜗牛又向下钻。这是一个因温度不同而产生的移动情况。由于温度的关系,在一天中也可发现这种移动情况。蜗牛多在黄昏、夜间及清晨出土活动,白天则下钻到土壤稍深处,这说明温度与蜗牛改变栖息环境有着密切关系。

越冬对蜗牛的发生影响极大。蜗牛春季数量较夏秋季少,主要原因是越冬时死亡了一部分,天敌捕杀一部分。蜗牛虽然可以用冬眠的方式经受低温的考验,但对春季温度的骤然变化十分敏感,气温回升后解眠的蜗牛突然遭到寒流袭击会大批死去,加之天敌的捕食与寄生,也进一步减少了蜗牛的种群数量。

一般人工饲养的蜗牛大致从11月23日开始入土冬眠,大雪(12月7日)时绝大多数都已入蛰。在冬眠前往往大量摄取食物,体内贮备大量营养,以供冬眠时的能量消耗。一般蜗牛的冬眠期为5个月左右。

关于季节活动,蜗牛每年在惊蛰后,有个别螺体出土活动,清明节后则活动逐渐频繁。从 5 月中旬(气温在 20 ℃左右)直至 10 月上旬为其一年活动时期,其中 6 月(月平均气温为 24.6 ℃)、7 月(月平均气温为 31.7 ℃)、8 月(月平均气温为 31.1 ℃)、9 月(月平均气温为 26.1 ℃)是蜗牛活动的最盛时期。到 10 月下旬活动又开始下降,直到冬眠。

在正常的季节里,除了雨后晴天能终日活动外,从黄昏到午夜是蜗牛的活动高峰,到翌日清晨则活动逐渐减少。当太阳出来后,则逐渐回到隐蔽场所,停止活动。

2. 致死温度

致死温度是蜗牛最基本的生物学参数,这些指标往往决定了蜗牛能否在某一地区定殖,以及定殖后可能发生危害的严重程度。在人工养殖蜗牛中对其进行适生性研究,具有十分重要的意义。

关于褐云玛瑙螺的致死温度,周卫川等(1992 年)进行了精确测定。

(1)最低致死温度测定:在 1992 年 12 月的寒冷季节进行,将已休眠的成螺移至饲养盆,每盆 20 只。先用每 8 只 2 ℃的速率降温预处理至 2 ℃,接着按 1.0 ℃→0.5 ℃→0.0 ℃→−0.2 ℃→−0.5 ℃→−1.0 ℃降温梯度各处理 12 只。具体操作方法:1 ℃处理 12 只后取出一盆,接着降温至 0.5 ℃再处理 12 只后再取出一盆,其余类推直至−1.0 ℃。各处理后的螺用 15~16 ℃的温水泡浸法解除休眠,观察螺死亡情况。各处理重复 3 次。3 次测定的平均值和标准差为−0.2 ℃±0.3 ℃。

(2)最高致死温度测定:在 1992 年 7 月的高温季节进行,将成螺移至饲养盆,每盆 20 只共 7 盆。先用每 8 只 2 ℃的速度升温预处理至 36 ℃,接着按 38 ℃→39 ℃→40 ℃→41 ℃→42 ℃→43 ℃→44 ℃升温梯度各处理 12 只。具体操作和检验螺死亡的方法同最低致死温度测定。各处理重复 3 次。3 次测定的平均值和标准差为 41.2 ℃±1.5 ℃。

上述测定的最低和最高致死温度,可作为褐云玛瑙螺热处理的指标,也可用于褐云玛瑙螺定殖区的预测。不同种类的蜗牛其最高和最低致死温度也有差异(表 2-2)。

表 2-2　不同种类蜗牛的最高和最低致死温度

蜗牛种类	最高致死温度(℃)	最低致死温度(℃)
褐云玛瑙螺	42	<0
白玉蜗牛	42	<5
散大蜗牛	32	<0
亮大蜗牛	32	<0
盖罩大蜗牛	40	<0
小林花园蜗牛	32	<0

3. 发育起点温度和有效积温

蜗牛完成一个世代大约需要 5 个月,且不同温度条件下,其发育的历期也不同。蜗牛完成一个世代需要积累一定的热量,大约需要有效积温 2 482.6 ℃。周卫川等(1993 年,2001 年)对褐云玛瑙螺的发育起点温度和世代有效积温进行了系统研究,具体方法如下。

1993 年 9 月将成螺移至饲养盆,每盆 10 只,重复 6 次。初始饲养温度为 16 ℃,以后按每 2 天 1 ℃降低饲养温度,观察休眠情况,直至全部供试螺休眠为止。计算休眠温度的均值作为发育起点温度,统计结果为 12 ℃±0.7 ℃。

有效积温测定:每年 4 月或 5 月起,将成螺饲养在垫有海绵的盆中,产下卵后移去成螺。在自然条件下孵化饲养至成螺产卵。在生长过程中逐渐降低饲养密度,最后降至 2~5 只/盆。根据试验点每天观察的加权平均气温计算卵生长发育为成螺(产卵)历期内的有效积温。1989 年、1992 年、1995 年共试验 3 批次,统计结果为 2 422.6 ℃±137.77 ℃。

上述有效积温的研究方法的缺点是工作量大,休眠温度也只是发育起点温度的近似值。周卫川等(2001 年)又对褐云玛瑙螺的发育起点温度和有效积温进行了更深入的系统研究:通过恒温条件下的卵孵化实验和自然变温条件下饲养实验,分别用加权平均法和正弦法(Allen,1976)计算日平均温度,测定褐云玛瑙螺各螺态的发育历期和温度,结果见表 2-3。

表 2-3　褐云玛瑙螺在不同温度下的发育历期

序号	卵		螺壳		
	温度(℃)	历期(天)	平均温度(℃)		历期(天)
			加权平均法	正弦法	
1	17.00	30.67	24.56	24.62	193.24
2	23.00	10.89	25.51	25.38	179.76
3	25.00	9.52	25.68	25.68	176.80
4	27.00	7.42	24.71	24.78	187.23
5	30.00	6.21	23.78	23.72	206.02
6	33.00	5.14	24.23	24.22	196.54
平均	25.83	11.64	24.75	24.73	189.93

根据有效积温法则 $K=N(T-C)$，计算发育起点温度和有效积温。其中 K 为有效积温，C 为发育起点温度，设发育速率 $V=1/N$，则 $T=KV+C$。转化为线性化拟合方法求 K 和 C。但是，用这种方法求得的 K 值和 C 值并不是最优的，于是以线性化方法求得的 K 和 C 为初值，进一步用牛顿——马夸法(Marquardt,1963 年)拟合原方程 $K=N(T-C)$，求 K 和 C 的最优值，结果列于表 2-4。

表 2-4　褐云玛瑙螺发育起点温度和有效积温

项目	卵	螺壳	
		加权平均法	正弦法
发育起点温度(℃)	14.020 4±0.396 6	12.025 5±0.894 6	12.146 1±0.733 0
有效积温(℃)	98.464 5±3.034 5	2 409.229 0±169.218 6	2 384.179 0±138.650 8

从表 2-4 可以看到：褐云玛瑙螺的卵和螺的发育起点温度和有效积温分别为 14.020 4 ℃、98.464 5 ℃和 12.146 1 ℃、2 384.179 0 ℃。以标准差作为判别计算结果好坏的标准来分析，正弦法略优于加权平均法。因此，只要每天观察 1 次最高、最低温度，就能用正弦法计算日平均温度，既可大大减少观察量，又能提高统计精度。该方法对其他生物在变温条件下的有效积温研究具有普遍意义。

根据表 2-3 和表 2-4 可推算褐云玛瑙螺全世代的有效积温和发育起点温度分别为：

$$K = 2\,384.179\,0 + 98.464\,5 = 2\,482.643\,5\ ℃$$

$$C = \frac{14.020\,4 \times 11.641\,7}{201.573\,4} + \frac{12.146\,1 \times 189.931\,7}{201.573\,4} = 12.254\,3\ ℃$$

由此可见，通过生长期降温实验确定的强迫休眠温度和以此为基础统计的世代有效积温(2 422.6 ℃)与用数学分析法(有效积温方程拟合求解)求得的结果(2 482.6 ℃)基本一致。因此，可根据各地的气候资料，用发育起点温度和世代有效积温来预测蜗牛的年发生代数。

我国广大地区的绝大多数蜗牛，如同型巴蜗牛、灰巴蜗牛等每年发生 1 代。而褐云玛瑙螺在我国除在西沙群岛、榆林港一年可发生 2 代，其余约有 2/3 地区一年发生 1 代，1/3 地区 2 年发生 1 代。

在自然界中，蜗牛的生长、发育、繁殖伴随着温度的变化而变化，在适宜温度范围内，蜗牛的生长随着温度的升高而加快，即蜗牛生长所需时间与温度成正比。降低温度则延缓生长，接近最高温度则生长缓慢，超过最高适宜温度则抑制生长(表 2-5)。

表 2-5　白玉蜗牛在不同温度下的生长情况

温度	生 长 情 况
0 ℃以下	冻死
5 ℃以下	有冻死的危险
10 ℃	死亡临界线
12 ℃以下	进入冬眠
15 ℃以下	停止交配，影响生长
20 ℃	基本停止交配，活动量、采食量减少
22 ℃以上	能交配、繁殖、孵化
23～30 ℃	最佳温度，活动量及采食量大，生长迅速，繁殖旺盛
30～35 ℃	活动量、采食量减少，产卵停止
36 ℃以上	进入夏眠
40 ℃以上	持续时间 12 天，被热死

(二) 湿度

在蜗牛的整个生命活动(如摄食、爬行、交配、产卵等)中会分泌大量的黏液,因此必须不断从空气、土壤、食物中获取水分。如果水分得不到补充,即会死亡。因此,湿度对蜗牛的新陈代谢、生长发育和繁殖影响极大,成为蜗牛生存的限制因子。降雪、下雨、刮风、灌溉,以及植被状况、大气湿度和土壤湿度都对蜗牛产生很大的影响。一般来说,蜗牛主要通过皮肤上的毛孔来吸收或排出水分。

1. 适宜湿度

湿度对蜗牛的活动至关重要,蜗牛的生命活动,需要保持其身体的水分和环境湿度之间的平衡。当外界环境干燥时,它们会自动脱水;而当外界环境湿润时,会自动吸收水分,以保持其含水量的平衡。即根据周围环境的变化,自行调节体内水分。当然,这种调节是有一定限度的,超越这种限度,蜗牛就会死亡。过度潮湿或干燥,对蜗牛的活动均是十分不利的。蜗牛大多喜欢在夜间活动,也是因为在夜间湿度的差异较小之故。所以说褐云玛瑙螺和其他食用蜗牛是喜湿忌干的动物。在干燥的环境里或干燥的季节中,通常蜗牛会立即停止活动,呈现休眠的状态。在休眠期间,蜗牛的壳口处会分泌一层"白膜"闭塞着,用于防止体内的水分散发掉及防止天敌的危害,而在白膜上留有一个微细的裂缝,以供呼吸之用。在自然界生活的蜗牛,只有等到雨季到来时,才能打破休眠,恢复活动。所以,在饲养蜗牛时,随时保持室内或场地的湿度是绝对重要的。

蜗牛生长所需要的相对湿度以 75%~95% 为适宜,这是因为蜗牛在日常活动中,全凭布满身体的各种黏液腺所分泌的黏液,才能保持身体滑润。据测定,正常螺体的含水量为 80% 左右。若在阳光直射下,或空气干燥,或有风的天气时,身体水分很快就会散失,对它的活动和生存威胁甚大。当含水量减少到体重的 30% 时,身体即变干而皱缩,停止活动,甚至还会死亡。在干燥的环境下,卵亦不能孵化或发生爆裂现象。因此,蜗牛都在傍晚以后出来活动,白天则把身体藏在壳内躲到隐蔽处,以减少水分的散失。

蜗牛生长所需要的湿度因种类不同而异,一般要求空气相对湿度为 50％～95％,土壤湿度为 15％～50％。当土壤含水量在 10％～15％以下或高于 60％以上时,会引起蜗牛的死亡或生长受到抑制。当土壤含水量在 30％～40％时,对蜗牛取食、活动、生长发育最为有利。常年生长在热带和寒带的蜗牛较耐旱,生长在较干旱地带的蜗牛,一般多呈休眠状态,如陕西华蜗牛、斯氏华蜗牛、娇嫩瓦娄蜗牛、蒙古华蜗牛、正定干瓣蜗牛。生长在潮湿地区的蜗牛则较不耐旱。据报道,生长在热带的玛瑙螺在缺水或干旱期,休眠期可达 5～12 个月。在人工养殖条件下,休眠期可持续 8 个月以上。生长在我国西北干旱的荒漠和半荒漠地带的伪黑带华蜗牛和生长在埃及沙漠地区的蜗牛在缺水的情况下,休眠期可长达 4 年之久。在休眠期一般不会干死,能够维持相当长的生命活动,一旦重新获得水分,即可逐渐复苏,迅速破膜而出,活动如常。在人工养殖条件下,要特别注意做好防旱工作。

蜗牛全年体内含水量的变化与季节性的温度、湿度的变化有密切的关系。从 4 月初(气温在 10 ℃以上)开始,当冬眠苏醒开始摄食后,体内的水分也就逐渐增多。10 月底以后(气温下降到 8 ℃以下),体内的含水量也逐渐开始减少。6～8 月气温最高,体内的含水量也高,一直保持在 70％以上。据测定,蜗牛一年内的体内含水量高低相差 15％左右。

2. 降雨量对蜗牛活动的影响

降雨量对蜗牛的活动影响很大。众所周知,在春秋的雨季里,土壤十分潮湿,空气湿度也很大,能见到的蜗牛数量大增。在下毛毛雨或小雨时,能见到的蜗牛的数量也不会减少,到处可以看见蜗牛缓缓爬行、觅食,甚至可看到蜗牛的交配现象。下大雨时,能见到的蜗牛数量则会急骤减少,因大雨使气温和土壤温度降低,水淹没了它们活动及栖息的场所,蜗牛会感到不适而躲藏起来,经过长时间的雨水之后的一段时间,温度回升,蜗牛又会出现。在没有雨水时,大量的露水也能使蜗牛在土表大量出现。

据湖北省广济县资料记载,蜗牛是否大量发生与温度、雨量有直接关系。若上一年 9～10 月雨日达 28 天以上,当年 3 月中下旬平均气温在 11.5 ℃以上,4～5 月雨日在 38 天以上,4 月中旬至 5 月中旬蜗牛将会大发生,其中任一条件改变,都不利于蜗牛生长,就不能发生或发生期推迟。若 4～5 月雨日在 40 天以上、9～10 月雨日在 30 天以上,则 10 月蜗牛也可能会大量发生。

3. 风对蜗牛活动的影响

在有风的时候,蜗牛的活动量会大大降低。这是因为风会使气温发生变化,空气的湿度也跟着变化,以及使土壤的湿度降低的缘故。另外,风也会使蜗牛裸露皮肤的水分蒸发加快。这也是蜗牛在有风的天气不出来活动的原因之一。尤其是干风对蜗牛的活动极其不利。

4. 湿度对蜗牛生长发育的影响

湿度对蜗牛的生长发育影响较大。据报道,一只体重 40～50 克的白玉蜗牛,每天摄取 15～20 克水。在幼蜗牛期,要求有较大的湿度,饲养土的湿度要求保持在 40% 左右,空气相对湿度保持在 75%～90%。在蜗牛生长期,空气相对湿度和饲养土湿度应保持稳定并控制在最佳湿度范围内。饲养土湿度以 35%～40% 为宜,最低不低于 30%,如低于 30% 则蜗牛钻入饲土中蜷缩不动,低于 20% 时分泌黏液封壳口而休眠;空气相对湿度为 85%～95%,最低不能低于 75%。在成蜗牛期,饲养土湿度保持在 40% 左右,空气相对湿度保持在 85%～95%。

一般来说,空气相对湿度低于 30%,蜗牛便进入休眠状态;低于 40%,不活动、不采食;达 85% 左右时,进行交配和产卵。当然过湿的环境对蜗牛的生长也不利。如果空气的相对湿度超过 100%,或土壤过湿发霉,则蜗牛易患结核病、腐足病或生长受抑制。特别是在一场雷暴雨之后,常见到蜗牛纷纷离开地面活动,爬到植物的茎叶或树上栖息的现象。也常见大田围网养殖的蜗牛,在一场大雨之后,栖息场所过分潮湿或积水,蜗牛大批越网逃离的现象。因此,土壤的湿度不能小于 30% 或大于 50%(表 2-6)。

表 2-6　判断蜗牛湿度是否适宜的简单方法

湿　　度	症　状
湿度过低	① 螺壳泛白,干燥; ② 钻入土中不动; ③ 食欲不振

湿　度	症　状
湿度过高	① 螺壳滴水； ② 爬在壁顶上不吃不动
严重缺水	① 壳口出现黏液膜； ② 头部紧缩壳内； ③ 足部变黄,甚至死亡

三、光照和通气

（一）光照

日光是生物有机体所必需的能量来源。光照因素包括趋光性、光照度和光周期 3 个方面。光照对于蜗牛有机体的热能代谢、行为、生活周期和地理分布等都有直接或间接的影响。

1. 趋光性

生物向着光线移动的习性,叫趋光性。蜗牛一般为负趋光性,对直射光多趋避,尤怕强光和紫外线的照射,趋向较弱的散射光。如在强烈日光下,经 2～3 小时即被晒死。蜗牛对绿、紫色的弱光有趋光性,但对白、红、黄、乳白色的弱光无明显反应。

2. 光照度

光照度对蜗牛活动和行为的影响,表现于蜗牛的夜出性、趋光性和背光性等昼夜活动节律的不同。在自然界中,太阳出来后,蜗牛多聚集并潜伏于阴暗潮湿处,日落后便四出活动、觅食。在每昼夜 24 小时内,蜗牛如此的生活是相当规律的,有活动时间和不活动时间,光明和黑暗时间。蜗牛对光的反应是由大脑控制和调节的,在光照较强的环境中,蜗牛的光感受器官饱和、疲劳或抑制蜗牛的感光性,如损坏中枢神经系统,则会破坏感光机制。为避免直接暴露在阳光之下,不超越所能忍受的限度,蜗牛本能地白天休息、夜间活动,故又称蜗牛为昼栖夜行动物。

蜗牛需要的光线有一个最低标准,低于这个标准,它们就不会受到预计的刺激。蜗牛需要的光照度为 5 勒,最高不超过 30 勒。每当傍晚时,光照度在 5～30 勒时,蜗牛便开始外出活动、觅食。白天一般栖息在光照度 100 勒左右的阴暗潮湿的环境里。据测定,通常在杂草丛中的光照度为 70～500 勒,洞穴中的光照度为 10～40 勒,石块下的光照度为 40～90 勒,饲养木箱内的光照度为 60 勒,多层砖床内的光照度为 40 勒,黑夜为 0.001～0.02 勒,月夜为 0.02～0.3 勒,阴天室内 5～50 勒,晴天室内 100～1 000 勒,夏日阳光下 100 万勒。因此,在饲养蜗牛时应特别注意饲养室内的光线,应保持一定的光照。室外大田养殖蜗牛时,要设置遮阳设施,防止太阳光直射杀伤蜗牛。

光照度对于蜗牛的生长、繁殖具有重要作用。在无光照的完全黑暗环境中,蜗牛无法生活,性腺也不能成熟,更不能交配产卵。上海绿洲养殖场曾做过这样的试验:2010 年 8 月 10 日将 40 只(平均每只体重 60 克)褐云玛瑙螺放在塑料泡沫箱内饲养,塑料泡沫箱盖上仅开 4 个直径 1 厘米的小洞,便于蜗牛透气,蜗牛处于黑暗状态,室温 25～28 ℃。每天傍晚投喂一次菜叶、玉米粉、麦麸等混合的饲料,喷洒一次水。饲养 67 天称重,每只蜗牛都没有增重,也没产一窝卵,且死亡了 10 只。试验表明,蜗牛在无光照的饲养环境中基本不生长、不繁殖,生命活动处于停滞状态。因此,若利用防空洞、地下室、地洞、山洞饲养蜗牛时,里面不能全黑暗,必须至少给予 50 勒的光照度,以利于蜗牛活动、生长、繁殖。一般在 50 平方米的面积内安装 1 个 25 瓦的灯泡即可,以红色光线为佳。

光照度可以通过改变灯泡的瓦数来控制,也可以在线路上安装调光器和光可控整流器来控制。安装多种类型的灯泡和灯管时,一般安装灯泡的间距不少于 3 米,使光线分布均匀。

蜗牛的繁殖过程,尤其是卵的形成过程,受光照、神经、体液等综合因素的制约。适当增加光照时间能增强蜗牛生殖系统的功能,促使卵子成熟、产卵量增加。英国爱尔兰农业水产研究所为提高散大蜗牛的繁养速度,对最适生长和繁殖的温度和光照环境进行了对比研究。试验分两组,分别在透明和不透明容器中以 15 ℃和 20 ℃的环境温度饲养 40 周。结果表明,20 ℃时散大蜗牛生长明显高于15 ℃时,最终增重 30%。温度对产卵也有明显影响,当温度从 15 ℃

增加到 20 ℃时,在产卵最初的 10 周产卵量增加 10 倍;在 20 ℃产卵 10 周、无光照的 15 周对产卵量有明显的抑制作用。因此,20 ℃和中等光照最利于散大蜗牛的生长和繁殖。又据法国蜗牛养殖中心测定,蜗牛每天用红光灯照射 13 小时生长最快;白炽灯照射 18 小时的蜗牛比照射 24 小时的繁殖好一些。一般增加光照的蜗牛产卵量比不增加光照的高 20%～30%。这是促进蜗牛生长发育与性成熟的最佳光照条件。同时给蜗牛补充一定量的光照后,蜗牛的采食量相应地增加,这是由于生理上适应多产卵对营养需要增多的结果,而不是因为多吃料而引起多产卵。

蜗牛虽然对光照度要求不是太高,但如果光照强度太弱,则不利于蜗牛活动、采食,达不到光照的目的。光照强度太强,也不利蜗牛生长,甚至导致蜗牛死亡。若将色素为白色的白肉蜗牛从生活在光线缺乏的室内放到野外放养,又没有采取良好的遮阳设施,经过 2～3 个月再移入到室内饲养时,会陆续出现死亡,这种现象称"光死亡"。这是太阳光中的紫外线伤害了白肉蜗牛细胞而造成死亡的缘故。

3. 光周期

光周期对蜗牛的生活节律有重要的信息作用。除赤道外,随着地理纬度不同,光周期(日照时间长短)均有不同程度的季节变化(图 2-1)。在南半球,从秋季开始至 6 月中旬,日照长度每周缩短 15 分钟,然后又从 6 月开始到 12 月中旬,日照长度每周增加约 15 分钟。据研究,大约地理纬度每差 5 度,临界光周期可相差 1.5 小时左右。高纬度地区的临界光周期偏高,即进入冬眠期较早。植物的种类和盛衰也随之有季节变化。在这些地带生活的蜗牛也能长期适应当地光照和光周期的变化规律,在遗传上基本稳定下来。因此,光周期对蜗牛生活节律有较明显的信息作用。在长日照条件下,即春天和夏天,昼长夜短,光照时间长。蜗牛在感受到热的同时感受到光,频繁地活动、觅食、交配。在短日照条件下,即秋天和冬天,昼短夜长,光照时间短,蜗牛在感受到低温的同时感到黑暗,则活动受到抑制,并大量摄食,储存营养,准备越冬。蜗牛就这样在自然界周而复始地生长、繁殖、休眠。蜗牛这一生命活动变化规律,虽然与光周期、温湿度、食料等有关,但光周期变化是主导的。

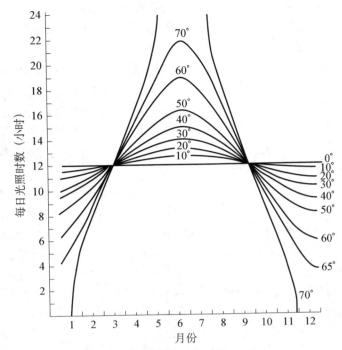

图 2－1　北半球不同纬度地区光周期的年变化

　　蜗牛为短日照型动物,出现短日照的信息而进入冬眠。在生活条件季节性变化中,蜗牛出现周期性不活动状态。在不利条件来临前,已有一定的生理准备,如脂肪或糖类积累,以及螺体含水量和呼吸强度下降等;而当环境条件恢复正常时,能逐渐恢复正常活动。

　　蜗牛能够辨别昼夜的变化,以及季节性光周期的变化。这是蜗牛长期适应光照和光周期变化规律的结果。

(二) 通气

1. 需氧量

　　在气体生态因子中,对蜗牛影响较大的为氧气和二氧化碳的含量,因为蜗牛呼吸时要吸收氧气,排出二氧化碳。

　　蜗牛的呼吸,主要依靠肺和肺孔的开闭运动。蜗牛有一个扩散作用的肺,呼吸是由肺孔调节的。蜗牛肺孔的运动,取决于空气的含氧量。当含氧量在20%时,它正常保持关闭;当含氧量在10%或更少时则开口。同时,蜗牛的呼吸频率受温度、湿度和二氧化碳等因素调节。在酷寒、炎热或干燥时,呼吸频率低;空气潮湿则呼吸频率高。如盖罩大蜗牛和散大蜗牛的耗氧量,在冬季活动迟钝时分别为每小时19微升/克和10.5微升/克;当春季十分活跃时,分别升到25微升/克和44微升/克。当气温15℃时,盖罩大蜗牛的耗氧量为20～80微升/克·时。低量的二氧化碳能刺激肺孔的开放。

空气的新鲜程度决定于含氧量的多少。为保证蜗牛的氧气供给,要使蜗牛居于新鲜空气的环境中。在温度、湿度适宜的条件下,养殖室内的空气越新鲜,蜗牛活动越旺盛,取食量和交配率都相应增高,生长速度也越快。若室内空气不大流通(致缺氧),会导致病蜗牛、僵蜗牛和缩壳蜗牛发生。据饲养试验,为使亮大蜗牛安全度过35～39℃的盛夏,在养殖室内装置空调,关闭门窗,将室温保持在22℃,大气压降至62 661.34～31 997.28帕(470～240毫米汞柱),结果由于室内氧气不足,3天后亮大蜗牛开始摄食量减少、缩壳增多、活动迟钝、心脏收缩频率急剧变慢,由每分钟40～50次的正常频率减少到8～10次。这时,如将亮大蜗牛移到室外二层遮阳网、离地搭架盖草、保湿、自然通风的环境中,则能继续正常生长、活动、摄食和产卵。

蜗牛对氧气量要求不苛刻,满足很低的含氧量即可。据实验,在15℃时,蜗牛每克体重每小时消耗氧气仅0.02立方厘米,即养100千克的蜗牛每小时只需氧气0.002立方米。只要养殖室内保持空气新鲜、流通即可。充足的氧气对蜗牛的生长、发育、孵化起积极的作用。蜗牛胚胎是通过卵内蛋白质的分解,在酶转化下,利用卵壳上的气孔进行气体交换的。因此,孵化时要保持孵化箱内空气流通。孵化箱内的空气成分与室外大气相同时,效果最好,氧气浓度应为21%,二氧化碳浓度应低于0.5%。一般采用塑料纱网做孵化箱盖,以扩大供氧,提高孵化率。

冬季,蜗牛不喜欢感受到一股由于被加热而相对干燥的空气气流。因遇到这股气流,它们就会分泌出一层保护性的黏液,以防脱水。这样,由于活动减弱而减少饲料消耗,从而使蜗牛的生长遇到麻烦。因此,冬季加热了的空气在整个养殖室内应均匀地分配。空气应该以很慢的速度(最大为1米/秒)从分配头里流出来,而不应直接引向蜗牛。

2. 防止有毒有害气体的危害

在蜗牛养殖中,还要防止有毒有害气体对蜗牛的毒害。冬季为了保温,在养殖室内生火炉,由于管道漏烟气,致使蜗牛大量死亡。这是因为烟气中含有二氧化硫、一氧化碳等有毒气体的缘故。蜗牛吃剩的饲料和排泄的粪便,若较长时间不清除,易腐败发酵,会产生二氧化碳、氨、硫化氢、甲烷等有害气体,当达到一定浓度时,则对蜗牛有害,严重者导致死亡。当氨超过20%时,会引起蜗牛黏液分泌增多,集群死亡。硫化氢超过30%时,使蜗牛发生神经疾病而死亡。甲烷超过20%时,造成蜗牛血液外溢而死亡。因此,饲料投喂要以吃光为宜。对于吃剩的饲料要清除掉,特别是夏天高温季节,吃剩的饲料最好每天清除。

四、冬 眠 与 夏 眠

蜗牛属冷血动物,在环境温度改变时不能自行调节体温,对外界不利环境的抵御能力很弱。在自然条件下,蜗牛用一种极端的形式抵御温度、水、光照方面的不利条件,使自己处于一种嗜眠状态,即冬天冬眠、夏天夏眠,以此保护自身免受不良气候条件的直接影响。

(一) 冬眠

1. 冬眠条件

在寒带和温带高纬度地区,随着冬寒的到来,蜗牛居住环境温度的下降、植物的枯萎而引起蜗牛的冬眠。在法国,到10月和11月,恶劣的季节就要来临,气温降至6~7 ℃,自然光照减少,伴随而来的食物缺乏,致使蜗牛停止活动,准备进入冬眠。在我国,到11月下旬,当气温降至14 ℃以下时,蜗牛就开始分泌乳白色黏液膜将螺口封闭进入冬眠。

对蜗牛的冬眠进行观察(图 2－2),发现盖罩大蜗牛在欧洲中部和南部大量出现,它们在树上、水沟、坑道旁、落叶下和苔藓中隐居起来,深度可达 10～20 厘米。

图 2－2　休眠的蜗牛

另一种陆生森林蜗牛,秋天躲藏在不受雨打的 3～4 厘米深的干土中,有时也躲藏在稠密的树木中、石块下等处。例如,灰色大蜗牛冬眠时隐居土中深度可达 3～6 厘米,褐云玛瑙螺、白玉蜗牛深度达 20～25 厘米,散大蜗牛钻入土中 3～6 厘米,亮大蜗牛钻入土中 7～8 厘米,双线嗜黏液蛞蝓多潜入石块下或土下 10～15 厘米深度冬眠,同型巴蜗牛多蛰伏于作物秸秆堆下或冬季作物地的土层中冬眠,幼螺亦在冬季作物根部土壤中冬眠,灰巴蜗牛多在土壤耕作层内、土缝中或较隐蔽干燥的场所冬眠,条华蜗牛多蛰伏在丘陵山坡、田埂边、牲畜棚圈和温室附近的草丛、灌木丛、石块下冬眠,锯齿射带蜗牛多贴在避风的岩石下冬眠。冬天开始进入麻痹状态时,蜗牛以坚实的石灰质厣封闭螺壳口,这种厣紧贴着它的“足”。春天之前,厣一直紧闭着。由于封口和覆盖而受到保护的蜗牛就可维持 5～6个月生命。

在说明蜗牛的休眠条件时,必须强调指出,在土表冻结层越冬的物种也经受不了严寒的影响。根据蜗牛休眠条件资料,在 30 厘米深的地方,冬天土壤温度不低于－3 ℃。当土壤表层温度降至－18～－26.9 ℃时,40 厘米深处的土壤温度为－6.0～－8.9 ℃,而在 80 厘米深处,土壤温度为－3.6～4.0 ℃。土壤传热性取决于许多原因,特别是取决于土壤的组成和温度。积雪的厚度和密度也大大地影响到土壤的温度。严寒时,雪是热的不良导体,并且使土壤不受寒冷的影响。由于谷地和低地雪层的厚度一般比平坦地的大,在深处地方雪更具有保护的作用。

2. 冬眠时发生的变化

下面介绍一些有关蜗牛冬眠时发生变化的情况和资料。Барков(1846 年)对盖罩大蜗牛做了许多有意义的观察。当温度降至 8 ℃、10 ℃时,这种蜗牛将石灰质厣封闭螺壳口,进入休眠。

休眠初期,蜗牛空胃中逐渐填满由肝脏分泌出来的赤褐色消化液。由此可见,虽然蜗牛在休眠时不取食,消化液的分泌虽缓慢,但是不间断。休眠时,心脏跳动并未停止,但跳动的速度是很缓慢的。

休眠时,蜗牛的新陈代谢缓慢,体腔内的分泌物集中,因此,它们的体重不下降。Барков 在室内观察 7 只盖罩大蜗牛并且定期称它们的体重,结果表明,在 3 个月的麻痹期(1 月 6 日到 4 月 6 日)中,它们的体重下降 1.1%～1.4%。

根据 Кюнкель(1961)的资料,盖罩大蜗牛在休眠时体重的损失是很大的。为了测定蜗牛在休眠时体内含水量的变化,他用天平来称蜗牛(除去螺壳),结果表明,水分失去 36%～41%。因为水分约占蜗牛体重的 89%,这一损失等于体重的 32%～36%,就是说,比Барков 连同螺壳一起称后所得的重量为大。

在休眠状态中,厣紧闭着,此时陆生蜗牛能够忍受 0 ℃以下的低温。它们可在－10 ℃生活 10 小时。它们也和昆虫一样,在体内不但有"冰核蛋白",还有一种起反作用的"抗凝蛋白",抗凝蛋白的作用,就在于使冰晶稳定保持在细小尺度上,而不至于伤害细胞。即使蜗牛被冰结后,不吃不喝,也不会很快死掉,在一定条件下解冻后,仍能活跃如初。

根据 Боденхейхер(1934)的资料,蜗牛的过冷却可能在－8 ℃时发生,但它们也和昆虫一样,由于有机体内发生变化,过冷却的能力也随季节的不同而发生变化(表 2-7)。

表 2-7　蜗牛在不同月份中的过冷却程度

	12 月	1 月	2 月	3 月
个体数	10	5	6	2
过冷却平均温度(℃)	-3.1	-6.4	-0.7	-0.4

许多人的观察指出,当在 0 ℃以下冷却时,石灰质厣受到破坏的蜗牛,要比有完整厣的死亡得快。

在养殖褐云玛瑙螺时观察到,随着冬天的来临,气温逐渐下降,当气温下降到 16 ℃时,褐云玛瑙螺的食量减少,呼吸减弱,体内的能量逐渐增加,脂肪含量达到全年最高峰,其他组织内的碳水化合物也有所增加。随着气温的进一步下降,蜗牛体内的能量和营养物质达到一定程度时,便停止取食,转入冬眠。这时体内的水分从消化道排出体外,一部分借助呼吸时的蒸发作用排出,余下的游离水随着体内的生物化学变化,又变成结合水。这段时间的失水量为 20％左右。尽管如此,蜗牛的体内还保留少量的水分,以维持冬眠中十分微弱的生命活动。当气温下降到 14 ℃时,它就会分泌出一种白色黏液膜,封闭壳口,进入冬眠,只留下一微小的小孔,供微弱的呼吸作用,以维持冬眠期间的生命活动。

也有个别的大蜗牛,气温下降到 14 ℃时仍不冬眠,而且足体还露出壳口,头足伸出活动,但无力爬行。也有极个别能缓缓爬行的,但完全停止摄食。这种情况可随着能量和营养物质的不断消耗和代谢功能日趋减弱,以后就完全没有能力分泌出黏液来封闭壳口,这种蜗牛会在越冬过程中死去。这种现象,与其发育状态及病态有关,大都是由发育不良引起的。

Барков 指出,蜗牛解除休眠的时间是不相同的:虽然在试验时蜗牛都处在相同的条件下,但是其中一部分解除休眠较早,另一些则较晚,这种时间上的差异有时达 8～10 天。不但气温的升高会影响到休眠的解除,而且湿度的升高也对休眠的解除产生影响。假如将盖罩大蜗牛放入 15～20 ℃的水中,它们在水中就迅速解除休眠;如将它们安置在陆地上且在上述相同的气温下,它们仍然没有解除休眠。

经饲养观察,褐云玛瑙螺在春天气温回升时,就会自然解除休眠。当平均气温升到 12～14 ℃时,就达到了褐云玛瑙螺开始活动的低温范围。但褐云玛瑙螺仍然不会开始出来活动,一般要到 16 ℃才开始出来活动。在越冬过程中气温较长时间回升,褐云玛瑙螺会出来活动,气温下降又进入休眠,但打破休眠突然降温会使大批蜗牛死亡。昼夜温差超过 5～8 ℃会影响蜗牛的生长发育,一般气温突然下降至 10 ℃以下,解眠后的褐云玛瑙螺因不适应会大量死亡。

春天气温升至褐云玛瑙螺活动的低温范围时,可以用人工方法打破休眠。方法:把冬眠的蜗牛拣来,在高于室温(约 16 ℃)的温水中浸泡 3～5 分钟,然后把螺壳洗干净,这样稍过一段时间后,一部分褐云玛瑙螺会伸出头颈和腹足,慢慢开始活动。

在褐云玛瑙螺解眠初期,气候的变化对其生存影响很大。此时的褐云玛瑙螺活动能力弱,进食少,温度常不稳定,特别是春寒对褐云玛瑙螺威胁最大。

褐云玛瑙螺生长蜗牛和成蜗牛以冬眠方式越冬,卵在土层、石缝下越冬,幼蜗牛越冬能力差,大部分在冬季会被冻死。

(二) 夏眠

1. 夏眠条件

冬眠基本上是蜗牛对温度降低的反应,而夏眠却是蜗牛对湿度降低的反应。

在自然条件下,特别是热带和赤道地带,蜗牛的夏眠广泛地存在着。应该说干旱是蜗牛进入夏眠的主要原因,当蜗牛栖息环境的空气和土壤处于低湿度时,迫使蜗牛进入夏眠,以度过生命过程暂时不良时期。一般温度高于 40 ℃或干旱的环境条件下蜗牛都会进入夏眠,若长期干旱无雨则蜗牛会大批死亡。如 2010 年春夏季节云南西双版纳地区发生大旱,在山林草丛随处可见大批死亡的野生褐云玛瑙螺空壳。同时,当环境气温高于 41 ℃且持续 12 小时,即使休眠的褐云玛瑙螺也会被灼死。

蜗牛的夏眠与低温作用所引起麻痹的区别仅在生理过程中的缓慢程度不同。在夏眠中麻痹不很深沉,只要大气湿度增高时,蜗牛即很快苏醒活跃起来。

蜗牛夏眠期的长短是不一致的。一般幼蜗牛夏眠长达10天以上，便缺乏苏醒能力，几乎处于濒死状态，而成蜗牛夏眠可持续达8个月以上，仍具有苏醒能力。据实验，将盖罩大蜗牛放入干燥器中仍能够活105～140天(平均114.8天)。

2. 夏眠时发生的变化

蜗牛夏眠时,低湿大气能抑制蜗牛的新陈代谢和延滞发育。有关夏眠时蜗牛有机体内的变化,A. B. Haгорный研究了不同温度下休眠中的蜗牛失重和有机物质消化的过程(表2-8)。

表2-8　干旱时盖罩大蜗牛(不计螺壳)体内含水量、有机物质和灰分含量变化
(根据Haгорный,1928年)

温度	2℃,4℃						16℃					
试验号数	No.2		No.7		No.8		No.3		No.4		No.6	
试验天数	重量(克)	体重与原重之比(%)	重量(克)	体重与原重之比(%)	重量(克)	体重与原重之比(%)	重量(克)	体重与原重之比(%)	重量(克)	体重与原重之比(%)	重量(克)	体重与原重之比(%)
1	17.23	0.0	19.6	0.0	19.65	0.0	15.8	0.0	19.95	6.0	19.09	0.0
105					10.73	45.4						
107	9.1	47.1	10.03	48.2			7.61	51.8	9.61	51.9	11.49	39.8
111					9.93	40.5						
119	8.62	49.9									10.85	43.1
140											8.43	55.8
干重	死亡之日	3.06		3.46		3.29		2.27		2.73		2.56
水重	5.56		6.57		6.64		5.34		6.88		5.87	
灰分重量	0.30		0.3		0.35		0.27		0.35		0.32	
有机物质重量	2.76		3.16		2.94		2.00		2.38		2.24	

在 2℃ 和 4℃ 下,当体重损失 40.5%~49.9% 时,蜗牛即死亡;而在 16℃ 的温度下,当体重损失 51.8%~55.8% 时,蜗牛也死亡。这种区别与其说是和失水差异不大有关,不如说是与不同温度下有机物质消耗的不同强度有关(表 2-9 和图 2-3)。

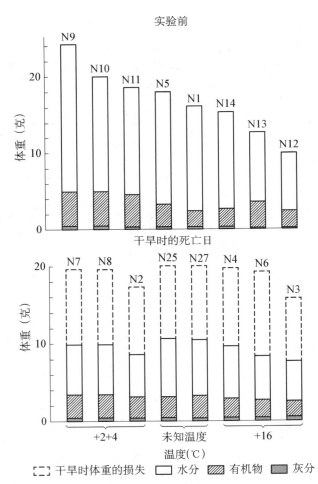

图 2-3 长期干燥时盖罩大蜗牛体重、含水量和有机物质
变化(根据 Нагорный,1922 年)

表 2-9　在潮湿环境下盖罩大蜗牛体内含水量、灰分和有机物含量变化
（根据 Нагорный）

	No. 1	No. 5	No. 9	No. 10	No. 11	No. 12	No. 13	No. 14	平均
体重（克）	16.39	18.20	25.54	20.23	18.78	10.02	13.07	15.74	17.12
干重（克）	2.50	3.44	5.16	4.98	4.62	2.63	3.81	2.84	3.39
水重（克）	13.89	14.76	19.38	15.25	14.16	7.39	9.26	12.90	13.36
灰分重量（克）	—	—	0.37	0.34	0.30	0.18	0.26	—	0.29
有机物质重量（克）	—	—	4.79	4.64	4.32	2.45	3.55	—	3.95

在 2 ℃和 4 ℃的温度下，有机物质的残余为 2.76～3.16 克，在 16 ℃的温度下则为 2.00～2.38 克，含水量则相应地为 5.56～6.64 克到 5.34～6.88 克，在试验的条件下平均含水量为 6.14 克。

把这些资料与表 2-8 的数字比较时，可以明显看出，干旱时蜗牛水分的损失约为 54.1%，第 12 号和第 13 号的对照蜗牛比试验用的蜗牛细小得多，所以，如果在计算最初的数值时仅取下其余 6 只，那么它们的平均含水量将为 15.05 克，水分损失为 59.2%。

从这个对比中可以看出，在 3 个半至 4 个半月内，在干旱时的麻痹状态中有机物质的损失是相当大的，对生活于 2 ℃与 4 ℃下的蜗牛来说不少于 1/4，而对生活在 16 ℃下的蜗牛来说则不少于 1/3。

上海绿洲养殖场对蜗牛夏眠麻痹现象做了试验。把 200 只体重 20 克的亮大蜗牛，分别放入 4 只塑料箱内饲养，8 月 3 日遇上高温，白天高达 37～38 ℃，晚上也在 33～35 ℃，空气异常干燥，箱内的蜗牛全部"封口"，不吃不动。连续 10 天高温不退，即使向蜗牛身上喷洒些水，也不"苏醒"。待第 11 天，先在每只箱口上盖上一块湿布，然后再盖上箱盖，湿布干了再浸湿盖上。结果，在箱内的蜗牛全部"苏醒"，活动、吃食正常，体重没有减轻，且一只也没有死亡。这说明，即使在高温季节，只要饲养蜗牛的小环境中保持一定的湿度，不会因蜗牛体内失水而死亡，同时也证实了蜗牛的夏眠是由空气相对湿度大小引起的。

五、食　　性

(一) 杂食性

蜗牛属杂食性软体动物,食性十分广泛,除了不爱吃含碱较多的植物外,几乎一切绿色植物、各种废纸、剩米饭、猪饲料等都吃。蜗牛没有牙齿,单靠一个半月形颚片和锉一样的角质化齿舌来刮取食物。在取食时,螺体先用腹足的前端左右合折,借以抱持食物,唇瓣左右收缩,借齿舌牵引肌的伸缩,使齿舌活动摄取食物。吃食时,发出下毛毛雨一样淅沥淅沥的声音。刚孵化出来不久的幼蜗牛,多为腐食性,以摄食腐败植物为主;成蜗牛以摄食各种绿色植物为主,尤喜食植物的幼芽和多汁植物,如豆科、十字花科和茄科蔬菜,以及皮棉、麻、甘薯、谷类、桑、果树等的嫩叶。生活在广东、福建、台湾一带的褐云玛瑙螺能摄食橡胶幼树、可可幼苗、椰子苗、菠萝苗、木瓜叶、木薯叶,并吮吸橡胶乳汁。在一般情况下,凡被食的植株多为嫩叶、嫩芽。对嫩叶是从叶缘开始刮食,仅留叶脉,被食的叶子常留下锯齿状遗痕,以致造成孔洞或缺刻,甚至将嫩茎咬断,不久植株枯死,因此,蜗牛是多种农作物苗期害虫之一。

法国蜗牛最喜欢吃蒲公英叶、卷心菜、生菜、大理菊、莴笋叶、油菜、胡萝卜、葡萄叶、金雀花等,以及菊科、禾本科、莎草科及真蓟科等野生植物。但蜗牛不食含芳香味的植物,如葱、蒜、薄荷、胡椒、韭菜、芹菜、白萝卜叶和刺桐叶,对香蕉叶、枇杷叶、桑叶、白菜叶等取食极少。

(二) 偏食性

蜗牛具有一定的偏食性。1982 年 4 月 28 日,笔者对褐云玛瑙螺的偏食性做了试验。在一个木箱里投放花菜老叶,另一个木箱里投放莴苣叶,第二天清晨发现投放花菜老叶的未见摄食,投放莴苣叶的全部被食光,仅剩下一些叶脉。5 月 10 日又对养殖 30 个褐云玛瑙螺的箱内投放青菜叶、米饭、蚕豆壳进行观察,经 30 分钟,发现有 23 个箱集中摄食青菜叶,7 个箱摄食米饭,蚕豆壳未见摄食。这说明蜗牛有一定的偏食性。因此,在同一地区,虽然食物种类很多,但蜗牛对食物还是有选择的。

蜗牛对各种食物的喜食程度不同,饲养时应注意食物的营养性和多样性。蜗牛如果缺少某种营养成分,就会减少增重,导致生长发育不良。要使蜗牛生长发育加快,就必须用多种食物来喂养。若发现蜗牛对食物特别喜食时,在一定时间内,应尽量供给。当发现它所偏爱的某种食物食量减少时,就要更换另一种食物。同时,不能长期投喂单一食物,且增喂含钙质丰富的食物。

人工养殖时,根据蜗牛的食性,在催肥期、孕期和产卵期、复壮期,饲喂 80% 青饲料,再加 20% 的精料,如麦麸、玉米粉、黄豆粉、适量的鱼粉、骨粉、蛋壳粉等。幼蜗牛在饲养过程中为促其较快生长,也可在青料中加入 5%～10% 的精料。

此外,蜗牛摄食凶猛,食量很大,日食量约为体重的 5%。据测定,一只 20 克重的盖罩大蜗牛,一昼夜可食 6～14 克莴苣叶;一只 50 克重的褐云玛瑙螺,一昼夜可食 15～32 克青菜叶。如果气候温和、雨水充沛,特别是在多雨年份,蜗牛可昼夜不停地摄食。蜗牛多在傍晚 6 时以后开始摄食,晚上 8～11 时摄食到达高峰,过午夜后摄食量逐渐减少,直至清晨 6 时前陆续停止摄食,潜入土中或隐蔽处。

蜗牛具有惊人的耐饥能力。例如 1846 年 3 月 25 日,英国某采集家从埃及干旱地区搜罗一瓶蜗牛带往伦敦,封存在标本橱内的瓶里达 4 年之久。1850 年 3 月 15 日,偶尔取出标本,放置温水中,蜗牛竟一一复活。人工养殖的蜗牛,8 个月不给它吃食仍能活着。

六、土　　壤

土壤是安全养殖蜗牛的关键,是蜗牛栖息、产卵、取食、吮水、躲避不良气候和敌害侵袭的重要场所。同时,土壤中包含着蜗牛生活所必需的环境条件,各种生态因子对蜗牛有着错综复杂的影响。

(一)土壤矿物质

在一般农业土壤中,土壤矿物质占固体物质重量的 95% 以上。

它既直接影响土壤的物理、化学性质,又是植物及蜗牛等养分的重要来源。

土壤中主要矿物质为磷、钾、钙、镁、铁、硫等,可提供各种矿物养分。由于各种岩石矿物质的化学成分不同,故提供的矿物养分种类和含量也有差异。土壤中的云母含钾丰富,其他原生矿物如磷灰石、橄榄石等是磷、硫、镁等的来源。页岩所形成的土壤矿物养分多,而砂岩所形成的土壤则少。在不同地区,由于风化和淋溶的强弱不同,也影响矿物养分的含量。我国北方地区气温较低,降雨较少,风化和淋溶作用较弱,因而土壤中贮藏矿物养分较丰富,一般钾、钙、镁、磷、硫的含量较高。反之,南方地区气温高、降雨量大、风化和淋溶作用强,土壤中矿物养分含量一般较少(表 2-10、表 2-11)。

表 2-10　我国主要土壤钾含量

土壤类型	地区	成土母质	钾(K$_2$O)含量(%)	
			平均	幅度
黑土、白浆土	东北	黄土性沉积物	2.12	1.72~2.49
黑钙土、栗钙土	东北及内蒙古	黄土及坡积物	2.59	2.36~2.90
棕壤、褐土	华北、西北	黄土母质为主	2.06	1.66~2.84
塿土、黑垆土	西北黄土高原	黄土母质为主	2.23	1.92~2.83
黄潮土	华北平原	黄土性冲积物	2.18	1.68~2.39
砂姜黑土	淮北平原	黄土性老沉积物	1.79	1.65~1.89
黄棕壤	江淮丘陵	下蜀黄土	1.54	0.53~2.25
水稻土	长江中下游平原	冲积物	1.73	1.01~2.77
红壤、黄壤	华中、西南	酸性母质	1.15	0.47~2.19
砖红壤	华南、滇南	玄武岩、酸性母质	0.26	0.06~0.77

表 2-11　我国主要土壤磷含量

土壤类型	地区	成土母质	磷(P$_2$O$_5$)含量(%)
黑土、白浆土	东北	黄土性沉积物	0.14~0.35
黑钙土、栗钙土	东北及内蒙古	黄土及坡积物	0.16~0.30
棕壤、褐土	华北、西北	黄土母质为主	0.12~0.16

土壤类型	地区	成土母质	磷（P_2O_5）含量（%）
塿土、黑垆土	西北黄土高原	黄土母质为主	0.14～0.18
黄潮土	华北平原	黄土性冲积物	0.11～0.18
砂姜黑土	淮北平原	黄土性老沉积物	0.06～0.10
黄棕壤	江淮丘陵	下蜀黄土	0.03～0.12
水稻土	长江中下游平原	冲积物	0.10～0.16
红壤、黄壤	华中、西南	酸性母质	0.04～0.08
砖红壤	华南、滇南	玄武岩	0.08～0.17
		酸性母质	0.05～0.12

（二）土壤有机质

土壤中的有机质含量对蜗牛有较大的影响。土壤有机质包括动植物死亡后遗留在土壤里的残体、施入的有机肥料及经过土壤微生物作用所形成的腐殖质。其中腐殖质是黑色胶体物质，它已经完全没有生物残体的迹象了，并常与土壤矿物质部分结合在一起。腐殖质一般占有机质的 70%～90%。我国大多数土壤的有机质含量为1%～2%，高的可达 5%～10%（表 2-12）。

表 2-12　我国主要土壤类型有机质含量（引自黄福珍等）

土壤类型	采集地区	有机质含量（%）	土壤类型	采集地区	有机质含量（%）
黑土	吉林长春	3.01	黑钙土	吉林乾安	4.12
黄壤土	辽宁沈阳	0.69	草甸黑土	吉林长春	5.68
夜潮土	北京	1.20	棕壤	辽宁沈阳	1.44
菜园土	北京	0.31	山地棕壤	北京妙峰山	3.10
草甸褐土	北京	1.07	山地粗骨棕壤	山东泰山	4.12
白油砂土	山东德州	0.76	山地棕壤	湖北神农架	
马肝土	江苏南京	0.65	山地褐土	山西吕梁山	3.62
菜园土	江苏南京	2.68	灰褐土	甘肃子武岭	

土壤类型	采集地区	有机质含量(%)	土壤类型	采集地区	有机质含量(%)
菜园油砂土	安徽蚌埠	1.15	黄褐土	江苏徐州九黑山	2.38
黑油砂土	湖北襄阳	1.47	黄棕土	湖北李家大山	4.12
油砂黄土	河南三门峡	0.97	山地黄棕壤	湖北大洪山	4.0
黑垆土	陕西武功	1.06	黄棕壤	南京燕子矶	1.52
苜蓿地红油土	陕西武功	1.52	冲积草甸土	安徽蚌埠	1.45
耕作垆土	甘肃天水	0.69	林地红壤	江西鄱阳	1.40
耕作红壤	江西湖口	0.65	山地黄红壤	福建清源山	2.20
耕作红壤	福建晋江	1.02	赤红壤	福建厦门	0.87

土壤有机质的基本成分是纤维素、木质素、淀粉、糖类、油脂、蛋白质等。在这些成分里，包含有大量的碳、氢、氧、氮、磷、硫和少量的铁、镁等营养元素。其作用如下：

（1）蜗牛养分的重要来源：有机质在微生物作用下，分解时释放出蛋白质、淀粉、磷、铁等营养元素，供蜗牛生长发育的需要；分解时产生的二氧化碳，供作物光合作用的需要。

（2）改善土壤物理性质：含腐殖质多的土壤，结构性好，土壤不僵不板、疏松，且保湿、吸热保暖性好，为蜗牛提供了舒适的栖息场所，蜗牛生长速度快、长势旺盛。

（3）提高土壤的保水、保养分能力：腐殖质为有机胶体，保水能力强，同时能吸住可溶性养分，避免养分流失，慢慢释放出来供蜗牛不间断摄食。

（4）微生物的食物：当土壤有机质丰富，就能促进有益微生物的旺盛活动，提高土壤养分。

（三）土壤微生物

土壤微生物是一种非常微小的生物，要用显微镜才能看得见。其种类很多，有细菌、真菌、放线菌，还有藻类和原生动物（图2-4）。

土壤中的微生物很多，50克土壤就有几十亿到上千亿个。土壤

A. 细菌
1. 弧菌　2. 梭菌　3. 杆菌
4. 根瘤菌(类菌体)　5. 固 N 菌
6. 球菌

B. 真菌
1. 青霉　2. 镰刀菌　3. 毛霉
4. 曲霉　5. 根霉　6. 酵母菌

C. 放线菌的气生菌丝
1. 卷曲放线菌　2. 轮生放线菌
3. 4. 直丝放线菌　5. 卷曲放线菌

D. 藻类和原生动物
1. 小球藻　2. 念珠藻　3. 大球藻
4. 硅藻　5. 链球藻　6. 衣藻
7. 变形虫　8. 鞭毛虫　9. 纤毛虫

图 2-4　土壤中的各种微生物

越肥,微生物越多。虽然这么多的微生物要消耗一部分土壤有机质,但它们死亡后大部分仍以有机质形态留在土中。

自然界中不断产生的动植物残体,只有经过微生物分解后,才能使其中的营养元素重新被植物或动物利用。因此,土壤微生物在地球上生命的延续中有着重要的作用。

细菌对氧气的喜爱不同,有好氧菌、兼性厌氧菌和厌氧菌。土壤中的微生物一般以细菌数量最多,分有益细菌和有害细菌,其中有害细菌能使作物和动物感染病害。因此,利用栽种蔬菜、农作物的土壤作为室内养殖蜗牛的饲养土时,一定要经过高温消毒和杀虫处理。

（四）土壤温度

土壤温度能起到保护和维持蜗牛正常生命活动和生活周期的作用。

土壤热的主要来源是太阳,太阳通过辐射将热量传到地面。土壤得到热量后,一部分散失到大气中,一部分用于土壤水分的蒸发,还有一部分传向底土,剩下来的便提高土壤本身的温度。如果散失的热量比吸收的热量多,土壤温度就会下降。白天土壤温度升高,夜晚土壤温度下降。土壤温度是经常变化的,不仅在一年之内随季节的变迁而变化,甚至在一天之内也有明显的差异。从图2-5中还可看出:在同一时间内,上下层的土壤温度也不相同,这在午后(14时)表现得尤为明显。

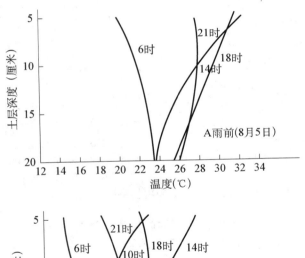

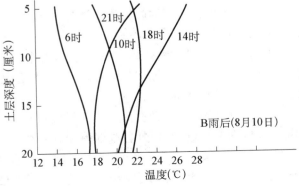

图 2-5 土壤温度的日变化(甘肃会宁,阳坡)

不同深度土壤温度的变化还取决于导温率(K_t)大小。土壤导温率是表征土壤导温性的物理参数(或导热系数),有时也称温度扩散率或温度扩散系数。其物理含义是,在标准状况下,在土层垂直方向单位土壤容积中,流入相当于导热率 λ 时的热量后所增高的温度。其与导热率的关系式如下:

$$K = \frac{\lambda}{Cp}$$

式中:K——导温率,单位为厘米²/秒;

　　　λ——导热率,单位为焦/厘米·秒·℃;

　　　Cp——容积热容量,单位为焦/厘米³·℃。

导热率是表征土壤导热性质的物理参数或导热系数,即在稳态条件下每秒钟通过截面积为 1 平方厘米、长度为 1 厘米、两端温差为 1 ℃的土柱时所需的热量。土壤固、液、气三相的导热率分别为:固体颗粒 0.016 7~0.020 9 焦/厘米·秒·℃,水 0.005 0 焦/厘米·秒·℃,空气 0.000 2 焦/厘米·秒·℃。

土壤热容量是指每单位土壤当温度升高 1 ℃时所需的热量,以土壤重量为单位时称土壤重量热容量(Cp);以土壤容积为单位时称土壤容积热容量(Cp)。干燥土壤的容积热容量等于土壤重量热容量与土壤容重的乘积。土壤中固体、液体、气体三种组成物质的热容量分别为:固体颗粒 2.09~2.51 焦/厘米³·℃,水 4.18 焦/厘米³·℃,空气 0.001 3 焦/厘米³·℃。

导温率决定不同深度土壤温度变化的特征。导温率小的土壤,深层温度增加慢,冷却也慢,但表层温度升降迅速,变幅较大。导温率大的土壤,深层温度增加快,冷却也快,但表层温度比较稳定。

一般土壤深层温度与土壤表层温度差异随深度不同而异,如表层温度-18 ℃时,土壤深层 40 厘米处的温度为-6 ℃、80 厘米处为-3 ℃、125 厘米处为 1.5 ℃。在冬季,土壤深度 10 厘米处的最低地温要比气温高 2.3 ℃;而在夏季,土壤 10 厘米处的地温与最高气温基本相同。

蜗牛栖息深度与土表的温度是否合适有关。冬季温度下降,蜗牛一般向下移动,温度越低,钻土越深;春季天气渐渐暖和,螺体向上移动;夏季土壤表层温度过高时,螺体又向下钻。这是一年中因季节不同而产生的移动情况。在正常情况下，一天中也可发生这种移动情况。蜗牛常在黄昏、夜间及清晨地表温湿度适宜时出土活动，日中则下钻到土壤稍深处。蜗牛在冬季的钻土深度一般在 25 厘米以内；在干燥天气，蜗牛钻土深度一般在 15 厘米以内；地面生活条件适宜时，蜗牛钻土很浅或不钻土。产卵时，一般钻土 2 厘米左右。个体较大，钻土较深；反之，较浅（表 2-13）。

表 2-13　蜗牛钻入土壤的深度

蜗牛种类	深度（厘米）	蜗牛种类	深度（厘米）
褐云玛瑙螺	15～25	盖罩大蜗牛	10～20
白玉蜗牛	15～20	森林蜗牛	3～4
散大蜗牛	3～6	双色胡氏螺	1～2
亮大蜗牛	7～8		

（五）土壤湿度

土壤水分的主要来源是降雨、降雪与灌溉水。在地下水位接近地面（2～3 米）的情况下，地下水也是上层土壤水分的重要来源。此外，空气中的水蒸气遇冷也会凝结而降到土壤中。

水分进入土壤后，由于土粒表面的吸附力和微细孔隙的毛细管作用，把水保存住。经计算，1 立方米的土，可以贮存 0.1～0.4 立方米的水。667 平方米（1 亩）土地，如果按表土层 30 厘米计算，可以贮存 50 吨以上的水。

土壤质地一般分三大类：砂土、壤土（两合土）和黏土（胶泥）。砂土的成分以砂粒为主，壤土以粉粒为主，黏土以黏粒为主（表 2-14）。不同土壤保持水分的能力不同，砂质土，土质很疏松，孔隙大，存不住水；黏质土壤，土粒细小紧密，孔隙小，能保住水。土壤中水分状况时刻都在变化着，或为植物吸收，或运行到地表蒸发掉，或向下渗漏。

蜗牛喜欢含水量很高的黏土质和黑褐色腐殖土壤，尤喜生活在庭园花圃和菜园里。这些地方疏松的土壤有利于蜗牛在阳光到来之前钻入土中避光和获得保湿条件。渗透性很大的石砾、砂壤土和砂

表 2-14　土壤颗粒分级

颗粒名称		颗粒直径(毫米)
粗分	细分	
砂粒	粗砂粒	1～0.25
	细砂粒	0.25～0.05
粉粒	粗粉粒	0.05～0.01
	细粉粒	0.01～0.005
泥粒	泥粒	0.005～0.001
黏粒(胶粒)	胶粒	<0.001

土,易失水而干燥,不适宜于蜗牛的生活,所以在沙漠戈壁不毛之地,几乎找不到蜗牛的踪迹。

蜗牛在土壤里和植物中获得水分,时常吸吮植物上的水滴和汁液,以及通过皮肤吸收水分。最适宜蜗牛活动的土表层湿度为40%。

蜗牛生长所需要的土壤湿度因种类不同而异。一般要求土壤湿度15%～50%,当土壤含水量在10%～15%或高于60%时,会引起蜗牛的死亡,或生存受到抑制。当土壤表面层干燥时,蜗牛力求寻找比较深的和湿润的一层,以免遭阳光照射和保持躯体的湿润。在干燥的季节,蜗牛往往利用在土壤中各种间隙和裂缝、昆虫的通道或腐烂的植物根部的空洞和空隙,钻到地下,度过干燥的季节或严寒的冬天。当空气相对湿度达到70%以上时,蜗牛就纷纷爬出来活动。若土壤长期干旱无雨,则使蜗牛大批死亡。土壤过分潮湿或有积水,蜗牛会逃离原栖息场所另辟新的生栖住所。

土壤湿度对蜗牛的发育和繁殖起着很大的作用。蜗牛产卵,以土壤湿度40%为佳,不喜欢湿度60%～70%的土壤。蜗牛的卵通常产在疏松、潮湿的土壤中,孵化的土壤湿度保持在50%,14天后即可孵化出幼蜗牛;若湿度过高,易使卵变质、发霉而死亡。幼蜗牛生长期要求土壤湿度40%左右,土壤湿度低,幼蜗牛会因干燥大量失水而死亡。

(六) 土壤空气

土壤空气是蜗牛栖息生活必不可少的条件,它供给蜗牛呼吸作用所需的氧,排出二氧化碳。虽然蜗牛对土壤空气的反应不是很高,但严重缺氧时则会窒息死亡。

土壤空气主要存在于土壤孔隙中,少量溶解在土壤水中。土壤孔隙的数量,取决于土壤质地和紧实程度。一般土壤的孔隙度变化在45%～60%,在这些孔隙中,不是填充着水,就是填充着空气。所以,若土壤孔隙度大而含水量少,土壤空气便多;相反,土壤空气便少。

土壤空气的成分和大气大致相同,主要是氮、氧、二氧化碳和水汽。但是,土壤空气中二氧化碳浓度一般比大气中高10～1 000倍,而氧的浓度一般都比大气低(表2-15)。这是因为土壤中植物根系的呼吸作用以及微生物在分解和合成有机物时,不断消耗土壤空气中的氧、放出二氧化碳,而土壤空气和大气进行交换的速度来不及补充足够的氧和排出大量的二氧化碳的缘故。

表2-15 土壤空气与大气中二氧化碳和氧的含量

取样地点	100份空气容积中气体的含量(%)	
	二氧化碳	氧
表土15厘米的土壤中	0.25	20.6
大气中	0.03	20.96

在一般情况下,土壤空气和大气进行交换的方式主要是部分气体扩散。由于土壤空气与大气中二氧化碳和氧的浓度不同,气体总是从浓度大的地方向浓度小的地方扩散,所以土壤中较高浓度的二氧化碳,总是向大气中扩散,而大气中较高浓度的氧,总是不断进入土壤中。这样,土壤空气中二氧化碳的含量才不至于积累过多,而氧的含量也不至于太少。

气体交换的速度快慢、顺畅与否取决于土壤的孔隙大小和孔隙中含水量的多少(小孔隙直径0.000 5毫米以下,大孔隙直径10毫米以上)。大孔隙多的土壤通气性好;反之,小孔隙多的土壤通气性差。如果孔隙中大部分或全部被水充满,则通气性自然减弱或完全不透气。当土壤地下水位达到离地面40～50厘米时,水分就会因土壤的毛细管引力而上升,致使上层土壤孔隙大部分充满水,严重妨碍了土壤空气与大气的气体交换。一般黏质土壤渗水性差,大雨或久雨不晴时,地面容易发生暂时渍水,阻断空气交换的通路,造成土壤通气不良。因此,我国多雨的南部及中部地区,开展大田蜗牛养殖时都应要求五沟配套,畦田平整、疏松,以利排水畅通,有利蜗牛钻土栖息的正常生活。

(七) 土壤 pH

土壤中的水分溶解着各种物质,其中有的能放出氢离子,有的能放出氢氧根离子。当氢离子多于氢氧根离子时,则土壤呈酸性;但是当氢氧离子不断增加至超过氢离子时,则土壤呈碱性;氢离子和氢氧离子相等,则为中性。

土壤 pH 的强弱,通常用酸碱度来衡量。土壤的酸碱性一般分为以下几级(表 2-16)。

表 2-16　土壤酸碱性分级及主要分布地区

土壤酸碱性	极强酸性	强酸性	酸性	中性	碱性	强碱性	极强碱性
pH	3.0　4.0	5.0　5.5	6.0　6.5	7.0　7.5	8.0	8.5　9.0	9.5
主要分布地区及土壤	华南沿海的反酸田	华南黄壤: pH4.0~5.5 华南红壤: pH4.5~5.5	很多土壤呈微酸或中性,如长江中下游的水稻土一般是中性		西北地区和北方地区的石灰性土壤;苏北盐土	含碳酸钠的碱土	

土壤石灰性测定方法:取一小块土壤,将 1:3 的盐酸滴一滴在土上,若发生气泡,表示土壤含石灰(碳酸钙)。徐徐放出小气泡的,碳酸钙含量在 1% 以下;有明显的气泡发生,但很快就消失的,碳酸钙含量 1%~5%;发生剧烈气泡,呈沸腾状,历时较久,并发出“吱吱”声的,碳酸钙含量在 5% 以上。

蜗牛对土壤的 pH 有一定的要求,绝大多数蜗牛生活在 pH 5~7 的表土层中。例如,褐云玛瑙螺在 pH 11.5 的土壤中,即回避而逃逸。因为强酸、强碱都能损伤蜗牛的黏膜,损害呼吸和循环器官的功能。

盐碱土中的氯化钠等可溶性盐类和渍水土壤中的亚铁等,对蜗牛是有害的。此外,土壤中若含毒性物质如五氯酚钠、硫酸铜、聚乙醛等,侵入蜗牛体内,会破坏器官、组织或干扰其生理功能,阻碍蜗牛的生长和发育,严重者导致死亡。

水域中的 pH,主要取决于水中游离的二氧化碳的含量及其与碳酸盐类的关系。如果其他条件不变,水中游离的二氧化碳愈多,则水质愈成酸性;如果游离的二氧化碳相同,则碳酸盐愈多,水质愈呈碱性。水域的 pH 对蜗牛的生长发育及繁殖有极大的影响,同时,通过渗透、浇灌,水又影响土壤的 pH 和盐度,从而影响到陆生蜗牛对环境 pH 的忍耐限度。其因种类而异,如多肋果形螺、环带兔唇螺、梨形环口螺、大伞螺、粗糙棘轮螺等适宜生长在土壤酸性很强(pH 低至4.5~5.5)的环境中;短须小丽螺、细纹灰巴蜗牛、多毛环肋螺、西方单齿螺、六线兔唇螺、大青琥珀螺等的适宜 pH 为 5.5~7.5;展开琥珀螺、杂色虹蛹螺、弧形小丽螺等为 pH8.0~8.5。若超过适宜的pH,蜗牛则有回避性反应,若 pH 在 10 以上,其回避性反应强烈。如褐云玛瑙螺、白玉蜗牛对呈碱性的草木灰有强烈的回避反应。草木灰的成分是氢氧化钾,氢氧化钾与空气中的二氧化碳发生反应产生碳酸钾,这种反应是可逆的。当其氢离子浓度在 0.1 纳摩/升(pH10以上)时,其回避反应效果良好;若氢离子浓度调整到 0.003 6 纳摩/升(pH11.5)时,则效果最佳。人工大田养殖蜗牛,可利用草木灰来防止蜗牛逃逸。又如,明矾是硫酸钾和硫酸铝的含水复盐,水解呈碱性。其水解中生成的氧化铝有很强的吸附性能,能彻底清除蜗牛黏液和破坏蛋白质,致蜗牛死亡。

试验在小白菜田进行。设置每 667 平方米用 40％明矾颗粒粉剂600 克、700 克、800 克 3 个处理,进行明矾对蜗牛毒杀效果的试验,在菜田蜗牛密度达到防治指标时,分别每 667 平方米取细土 5 千克与颗粒剂混匀,撒在植株根际周围,药后不同时期计算相应的蜗牛减退率和防治效果。试验数据显示,药后 2 天,防效不显著;药后 5 天,700 克、800 克处理组防效显著,而 600 克处理组无防效;药后 20 天,700 克、800 克处理组具有明显的防治效果,菜田蜗牛基本杀灭。试验过程中没有发现对小白菜造成药害,也没有发现对其他非靶标生物产生不利影响。

蜗牛对强碱性(pH升高到11以上)的忍耐力是有限的。如生石灰遇水后发生化学反应,产生氢氧化钙并放出大量热量,短时间内可使水的pH升高到11以上。蜗牛沾上生石灰即会刺激呼吸道,引起呼吸道疾病。若蜗牛大量摄食,生石灰在蜗牛胃里与水反应,产生强碱物质并放出大量热量,会损伤消化道组织,引起发炎、水肿或溃疡,甚至引起嗉囊及肌胃穿孔,导致死亡。严重时,几分钟至十几分钟内便迅速死亡。故蜗牛养殖使用生石灰,一般将干生石灰撒于养殖室的地面上或门口。若用于箱、池消毒,可加水配成10%～20%的石灰乳喷洒,切忌直接用干生石灰消毒。

土壤pH也会影响转向休眠的蜗牛数量,将白玉蜗牛分别放到pH为4.9、6.4、7.6、8.6的土壤中,土壤愈酸,蜗牛转入休眠状态愈快,在pH 6.4的土壤中保持休眠状态的时间最长。

蜗牛对酸性物质和强碱性很敏感,若pH 1～3或pH 12时蜗牛几分钟至十几分钟便迅速死亡。随着酸碱度偏于中性,蜗牛死亡的时间逐渐延长。800～1 000倍硫酸铜水溶液可致蜗牛死亡。高锰酸钾常用作禽、鱼类、蜗牛的消毒剂,1 500～2 000倍的高锰酸钾水溶液可消灭蜗牛水霉孢子等病原物。但酸度趋强,则损伤蜗牛。因高锰酸钾是一种强氧化剂,可使水中的二价铁离子氧化或三价铁离子形成氧化铁沉淀物,氢氧化铁随蜗牛的呼吸会在外套膜壁上稠密的血管网代行呼吸作用的"肺"上沉淀一层棕色薄膜,阻碍蜗牛的呼吸,引起蜗牛窒息死亡。氢氧化铁也会吸附在蜗牛体表面,使蜗牛运动困难。此外,反应生成的二氧化锰与蛋白质结合成蛋白盐类化合物,高浓度的二氧化锰对蜗牛体还有刺激和腐蚀作用。据实验,若蜗牛连续使用高锰酸钾消毒3次以上,其产卵量下降或长期不产卵。

人工养殖白玉蜗牛、散大蜗牛、亮大蜗牛时,最好把饲料调至偏弱酸性,这样有利于蛋白质等物质的消化;如呈碱性,则蛋白质难以消化。但饲料也不能过酸,否则会使钙腺失去作用,使饲养池、箱及蜗牛消化道中的细菌过度繁殖,以致嗉囊因细菌发酵而破裂,继而腹膜发炎,引起蛋白质中毒症。饲养土要求 pH 6.5～7.5,不含或少含亚铁、硫化氢等有毒物质。

(八) 盐度

土壤或饲料及其水溶液中常含有种类与数量不同的盐类,主要是盐酸盐、硫酸盐、碳酸盐和硝酸盐。我国盐碱土,主要分布于西北、华北、东北和滨海地区。盐碱土可分为盐土和碱土两大类。

1. 盐土

盐土是含有大量可溶盐类的土壤,其中以氯化钠(食盐)和硫酸钠(芒硝)为主。我国盐土主要有滨海盐土、花碱土和内陆盐土 3 个类型。

(1) 滨海盐土:分布于我国沿海地区,盐分组成以氯化钠为主,氯离子占全部阴离子的 60%～80%,硫酸盐类次之,碳酸盐类仅占 1% 左右。除广东省滨海地区在红树林作用下形成的盐渍土是强酸性(pH 4.5～5)外,一般都为碱性或微碱性,pH 8.0～8.5。土壤上下各层和地下水的含盐量较高,土壤表层含盐量一般在 0.6%～1.0%,高者 1%～2% 及以上;地下水位较浅(1～2 米),矿化度 20～30 克/升,高者可达 30～50 克/升及以上。

(2) 花碱土:主要分布于我国黄河下游平原地区,常呈斑状分布。盐分多集中在 20 厘米以上的表土层内,含盐量为 0.2%～0.5%;表土以下各层含盐量多在 0.1% 以下。地下水位深浅不一,但矿化度不大,一般为 1～5 克/升,高者 10 克/升。盐分组成为瓦碱和卤碱。瓦碱的化学组成其阴离子以重碳酸根为主,氯根次之,而硫酸根最少,阳离子以钠为主,镁次之,pH 9 以上。卤碱的化学组成其阴离子以氯离子为主,硫酸根次之,重碳酸根最少,阳离子以钠为主,pH 8.0～8.5。

(3) 内陆盐土:分布于我国新疆、青海、甘肃河西走廊和内蒙古等地。呈大面积连片分布,地表强烈积盐,形成盐结皮、盐结壳和疏松的聚盆层。表土层 1～5 厘米含盐量在 5%～20%,高者 60%～70%,心土和底土含盐量 1% 左右。地下水位为 1～3 米,矿化度为 3～20 克/升,高者可达 70～80 克/升。盐分组成主要有氯化钠、硫酸盐及碳酸钠和硝酸盐。

2. 碱土

碱土中的一部分盐分(主要是钠离子)进入土粒中,被黏粒表面吸附着,即使用水反复洗,土还是咸的。碱土的性状比盐土更坏,地表带有碱壳。壳下有孔隙,土中碳酸钠(苏打)和碳酸氢钠(小苏打)相对增多,呈强碱性,pH 9～10。如黄淮平原的瓦碱土和白碱土,内陆平原的白僵土,其土壤中含较多碳酸钠,对动植物有毒害作用。

综上所述,盐碱土壤也是决定蜗牛分布的一个重要因素,绝大多数种类蜗牛是不能在含盐量很高的土壤环境中适存的,但有些蜗牛也可以在含盐量相对高的地区生存。如扁圆盘螺和雨似管螺,在江苏海安、东台沿海边的盐碱田里生存着。据美国布朗大学布雷恩·西利曼与同事史蒂文·纽威尔发现,在北美洲东海岸长达3 200千米富含盐分的沼泽地里生长一种身长2.5厘米、最喜欢吃生长在大米草上的真菌的蜗牛。

盐度主要通过影响水的密度和渗透压而对蜗牛造成影响。据龚泉福(2009年)对灰巴蜗牛在氯化钠溶液中的忍耐力的测定表明:灰巴蜗牛在浓度0.06%的氯化钠溶液中浸没5小时没被致死,把它从溶液中拿出来用水冲洗一下,即刻伸出腹足,开始爬行活动;在浓度0.5%氯化钠溶液中致死时间为4小时23分钟;在1%的浓度下致死时间为1小时;在2%的浓度下致死时间为41分钟。直接将氯化钠(5克)撒在灰巴蜗牛身上,在7分钟内致死。

根据蜗牛怕盐的特点,在农业防治上,蔬菜、粮棉区为防治蜗牛危害蔬菜和棉花、稻秧,常在阴雨天蜗牛外出活动时,将其捕捉集中放于一盛器内,上撒食盐,过5～10分钟即可死掉。或在蜗牛外出活动时,喷施1%食盐水,将蜗牛杀死。人工养殖时应预先对饲养土或大田放养土进行盐度测定,把盐度控制在蜗牛所能忍耐的限度内,一般要求土壤含盐量不超过0.1%。

蜗牛大面积大田围网养殖,对喷灌水的水质(主要指水中所含盐类的种类、数量和pH等)有一定的要求。用水质优良的水喷灌,可增加土壤养分;而水质不良,则会使土质变坏,蜗牛受损。一般来说,喷灌水的含盐量最好小于0.15%。但因各种盐类对蜗牛的危害程度不同,所以还要看盐分的种类。以碳酸钠为主的喷灌水含盐量不应超过 0.1%,以硫酸盐为主的喷灌水含盐量不应超过 0.4%,以氯化钠为主的不应超过 0.2%。

人工养殖蜗牛,为促进其生长,往往在饲料中添加鱼粉。但鱼粉质量有好有差,优质鱼粉含盐量低,口尝几乎感觉不到咸味,如果咸味重,则说明鱼粉质量差,不能投喂给蜗牛吃。同时,食盐可降低链霉素或土霉素的疗效,盐水中的钠离子可使水在蜗牛体内滞留,引起水肿。在使用链霉素治疗蜗牛疾病或在饲料中拌入土霉素时应限喂或停喂较咸的鱼粉。

有些常用的农药(如波尔多液中的主要成分硫酸铜)、化肥(硫酸铵、碳酸氢铵)也是盐类,对蜗牛有一定的杀伤作用。

据试验测定,硫酸铜 800~1 000 倍稀释液可杀死蜗牛,碳酸氢铵 100 倍稀释液可杀死蜗牛,硫酸铵 100 倍稀释液能致蜗牛死亡。氨水易分解产生氨气,氨气挥发性和腐蚀性强,对蜗牛的毒杀作用极大,如按农业上常用的方法兑水 70~100 倍喷洒,蜗牛一旦接触,在几分钟内即被毒死。

对此,在菜园放养蜗牛时,必须注意安全使用农药和化肥。发现菜上有虫害时,最好使用对蜗牛低毒或无害的农药。为促进蔬菜生长良好,最好多施入发酵腐熟的有机肥。如果需要追施化肥,应施用对蜗牛无害的化肥。若要施碳酸氢铵一类化肥,必须适量使用,使肥料施用量不要超过蜗牛所能忍耐的限度。

(九) 其他化学制剂和辐射

1. 其他化学制剂

近年来,蜗牛已被列为危害农作物防治重点对象,许多有毒化学农药对蜗牛极具杀伤作用。一旦蜗牛接触或进食后,导致神经麻痹死亡或失水死亡。特别是有机氯农药对蜗牛毒杀作用更大。现举例如下。

(1) 五氯酚钠:微碱性,易溶于水,对蜗牛有毒杀作用。

(2) 6%四氯苯酞:每 667 平方米施用 0.5~0.6 千克可毒杀蜗牛。

（3）聚乙醛：属神经毒性药剂，具有诱杀、胃毒、触杀作用。

（4）8％四聚乙醛：每 667 平方米施用 0.8～1 千克可毒杀蜗牛。

（5）灭达（META）：蜗牛吸食或接触后，能迅速破坏它们的消化系统，使其大量失水，并在短时间内死亡。

（6）10％多聚乙醛：每 667 平方米施用 0.8～1 千克可毒杀蜗牛。

（7）辛硫磷：50％乳油 1 000 倍稀释液可致死蜗牛。

（8）乙酰甲胺磷：500～800 倍液可致死蜗牛。

（9）三苯醋锡：高效杀螺剂，蜗牛接触或吸食后会大量失水而在短时间内死亡。

（10）氧化双三丁基锡：高效杀螺剂，有效成分 2.5％～6％。与玉米粉拌和撒于园地，蜗牛吞食后短时间内死亡。

（11）蜗克：颗粒状，由特殊菌类制成，并添加生物引诱剂，促使蜗牛接触或进食。蜗牛接触或进食后，体内乙酰胆碱酶过量释放，导致神经麻痹而死亡。杀死率，3 天平均 63.3％；7 天 85.4％。

（12）茶子饼（粉）：一种植物性农药，内含生物碱，其 1∶100 浸出液可致死蜗牛。

（13）溴甲烷：为熏蒸剂。其毒气通过空气的扩散作用和蜗牛的呼吸作用进入螺体组织和细胞中发挥毒效。在螺体内能水解产生麻痹毒物，如溴化氢、甲醇、甲醛等。溴化氢能留在蜗牛的细胞间隙，造成积累中毒；甲醇能伤害蜗牛的细胞原生质和神经系统，引起神经中毒；甲醛能破坏细胞原生质和呼吸酶。因此，溴甲烷熏蒸能很快使蜗牛中毒死亡（表 2-17）。

表 2-17 溴甲烷常压熏蒸

温度（℃）	剂量（克/米^3）	密封时间（小时）	最低浓度（克/米^3）	
			12 小时	24 小时
≥12	128	24	65	35

2. 辐射

常用辐射源有 ^{60}Co（钴$_{60}$）或 ^{137}Cs（铯$_{137}$）产生的 γ 射线、X 射线，或电子加速器产生的高能电子束。应用较广泛的是 ^{60}Co 产生的射线,能杀死蜗牛。

七、御敌力与电刺激

(一) 御敌力

自然界中有天敌的存在,致使蜗牛自然死亡率相当高。常见的天敌有地鼠、家鼠、步行虫、埋葬虫、蚤、蝇、鸟类等,有的破坏蜗牛卵,有的吃幼蜗牛,有的吃成蜗牛。蚤、蝇对幼蜗牛的危害甚烈,往往造成大批死亡。蜗牛对这些敌害缺乏攻击的器官和力量,对天敌的侵袭主要采取将软体部缩入螺壳内,或有厣的种类用厣把壳口封住的消极办法,来躲避敌害。但也有些种类的蜗牛具有特殊的防御能力。例如,盖罩大蜗牛遇到刺猬进攻时,能分泌一块球状的黏液,使天敌因黏滑而不易攻击。生活在热带地区的蜗牛,有拟态和伪装的本领,可保护自己,躲避敌害。例如,古巴的彩色蜗牛,栖居在热带森林的枝头上,外壳辉映着阳光,色泽有时变得像颗晶莹的绿翡翠,有时却变得像颗瑰丽的红宝石。栖息在金鸡纳霜树上的蜗牛,全身发着红光,还散发出金鸡纳霜的苦味,鸟和野兽闻到此味,就会远远地避开。生活在中亚一带的一种蜗牛,在受到攻击时,会产生微弱的电流击退敌害。生活在菲律宾的一种锥形蜗牛遇到敌害时会分泌麻痹毒素,免遭侵害。

此外,蜗牛还有自割现象,以此来转移天敌的目标。如竖琴螺遇到敌害侵袭时,便即自割其足的后部而逃遁。自割的部分可以再生,经半个多月就再生出新的。

(二) 电刺激

蜗牛对电的刺激非常敏感。无论直流电、交流电还是低频脉冲电,只要达到一定的电流强度,它都表现为触角收缩,头颈和腹足缩入螺壳内。当受交流或直流电压1伏、脉冲电压2伏的刺激时,蜗牛表现为触角收缩、头颈部有微弱反应,并能立即恢复常态;当交流或直流电压2伏、脉冲电压5伏的较强刺激时,蜗牛表现为触角、头颈和腹足迅速收缩壳内,然后再缓慢地伸出头颈和腹足,如果持续刺激蜗牛腹足部,则爬行速度加快;当交流与直流电压 3 伏以上、脉冲电压 10 伏以上的强刺激时,蜗牛表现为头颈和腹足缩入螺壳内,同时分泌大量黏液,由于身体重心不稳,螺壳翻倒,撤去电刺激后,其身体在较长时间内才逐渐恢复,重新将全身伸出壳外。对此,根据蜗牛对电流的不同生理反应,可设计各种电防逃装置,在养殖和植物保护上加以利用。

第三章 蜗牛的繁殖

一、性别与产卵

(一) 性别

1. 雌雄同体

绝大多数蜗牛为雌雄同体,异体交配。生殖孔亦同为一个。交配方式有 2 种,一种是双交配,即相互接受对方的精子于纳精囊中;另一种为单交配,其中有一个体的雌性尚未成熟,只能给另一个体输入精子,不能接受异体的精子。自然界中,蜗牛多数为双交配,极少单交配。

2. 自体交配受精

蜗牛除了异体交配外,还存在自体交配受精现象。如阿勇蛞蝓、野蛞蝓等,自体受精现象较为普遍。据观察,野蛞蝓单只一年一般繁殖 5 个世代,可繁殖 7 亿多只,其繁殖力是正常生殖的 2～3 倍。自体交配受精有直接和间接两种方式,前者是当同一生殖巢中的卵子和精子移到生殖管时相结合;后者靠阴茎伸入雌性管进行自体交配。自体交配只见于椎实螺和扁卷螺。有些蜗牛是自体不育种类,如网纹蛞蝓、散大蜗牛、树大蜗牛、盖罩大蜗牛、汶多大蜗牛、白玉蜗牛等。

(二) 产卵

1. 产卵环境

蜗牛常常把卵产在能避高温和低温,以及水分过多的地方。如同型巴蜗牛、灰巴蜗牛、条纹钻螺、红带光长螺等的卵(呈圆球形、白色、小颗粒),多产于草丛根部、农作物根部土壤中和石块下疏松的土壤表层或土缝中。

2. 护卵

一般蜗牛产卵前,先挖一个洞穴,然后把卵产在洞里。产完后,蜗牛爬离洞外,用泥土将洞口盖上。而直接产在石块下、草堆下的卵,不再覆盖泥土。

3. 卵群

蜗牛产出的卵往往黏集成群,叫"卵群"。产出的卵壳表面具有黏液,干燥后把卵粒粘在一起,成块状。有的卵粒黏结成葡萄串状,经移动后散开。卵有2种,一种卵壳呈石灰质硬壳,另一种卵壳呈胶状透明,似鱼肝油丸。卵多呈白色、淡黄色,圆球形或颗粒状。卵的大小取决于储藏于卵内的营养物质的含量,而与螺体的大小关系不是很大。

4. 产卵量

蜗牛的产卵量随着种类及其生活环境的不同有所差异,一般蜗牛一生连代可产卵3 000粒以上。如褐云玛瑙螺,每次产卵115～354粒,平均为207粒;一年可产卵3～5次,年可产卵828～1 035粒;一生可产卵6 000粒左右。在新的环境中,很容易建立一个新的种群。同时,蜗牛的产卵量随着产卵次数的增多而增大。若初次产卵量100～200粒,则第二次产卵量会增加10%～20%,第三次产卵量再递增10%～15%,但第四次产卵就无增加的趋势了。在良好的生活环境里,蜗牛每隔35天左右产卵1次,一年可产卵10次左右。如处于营养不良、环境欠佳的情况下,产卵间隔期将会大为延长,产卵量也随之减少。

在自然界中,每年4～6月和9～11月是蜗牛产卵盛期。在人工加温条件下,冬季12月至第二年3月也能产卵。若是春季孵化的幼蜗牛,要到秋天才成熟,这时虽然可以产卵了,但天气逐渐变冷,蜗牛要进行冬眠,等到次年春季再产。

在养殖中发现,有的蜗牛没有生育能力,终身不会产卵。

二、发　　生

(一) 受精

受精是两个雌雄不同的生殖细胞互相融合成一个合子的过程。蜗牛是体内受精的,精子一般从动物性半球或动物极进入卵内,正当蜗牛的卵母细胞进行第一次成熟分裂中期进入卵内,精子进入卵子后,卵母细胞再先后放出第一和第二极,完成成熟分裂,然后精原细胞与卵母细胞互相融合。受精是个体发育的开端。

(二) 卵裂

蜗牛的胚胎发育是在卵内进行和完成的。蜗牛的受精卵在温度 25～30 ℃、土壤湿度 30%～40% 的条件下,9～10 天可孵化出幼蜗牛。

蜗牛的受精卵为螺旋卵裂,并为不等全裂分裂。卵裂速度很快,首先在动物极的顶端出现第一极体,紧接着出现第二极体。然后进行第一次分裂,这次分裂为纬分,所分成的两个细胞大小相等。第二次细胞分裂也是纬分,并与第一次分裂面垂直。经此分裂后进入 4 个细胞期。以后的细胞分裂以动物极为活动中心,由动物极和植物极细胞分裂活动速度快慢不同。第三次分裂形成了大小不同的分裂球,第一次分裂为 8 个细胞期,第四次分裂为 16 个分裂球的胚体。同理,到了 32 细胞期和 64 细胞期,就分别有 3 个及 4 个大分裂球分裂出来。在大分裂球分裂的同时,第一分裂球和第二分裂球也自行分裂。

在器官形成过程中,第一个四集体参与幼虫上半球皮肤的形成。第二个四集体形成口前细胞、外胚层间质,而分裂球则形成幼虫下半球的大部分外胚层。第三个四集体参与了幼虫皮肤的形成,又参与了外胚间质的形成。第四个四集体小分裂球中,4 个内外层母细胞,由它左右分裂为两个大细胞进入胚内之后,分裂成 2 条中胚层带,第四个四集体的其余 3 个分裂球和所有的大分裂球,一起形成内胚层原基。

当受精卵经卵裂期之后而形成囊胚时,在囊胚的内部有一狭小的分裂腔。

(三) 胚胎发育

1. 原肠腔的形成

从囊胚期经原肠作用,使小分裂球几乎完全形成外被,即分裂卵的外胚层;大分裂球占据内部,即内胚层。原肠胚由植物极陷入形成部的半球,在两半之间形成 1 个狭小的分裂腔。内陷部分以后形成消化管,其内壁为内胚层,以原胚孔和外界相通。

肝脏是由原肠壁形成的,一般是成对的囊。

2. 消化管外孔的形成

原肠胚的外孔为一长形裂缝,保持着开口。在开口部的周围生成一个外胚层的凹陷,使原肠与外界相通,这就形成了原口,食道将由此形成。在开口的地方,以后就变成成螺的口腔。

肛门始于原肛的内陷。原肛短,与原肠的后部相通,由此所形成的外孔即肛门。

3. 中胚层的形成

在内、外胚层之间产生一个第三层中间细胞,这就是中胚层。中胚层是由原胚孔附近的内胚层(大分裂球)陷入附近细胞内,或大分裂球产生其他细胞滑入内、外胚层中间形成的。由中胚层细胞生出对称的中胚层细胞带,并由此分为体壁层和脏壁层,在此两层之间形成体腔。

体腔的扩张,限制了原始分裂腔,原始分裂腔将来变为循环系统的腔隙。充满分裂腔的其余部分,形成结缔组织。由于器官的均衡,结缔组织限制了体腔的发展,体腔通常收缩为围心腔。

4. 外部器官和外胚层器官的形成

(1) 外部器官:包括由外胚层形成的足、外套膜、贝壳等。

足:是肛门和口间突生出的软体构造,由原口唇愈合而成。开始有外皮部产生的移动器官,即面盘,随足的充分发育,面盘即退缩。

外套膜和贝壳:在背面,很早就出现一个外胚层凹陷,周围为环状突起的界缘,此区叫壳腺。壳腺形成壳的原基,以后由此腺分泌出贝壳。在此同时,胚体自下而上分裂出外套膜和体躯本身。

外套膜生自壳口内的外套腔顶端,膜上密布网状分枝,营气体交换。

（2）外胚层器官：包括神经系统和感觉器官。

神经系统：神经中枢一般有外胚层的增厚形成。

感觉器官：平衡器是由皮肤陷入的囊状体形成,囊壁上有感觉细胞,囊壁分泌液体,并沉有许多"结晶体",这些"结晶体"叫"耳沙"。其他感觉器,有如小触角、背、腹触唇和侧触唇上的突起。

5. 中胚层器官的形成

体腔开始是一个与外界不通的腔,其上壁部分分化为生殖器官和排泄器官。

肾是由体腔（围心腔）的一部分构成,它的一端与围心腔相通,另一端由于外胚层的凹陷与外界相通。

生殖腺生于有肝叶的内侧,从生殖腺生出一条弯曲的小管,并嵌入蛋白腺的基部附近。在其处有一弯曲小盲囊,其后是输出管,由管壁两侧向内凹陷,形成两条不完全的管道,两管间有一条缝隙相通。管的表面有粒状的卵壳腺。

输出管的一端连接两条分离而完整的管子,一条管子的末端连接肌肉质的粗管,形成输精管。肌肉质管为阴茎。另一条管子为输卵管,末端与纳精囊会合,成为阴道。阴道末端为球状,与阴茎合并成为一个管腔,开口于颈部右侧,为生殖孔。心脏生自分裂腔的一部分,陷入在围心腔中,一部分腔壁变成心脏的壁。

6. 幼蜗牛的形成

受精卵经过一系列的胚胎发育后,即破壳而出,此时已成完整的幼蜗牛。如褐云玛瑙螺的受精卵在温度 $25\sim30\ ^{\circ}\mathrm{C}$ 的条件下,历经近 9 天的孵化,出壳的幼蜗牛已具有 2 个螺层,壳高 $4.7\sim4.8$ 毫米,壳口 3.5 毫米,重 46 毫克,相当于卵的大小。贝壳呈灰褐色,薄而透明,壳顶略凹,体螺层膨大,壳上有分散的不规则黑斑,足无色。眼后方左右两侧各有一小区呈暗灰色,且各有一个十分明显的黑点。足部伸出或收缩时,均可透过贝壳见到心脏在跳动,每分钟约 40 次。幼蜗牛刚孵化出壳时,仍停留在原处不动不吃,3 天以后逐渐开始活动。4 天后可取食幼嫩的瓜叶。

三、生　　长

（一）生长规律

蜗牛的生长规律,通常表现为缓慢——快速——缓慢。也就是说,蜗牛在胚胎初期,体积一般不增加,到幼蜗牛期开始摄食时才开始增长,生长迅速,到生长期时生长速度更快,到老年期时逐渐缓慢或停止生长。

通常幼蜗牛的螺层总数比较少,生长期间螺层逐渐增多,到达成蜗牛时具有一定的螺层数。如褐云玛瑙螺,在幼蜗牛时螺层只有2.5～3 个,到成蜗牛时螺层已有 6.5～8 个。

（二）生长类型

蜗牛的贝壳是持久、缓慢生长的,特别在壳口的外唇部,是逐渐增加并扩展其面积,其壳面有许多细致的生长线。但有些种类的蜗牛生长局限在很短时间内,常表现在螺旋部上有数条粗大的纵行肋脉,这些肋脉即是原生幼蜗牛外唇的位置。在各肋脉之间还有面积很大的贝壳部分,肋的位置指明了贝壳的生长,在这个时期是处于休止状态。一般蜗牛都具有两种生长方式,即在夏眠和冬眠时,贝壳不生长,其他时期都在生长。在缺乏钙、磷等元素时,贝壳不生长或长得很薄,一碰就破。待得到充足的钙、磷时,贝壳就生长得快和坚硬。在养殖过程中,发现由于过早给予幼蜗牛精饲料、饲养密度过高、饲料营养欠佳、温度和湿度控制不好等,造成蜗牛一直长不大。如 4～5月龄的白玉蜗牛只有 20 克左右,贝壳表面粗糙,无生长线,无光泽,花纹不清,壳面白白的,称之为"僵蜗牛"。但也发现有许多养殖户给蜗牛饲喂某种生长激素后,蜗牛的生殖腺全部或部分受到损坏,其生长速度比正常个体要快 1～2 倍,称之为"异常生长"。

蜗牛的生长都有一个大体一致的生长限度,到了这个限度,蜗牛就很难再长,这就形成了各种蜗牛有不同大小的体型,自然造就了千姿百态的蜗牛。如褐云玛瑙螺最大体重为 390 克,壳高 13 厘米,壳宽 5.4 厘米;灰巴蜗牛最大体重 8 克,壳高 1.9 厘米,壳宽 2.1 厘米;常春藤蜗牛如小豌豆,体重不足 3 克;生活在热带婆罗洲的一种蜗牛壳高仅 0.7 毫米。

(三) 生长环境

在自然界,蜗牛的生长与周围环境的温度、湿度、光照、食物、土壤酸碱度,以及地理纬度和经度、海拔高度等有着密切的关系,特别是温度、湿度、食物左右着蜗牛的生长。

1. 温度

不同种类的蜗牛通常有其最适宜的环境温度,高于或低于这个界限,蜗牛的生命活动即会发生变化。如散大蜗牛,生长发育最适温度为 18～24 ℃,当气温降至 5～8 ℃时则陆续进入冬眠,0 ℃以下死亡;当气温回升至 8 ℃以上时逐渐复苏,开始摄食;当气温达到 30 ℃时,进入夏眠,超过 35 ℃基本上都被热死。在自然界中,一般在温度较高的月份,蜗牛生长迅速;温度低的月份,生长就缓慢;在寒冷的月份,则完全停止生长。

2. 湿度

一般来说,低湿大气能抑制蜗牛的新陈代谢而延滞发育,高湿大气能加速发育。如褐云玛瑙螺,要求空气相对湿度保持在 90%、土壤湿度在 30%～40%,当栖息环境的空气和土壤湿度低于 10%～15%时,便隐藏起来,常分泌黏液膜将螺口封住,暂时不吃不动。干旱过后,又恢复活动。若土壤过分干燥,卵不能孵化,将卵翻至地面,接触阳光便爆裂。当栖息环境湿度超过 100%时,引起生长受到抑制,甚至死亡。产在地面上的卵因浸水过久而孵化不出幼螺。

3. 食物

食物的数量及其营养价值对蜗牛的生长和种群的生殖力等十分重要。蜗牛的日食量为其体重的 5%。若蜗牛栖息地周围各种绿色植物和农作物多而茂盛,蜗牛取食量大,生长速度快;若绿色植物和农作物单一或贫乏,蜗牛取食量小,营养缺乏,生长速度就慢,甚至产卵量减少。

四、世代与寿命

（一）世代

在自然界,分布在不同地域的蜗牛都伴随着气候环境变化而非常有规律地生活着,一生经历着活动、觅食、生长、交配、产卵、孵化,然后长成幼蜗牛、生长蜗牛、成蜗牛,直至死亡的生物规律。每年的3～4月当大地回暖时就脱离冬眠出土活动、觅食,并于4月底5月初开始产卵,孵化期6～12天。为了适应环境的突然变化而大量死亡或被其他动物所吞食,以保持其种族的继续生存,蜗牛产卵量较大,一次产出150～300粒的卵,一年产卵600～1 200粒。待到6～8月,为躲避30～40 ℃的高温侵袭而死亡,就进入夏眠。9～10月温度恢复到25 ℃左右时又再次活动,大量产卵。11月温度逐渐下降到14 ℃以下时,即分泌乳白色黏液膜将壳口封闭,入土越冬,度过漫长而寒冷的冬季。对于夏末初秋的卵,来不及孵化的便以卵的形式越冬,春末孵化、生长。蜗牛就是这样在自然界世代循环、周而复始地生长与繁殖。

（二）寿命

蜗牛的寿命长短随种类而不同,即使是同一种类的寿命也不是恒定的。它们除了因受许多生理因素的影响而正常死亡外,还因遭遇不良的环境条件和敌害的侵袭而非正常死亡。例如,养殖密度高、患病、二氧化碳增多,均能促使它们体力迅速损耗而接近死亡。而冬眠、夏伏能使寿命延长,在寒冷地带则生长缓慢,寿命较热带的长。在自然界中,许多蜗牛活2年就死去。但也有活得较长的种类,如褐云玛瑙螺能活到6年以上,最长的可达9年,平均寿命为5～6年;玻璃蛞蝓活1年,阿勇蛞蝓活1～2年,野蛞蝓能活1～3年;条斑玛瑙螺活到6年;盖罩大蜗牛能活8年;寄主大蜗牛能活9年;卷扁大蜗牛甚至能活15年。

在人工养殖过程中,发现蜗牛在产卵期死亡率常达到总放养量的30%。有时蜗牛未能离开产卵窝就死去。也常发现散大蜗牛和亮大蜗牛成蜗牛每年一到夏天高温季节就大批死亡,其他季节死亡率较低。在蜗牛生长期中,死亡率随着年龄和外部参数的变化而变化。但是人工养殖的蜗牛由于人为给予适宜生长的温度、湿度、丰富的饲料和舒畅环境则能延长寿命。如亮大蜗牛能活 5～6 年。湖北仙人渡镇的杨进森 1997 年在路边捡养的一只蜗牛到 2008 年 4 月才死亡,竟活了 11 年。

第四章 种蜗牛的选择与培育

一、种蜗牛的选择

（一）选择标准

由于蜗牛个体大小、体格强弱、性成熟期早晚往往参差不齐，难以保证种苗生产的数量和质量。为了获取大量优质的种苗，必须挑选性能优良的种蜗牛，提纯复壮，淘汰劣种。种蜗牛应该从成蜗牛群体中选择健壮肥满、无病、黏液多、外壳完整且色泽光洁、条纹清晰的，如要求褐云玛瑙螺 50～60 克、白玉蜗牛 40～50 克、亮大蜗牛 25～35 克、散大蜗牛 15～25 克。这样的种蜗牛性成熟较一致，产卵时间集中，种苗一致，而且产卵量较高（表 4-1），抵抗病害能力较强，有利于种苗培育。

表 4-1 褐云玛瑙螺产卵记录

编号	日期（年/月/日）	室温（℃）	产卵量（个）
1	1982/06/06	23	152
2	1982/06/08	23	246
3	1982/06/09	23	240
4	1982/06/10	23.5	260
5	1982/06/13	24	175
6	1982/06/15	23	180
7	1982/06/17	23	309

（二）选择方法

1. 一般方法

对于初养预购种蜗牛者，选择的方法是：把待选的蜗牛放在篮中，放到水中淘洗或冲淋，然后放在大盘内，蜗牛经淘洗或冲淋后纷纷爬行，可选择爬行速度快、螺壳条纹清晰、软体肥大健壮、达到种蜗牛体重标准的蜗牛。种蜗牛体重标准因种类不同而异，如白玉蜗牛应达到 35 克以上，这种蜗牛一般觅食力强，繁殖率高，产卵质量好。初养者一般宜选购家养种，未经驯化的野生种，在缺乏饲养经验的情况下，死亡率较高。

初养者还应避免种蜗牛带菌和病菌交叉感染而影响日后正常养殖。其要点是：引种时要亲临蜗牛养殖场（户），亲自挑选和装载种蜗牛；尽量不要在"网络"上引购；不能引购拼凑起来的种蜗牛；不能使用已装过蜗牛的旧塑料泡沫箱，应用新购的塑料泡沫箱装载种蜗牛；不能混入死蜗牛。

2. 选择食用种类和不同性状的方法

（1）食用种类：凡无毒的蜗牛均可作为食用蜗牛饲养。以个体大、肉质肥厚为佳。现在世界各地人工饲养作为食用的蜗牛主要有 5 种，即：盖罩大蜗牛、散大蜗牛、亮大蜗牛、褐云玛瑙螺和白玉蜗牛。盖罩大蜗牛、散大蜗牛和亮大蜗牛主要分布在欧洲一带，进行人工饲养已有上百年的历史，是欧洲一些国家尤其是法国人最喜爱的食品之一。褐云玛瑙螺，我国不少地区进行人工饲养已有 30 多年的历史。白玉蜗牛，各地均有饲养，已为公认的食用种类。我国还有许多可食用的蜗牛种类，如江西巴蜗牛、海南坚螺、马氏巴蜗牛、皱疤坚螺、金平坚螺等，均可从野外捕捉、驯化为种蜗牛。但是，目前国内无人捕捉食用和进行人工饲养。

（2）肉质：不同种类的蜗牛，其肉质有所差异，其中东欧国家生产的蜗牛品级好、质量高，尤其是盖罩大蜗牛一直被法国人誉为蜗牛中的"上品"，价格昂贵，每吨冻蜗牛肉价值 7 000 美元。而东南亚国家生产的蜗牛品级较差，质量欠佳，价格便宜，如褐云玛瑙螺，每吨冻肉价值才 3 000 美元。由于卖价低，法国仍愿进口东南亚的蜗牛。

（3）体重：作为种蜗牛，一般要求选择性腺趋于成熟的为宜，这样可减少饲养过程中的死亡率并可大大缩短种苗生产周期。理想的体重标准：褐云玛瑙螺每只体重 50 克以上；白玉蜗牛每只体重 40 克以上；散大蜗牛每只体重 15 克以上；盖罩大蜗牛每只体重 25 克以上；亮大蜗牛每只体重 30 克以上。当然，选择幼龄蜗牛作种蜗牛也可以，但个体间的重量差异不能太大，以免生长速度和性成熟期不一致，影响交配产卵。

（4）腹足肥瘦、色度：蜗牛腹足（肉质）的肥壮度是区别蜗牛健康与虚弱有病的一大标准。瘦弱的腹足无法承受其活动、摄食、繁殖的功能。如白玉蜗牛，其腹足是洁白的，若发现呈深黄色或灰黑色，则属于淘汰种或是患了肺结核病等疾病，不宜引种饲养。又如褐云玛瑙螺的腹足，野生的呈深黑褐色，人工饲养的为淡黑色。若引入野生的饲养，由于其一时不适应新的环境，死亡率较高。

（5）贝壳色泽：不同种类的蜗牛贝壳都有其独特的形状、色泽、色带、生长线、肋纹。作为种蜗牛，其贝壳必须完整，无残破，富有光泽，色带、生长线清晰。如散大蜗牛的贝壳呈卵圆形，壳面呈淡褐色，有多条深褐色色带，具有光泽。若发现其贝壳呈扁圆形，壳面凹凸不平，皱疤较多，壳顶部凹陷，色泽暗淡，则属于僵化蜗牛，生长极其缓慢，不能选作种用。

种蜗牛经选择后，应立即放到专门的饲养箱或池里饲养，以免在容器中受挤压过久而造成伤残。未被选作种蜗牛的全部作为商品蜗牛采收出售或加工处理。也可将发育差的、个体弱的蜗牛挑出来单独饲养，使其较快恢复健康。

二、种蜗牛的繁育方式

（一）纯种繁育

在蜗牛繁育过程中，只限在本种类或本品系内进行选育，称为纯种繁育或纯系繁育。纯种繁育的目的在于，将已育成的蜗牛种的特定优良基因逐代巩固和保存下去，并不断提高。选育优良种蜗牛要从幼蜗牛开始观察选择，在一批一批的幼蜗牛中挑选生长快、觅食力强、极活跃的幼蜗牛分别集中饲养,经过不同阶段的饲养和不断选优汰劣的过程,至产卵期应选定作为种蜗牛的个体。纯种繁育每年繁殖一代,可缩短世代间隔,加速基因遗传。纯种繁育程序如图4-1所示。

幼蜗牛	育成	个体选择	整理资料	组建家系	选优汰劣	淘汰	选定种蜗牛
60日龄		150日龄			300或500日龄		

图4-1　纯种繁育程序示意

(二) 提纯复壮

提纯复壮就是在繁育过程中,有目的、有计划地进行选优汰劣,以防止种类退化。

提纯的标准根据蜗牛种类的要求确定,选择体型外貌、生产性能相一致或基因一致的优秀个体,组成基础群或若干家系,然后封闭血缘,采取同质选配、适度近交,经5～6个世代不用外来蜗牛,这样形成的蜗牛种纯合系数增高,杂合体减少,生产性能提高。

复壮是指已经形成的标准种蜗牛,在历代的繁殖中,由于种种原因造成生活力、生产性能和繁殖率下降。为了继续保持良种的优良特性,对某些退化性状重新采取提纯繁育的。采取的方法有个体选择、外貌鉴定和后裔鉴定等。或从原产地重新引入与现养同种蜗牛交配繁殖,择选品质优良的子代再进行交配繁殖,经几代的选择,待优良品质性状稳定后可进行生产性的繁殖。

三、种蜗牛的管理

种蜗牛放入育种箱或池内后,在产卵、出苗前必须做好种蜗牛的饲养管理,以促进性腺发育,提早繁殖、多产卵。主要管理工作如下。

(一) 搭配与投喂饲料

1. 搭配饲料

要使种蜗牛性腺发育好,繁殖大量后代,除投喂植物性饲料外,还必须投喂蛋白质高的动物性饲料。从表 4－2 可以看出,投喂以青绿饲料为主的种蜗牛,其性腺发育较差,产卵时间较长,产卵个数少;投喂含丰富蛋白质的动物性饲料的种蜗牛,不但产卵时间长,而且产卵个数多。据一些养殖户的经验,种蜗牛的精饲料配比为:米糠27%、麸皮 15%、玉米粉 20%、黄豆粕 10%、干酵母 10%、鱼粉 8%、贝壳粉 10%,其中粗蛋白含量在 18%以上。有条件的还可以适量喂些食糖、维生素 E、蛋氨酸、赖氨酸,这对促使其性腺发育均有很大好处。

表 4－2　不同饲料配比和产卵量的关系(温度 25～30 ℃)

组别		蜗牛数（只）	重量（克）	平均（克）	饲料（%）				平均产卵间隔时间（天）	单只平均产卵量（个）	孵化率（%）
					青绿多汁饲料	精料	蛋白质料	矿物质			
试验组	1	5	37	75	85	7	5	3	45	242	68
	2	5	320	64	90	5	3	2	52	210	85
	3	5	300	60	93	3	2	2	60	182	80.5
	4	5	285	57	97	1	1	1	65	160	75
对照组		5	310	62	100	0	0	0	75	143	68.5

种蜗牛的饲料包括:植物性饲料有莴苣、南瓜、苦荬菜、菊苣、丝瓜、胡萝卜等;精饲料如玉米、米糠、麦麸等;动物性蛋白质饲料有鱼粉、鱼肝油乳剂、蚯蚓粉、河蚌、鳝粉等;矿物质饲料如贝壳粉、蛋壳粉、骨粉、陈旧石灰粉等。

2. 饲料投喂

投喂时,一般植物性饲料投放在饲养土上,精饲料和动物性饲料则应放在盆子里,让蜗牛自由觅食,以便于检查吃食情况,清除剩饵残渣。投喂要做到定时、定量,不要使之饥饱无常。一般隔 3 天投喂一次精饲料。

投喂量要根据种蜗牛吃食情况来定,要求吃饱,一般每天傍晚投喂一次,每次投喂量应以下次投喂时正好吃完为宜,不让新陈相接,以免浪费饲料。

(二) 管控饲养土干湿

在专门饲养箱或池内要铺垫肥沃、松软的菜园土,以利于蜗牛在泥土中挖穴产卵。箱底铺垫的饲养土厚度以 8～10 厘米为宜,湿度以 30%～35% 为佳。若饲养土过分干燥,种蜗牛钻入土中产卵,不但费力,消耗能量多,而且产出的卵也会由于大量失水而变成空壳;若饲养土过湿,湿度超过 65%,饲养土板结,会使种蜗牛无法生活而群集在箱壁上栖息,长时间不产卵,即使产卵,也会霉烂。

对饲养土干湿的管控应注意以下几点:

(1) 发现饲养土过干,应及时喷水调节,湿度掌握在以用手抓一把成团,丢在地上即散开为宜。

(2) 饲养土过湿和很脏,则应及时更换。一般每 1～1.5 月更换一次,以保持饲养土的疏松、清洁。

(3) 为便于种蜗牛在疏松的饲养土中产卵,可在饲养土中掺入一定比例的沙子,一般按 2 份泥土、1 份沙子进行配比,沙子也可多一些。

(三) 调控温度与湿度

1. 温度调控

种蜗牛交配产卵的最适气温为 23～30 ℃。当气温在 17 ℃以下时,种蜗牛便停止交配产卵,逐渐进入休眠状态;如气温上升至 35～40 ℃时,也停止交配或少量产卵,进入夏眠状态;当气温达到 42 ℃时,种蜗牛就会死亡。因此,要做好温度的管理与调控。

(1) 盛夏高温季节,可增加喷洒水的次数,并开启门窗通风和降温。室外养殖的可在养殖地上架棚,种上丝瓜、冬瓜等藤蔓长的作物,起遮阳降温的作用。

(2) 若用塑料大棚饲养种蜗牛,4 月中旬大棚内白天气温在 30 ℃左右,夜间在 15 ℃左右,不需要加温。6～8 月大棚内温度超过 35 ℃、地表温度 29 ℃左右时,则要掀掉塑料薄膜,改换成遮阳网,大棚四周用塑料纱网围住,防止蜗牛逃逸,并每天早、晚各喷洒水一次,以利于降温。如从 10 月起至翌年 3 月持续在大棚内饲养种蜗牛,则要在大棚四周覆盖草帘或在大棚内两侧和棚顶加 5～8 厘米厚的塑料泡沫板,并用电加温线加温,保温至 25～30 ℃。

(3) 开春后(2～3 月),若在室内饲养的种蜗牛迟迟不产卵,可将其移到塑料大棚内放养。在棚内温度 26～28 ℃、相对湿度 85％～90％、光照度 40～50 勒时,种蜗牛可在短时间内大量产卵。这为 5 月初批量幼蜗牛大田放养创造了条件。

(4) 入秋后气温低于 17 ℃,即将种蜗牛转入温室饲养。

2. 湿度调控

种蜗牛对湿度的要求比较高,一般要求空气相对湿度 85％左右。如饲养箱或池内的空气湿度过低,种蜗牛很少活动,螺口会出现较多的黏液膜,而过量的黏液膜沾土后就会招致细菌繁殖,使黏液发臭,污染自身,导致种蜗牛大量死亡。尤其在高温季节,若 2～3 天不洒水,箱或池内空气比较干燥,螺体内就会失水,种蜗牛因代谢失调而停止产卵。空气相对湿度低于 40％时,种蜗牛就会较长时间吸附在箱(或池)壁上或钻入土中,不活动也不觅食;低于 30％时,蜗牛肉体缩入壳内,分泌黏液膜将壳口封闭,进入休眠状态。若急剧变干,螺口黏液迅速蒸发,散失水分,致使肉体干瘪,缩入壳内而逐渐死亡。因此,要掌握和调控好湿度。具体可按以下方法操作。

(1) 春、秋季节,比较凉爽,每天喷洒水一次;6～9 月,气温较高,每天早晚各喷洒水一次。

(2) 以敞开式砖池饲养种蜗牛时,春末、夏天、初秋,于每天傍晚投喂饲料时掀掉覆盖的塑料薄膜,喷洒水一次,第二天早上再喷洒水一次后将薄膜覆盖好,以保持池内的湿度。

(3) 以木箱、床式饲养种蜗牛时,每天观察箱或池内饲养土和池壁,还要观察种蜗牛壳表的干湿及种蜗牛腹足伸缩活动情况,视情况喷洒水一次或二次或不喷洒水。

(4) 以塑料大棚饲养种蜗牛时,棚内要开设两条水沟和安装自动喷雾(滴灌)设施,定时喷水,保持棚内潮湿。若棚内种植的作物或青草的叶子很干,也要喷水,因为蜗牛只吃湿润的叶子而不吃干的叶子。青草长得太高,要及时割掉,留根,保持 5 厘米高,促其长出嫩草。同时,棚内还要铺垫稻草堆,以保持土壤湿润,利于种蜗牛钻入草堆中栖息、产卵和孵化。

（5）在养殖过程中,若发现种蜗牛分泌黏液过多,有点发臭和螺壳沾满泥土,活动不便,可将其放在篮子里,放入水中淘洗。淘洗时,可用手轻轻翻动,直到把黏液和泥洗净为止。经淘洗后,种蜗牛湿润、活泼、轻松,摄食量增大。

（四）调控光照

众所周知,蜗牛的生活、生长、繁殖等均需要一定的光照。种蜗牛若长期饲养在黑暗的环境中,则永远不会交配产卵。因此,在合适的饲养条件下,每天给予种蜗牛 10 小时的光照,光照度为 30～50勒,以红色光线为佳（一般在 30 平方米的室内安装一个 25 瓦的红色灯泡即可）,可刺激和促进种蜗牛性腺的发育和成熟。必要时,可直接将种蜗牛移至室外,但切忌太阳强光的直射。

（五）掌握放养密度

种蜗牛放养密度要适当,一般每平方米放养 100～130 只。高度20 厘米、面积 45 平方厘米的育种箱内可养种蜗牛 20 只。

若饲养方式基本正常,且种蜗牛生长也很健壮,可就是迟迟不肯交配产卵,其主要原因是蜗牛的性腺受到了抑制,可以使用以下方法促进其交配。①根据种蜗牛数量选择一只或数只木箱,用水浸泡,吸足水分后待用;将饲养的种蜗牛清洗后放入准备好的箱内,以半箱为宜,不得投入饲料,盖好箱盖,经 10～24 小时后分移至原饲养处,放养密度以每平方米 200～300 只为佳,待种蜗牛基本交配后,再按常规密度饲养;对未交配的种蜗牛可按上述方法反复进行。②在饲料中添加适量的淫羊藿、菟丝子、益母草、熟地、肉桂、当归等中草药,以促使种蜗牛发情、交配、产卵。③取红糖 0.5～1 千克倒入铁锅炒焦,加入 1.5～2 千克水煮沸,拌入饲料中连续喂 3～5 天,适合对长期不发情的种蜗牛催情。④为避免种蜗牛不产卵或大批死亡,可把它们直接放养在已种植苦荬菜、大白菜等蔬菜的塑料大棚里,让其自由活动、采食、交配、产卵、孵化。一般放养种蜗牛 2 000 只,在 3 个月内可采收幼蜗牛 5 万～20 万只。

四、种蜗牛的产卵和孵化

（一）交配

种蜗牛第一次发情交配的时间，一般从4月下旬至5月上旬开始，以后一直持续到整个产卵期。若冬季温度保持在20～25℃，可继续交配产卵。若当年孵化出来的幼蜗牛，经过5个月的生长，性即开始成熟，在适温条件下也能交配产卵。

种蜗牛在发情交配前，壳外圈也就是壳的生长边宽带有黄白色、肉色，肉不能完全缩进壳内，比较饱满，这样的蜗牛饲养得很理想，发情旺盛，容易交配。

1. 动情前兆

交配的开始阶段为动情前兆。在两性腺中，一个生殖孔开始膨大，并逐渐向外显露出白色突起物，同时用黏液不断湿润生殖孔周围的部分。这时蜗牛活动特别频繁，出现发情的兴奋现象，若遇到另一只正在发情的蜗牛，它们相当迅速（20～25分钟）地通过试探、觉察和相互轻触，最后结合起来，进行交配。蜗牛的交配方式有双交配和单交配两种，绝大多数以双交配方式进行。

（1）双交配：即一只螺体充当雄体，把阴茎插入另一只螺体中去排精，而本身充当雌体，接受对方的阴茎排出的精子，然后两螺体同时排精排卵。

（2）单交配：即一方雌性腺不成熟，仅充当雄体，而另一只螺体充当雌体，完成交配活动。

2. 交配时间

蜗牛的交配大多在黄昏、夜间或黎明时分进行，多于夜间交配。但有时也在白天进行交配，如在雨后天晴或毛毛雨或浓雾天，空气和土壤湿度特别大，也会发生交配，特别是在上午9～10时进行交配。

3. 交配行为

当交配发生时，两只蜗牛爬到一起，颈部充血，稍膨大，然后互相用触角接触，头和头相互交错摩擦，身体并连，彼此生殖腔的位置相接。这样暂停片刻后，生殖部分突然反转，恋矢囊和交接器（阴茎）向外慢慢伸出,不断排出黏液。恋矢囊特别膨大,在它的先端生有一个尖锐的刺。在恋矢囊伸出后,便反复迅速运动,用它的刺刺激另一个体的生殖孔附近的体壁或腹足部。恋矢囊活动渐渐减轻时,另一个体的交接器突出,插入对方的生殖孔中。交配开始时,其中一只螺体用腹足紧贴于另一个螺壳背面,头颈部及大小触角频繁地向左右伸缩活动,被爬附的螺体将头颈部尽量延伸,向右后侧大幅度转弯,异常兴奋,两螺体彼此将已伸出的阴茎进行激烈的摩擦,持续 10 来分钟后,双方白色的阴茎插入对方的阴道中进行交配。精子经输精管部送入输精管,自阴茎送入另外螺的阴道内,经纳精囊管而贮于纳精囊以备用。在此时期内,两性生殖腺并没有排出任何卵子。

在一般情况下,蜗牛的交配时间持续很长,从准备交配到完成要持续 2～3 小时,有时可达 8 小时之久,彼此交换精液后即行分开。

不同种类蜗牛的交配行为:褐云玛瑙螺、白玉蜗牛,用身体并连面对面进行;盖罩大蜗牛,用身体的前部面对面进行;灰色大蜗牛,在同一平面上肩并肩进行。

此外,饲养中还可观察到:在交配后两只蜗牛的任何一只都不处于产卵状态,而常常同另外的蜗牛再进行交配;也有的 3 只蜗牛在一起进行交配。

(二) 产卵

1. 怀卵

在两只蜗牛交配完毕分开后,两性生殖腺的雄性部分被吸收消失,而雌性部分则得到发育。这样,精子就离开交配囊,再向输卵管的上部游去,跟预先贮存在受精囊中的精子相遇而受精。蛋白腺供给受精卵的蛋白质出输卵管,由腺体环绕其卵的表面,分泌出石灰质的卵壳。

在怀卵期间,蜗牛逐渐停止生长,生长边色泽变深,后看不清生长边,颈子的肉较瘦,用手提起蜗牛,用手指碰蜗牛肉体,肉不能缩进壳内,而壳口的肉翻出,说明体内有卵已成熟。平时在蜗牛气孔张开时,可观察到是否怀卵,看到有一团黄色或白色卵粒,已到产卵期。

2. 产卵时间

从交配到产卵之间的时间长短随各只蜗牛而异,也随蜗牛的种类而异,在自然情况下,根据不同的气候条件,在 10～28 天变动。一般交配后 10～15 天开始掘土穴产卵,如盖罩大蜗牛在交配后 16～28 天产卵;散大蜗牛和亮大蜗牛在交配后 5～8 天即可产卵;褐云玛瑙螺在交配后 15～20 天产卵;白玉蜗牛在交配后 10～15 天产卵。

3. 产卵行为

蜗牛产卵前,往往先挖掘一个直径 5～8 厘米深的洞穴,然后把卵排到洞里。产卵时间可长达 6～8 小时。产卵时暂停摄食,大部分头颈先钻入土中,隔一段时间后,头颈和腹足回缩至壳口,腹足平坦地附着在地面或石块上。头颈向右方,靠近生殖腔部分常与地面有一定距离。卵产在预先备好的凹处或石块下疏松的泥土里、植物繁茂的根系之间,以及附近的土缝隙中或疏松的土表面、枯叶、砖瓦等杂物堆处,卵产出时被指状腺分泌的黏液包被。卵呈椭圆形,有石灰质外壳,乳白色或淡青黄色,较绿豆大些。卵在洞内产完后,生殖孔即会关闭,蜗牛自行爬离洞外,并用泥土将洞口盖上。

4. 产卵量

蜗牛产卵量的多寡和卵粒的大小随蜗牛种类而异。一般来说,成熟蜗牛的体型大者产卵量多,体型小者产卵量相对少些。同大的成蜗牛所产的卵粒较大者,产卵量比卵粒较小者为少。同时,产卵量的多少和卵粒的大小,还取决于蜗牛摄入的食物营养和环境的温、湿度等因素。若营养不良,环境欠佳,产卵量必然会减少。

人工饲养条件下,不同种类蜗牛的产卵量如下。

(1)褐云玛瑙螺:一年可产卵 3～5 次,每次产卵 115～350 粒。当年性成熟的褐云玛瑙螺,产卵量只有 70～100 粒,第二年在 200 粒以上。体重达 58 克的产 260 粒以上,100 克的产卵多在 300 粒以上,200 克以上的产卵 700 粒左右。卵呈椭圆形,有石灰质外壳,乳白色或淡青黄色,卵粒长 4.5～7 毫米、宽 4～5 毫米。

(2)白玉蜗牛:一年可产卵 3～5 次,每次产卵 150～250 粒。第一次产卵量较少,为 60～80 粒,以后逐次增多。第一年每次平均产卵为 150 粒左右,第二年即在 200 粒以上。卵呈椭圆形,有石灰质外壳,乳白色或淡青黄色,卵粒长 4.5～7 毫米、宽 4.5 毫米。

（3）散大蜗牛:一年可产卵 3～5 次,每次产卵 50～80 粒,多数为 100 粒以上。卵呈圆球形,淡白色或白色半透明状。平均直径 3 毫米,卵膜富有弹性。卵重每粒 0.047 克。

（4）亮大蜗牛:一年可产卵 4～6 次,每次产卵 100～150 粒,少则 50 粒,多达 250 粒。卵呈圆球形,淡白色或白色半透明状。平均直径 4 毫米,卵壳软,形如胶囊,富有弹性。

在自然条件下,盖罩大蜗牛每次产卵 40～70 粒;灰色大蜗牛每次产卵 60～150 粒;同型巴蜗牛每次产卵 30～235 粒;细纹灰巴蜗牛每次产卵 20～30 粒。

5. 卵粒鉴别

（1）卵粒形态

① 褐云玛瑙螺和白玉蜗牛:正常的卵粒呈椭圆形,石灰质外壳,乳白色或浅黄色或淡青黄色,似豌豆粒大小,破碎后壳内有黏液。无效卵粒的颜色呈灰白色,质硬,无光泽,壳内是水而不是黏液。已脱水的卵粒重明显减轻,破壳即粉碎,已成空壳。有的无效卵粒呈红棕色或暗红色,它和灰白色卵粒一样,都是霉变的结果。霉变卵粒破碎后水滴四溅,且有腥臭味。

② 散大蜗牛和亮大蜗牛:正常的卵粒呈圆球形,乳白色或白色半透明状。卵壳是软的,形状如胶囊。无效卵粒的颜色呈灰白色,质硬,壳内是水而没有黏性。有的无效卵粒太小,质硬,或卵粒已霉变,壳色呈玫瑰色。

（2）异常卵的产生原因

① 卵粒较小,形状异样,卵壳颜色呈铁灰色、灰白色,即为未受精卵或受精发育不良的卵,应及时剔除,不要放入孵化箱内孵化。

② 产卵后没及时从饲养土中把卵取出,饲养土湿度过高导致卵壳表面微呼吸孔堵塞,窒息而死。

③ 由于气温高,湿度小,饲养土干燥,幼蜗牛刚出壳后即脱水死亡,造成空壳。或被蚤、蝇、壁虱、蚂蚁等天敌为害所致。

6. 不产卵的原因

造成种蜗牛长时间不产卵的原因如下:

（1）营养过剩：饲喂的精饲料的比例过大,超过了配合系数的几倍或十几倍。使种蜗牛吃得多、长得快,造成营养过剩,使卵粒在体内转化成脂肪。

（2）温、湿度控制不当：种蜗牛发情最佳温度为 26～30 ℃,高于 30 ℃或低于 25 ℃,对种蜗牛发情都有不同程度的影响。昼夜温差超过 5 ℃,温度忽高忽低形不成恒温;饲养室内没有增温和增湿措施,饲养箱太靠近墙壁,空气不流通。使热气进不去冷气出不来;空气相对湿度常低于 60%,饲养室内干燥,喷水后形不成水珠;饲养土湿度低于 30%或大于 45%。以上都能影响种蜗牛产卵。

（3）光照过暗或过亮：饲养室太暗,达不到 10 小时以上的光照时间,可影响种蜗牛产卵。但长明灯也影响种蜗牛产卵。

（4）空气污染：饲养室长期不通风,产生有毒有害气体,种蜗牛活动量减少,产卵量下降。此外,饲养室距离油漆厂、化肥厂、化工厂较近时也会影响种蜗牛产卵。

（5）饲养土使用不当：饲养土湿度过大或更换过勤会影响种蜗牛产卵。不能随便移动钻在土内的种蜗牛,因种蜗牛在土内 24 小时左右开始产卵,被移动后会影响产卵。

（6）噪声影响：一般经常接触的噪声对种蜗牛产卵没有影响,如果更换一个新地方或接触一种新的声音时,刚开始蜗牛会不太适应而影响产卵,待适应后即可恢复。适应时间不定,有的几天,有的十几天。

（7）饮料影响：如饲喂了添加棉酚的精饲料,因棉酚能破坏蜗牛的生殖功能,使种蜗牛终身不产卵。

（8）激素类药物影响：种蜗牛饲喂超剂量雌激素或饲喂含炔诺酮片、诺爽、米非司酮片等雌激素类药物的猪、鸡混合饲料,虽长势看上去很好,"白白胖胖",却可引起种蜗牛两性腺成熟受阻,输卵管不通,卵泡发育不良,卵巢早衰,致使常年不发情、不交配、不产卵。

7. 产卵期死亡率

种蜗牛在产卵后死亡率一般达到全部种蜗牛放养数的 30%。常发现有的种蜗牛已怀卵,未等卵产下就死亡;有的产下卵后即死去;

也有的产下卵后过几天便死去。引起产卵期种蜗牛死亡的原因大致有二：一是产前种蜗牛营养不良，螺体瘦弱，产卵后脱力而死；二是产后蜗牛体严重脱水，腹足无力伸缩活动而死。

（三）孵化

蜗牛属卵生动物，它的幼虫在卵壳中发育，无幼虫期，直接发育成幼体，孵化出的幼体已具蜗牛的样子。孵化是种蜗牛养殖的最后一环，也是人工饲养成败的关键。

1. 卵的收集

在蜗牛产卵期间，要及时收集卵粒，一般每隔 1～2 天收集一次。用池、木箱等方式饲养的，可在每天晚上清扫和换饲料时收集，收集时依次将穴口的泥土拨开，然后用小汤匙轻巧地将卵粒全部取出置于盆内，注意不要损伤卵粒。检查收集到的卵粒的受精和发育情况，如卵呈淡黄色或乳白色，具钙质外壳，外形大而圆，即为受精且发育良好的卵；反之，取出的卵卵壳外表发白而软，或卵粒很小，即为未受精或受精但发育不良的卵，应及时剔除。收卵结束后，应将原产卵洞穴用泥土填满，以便种蜗牛继续在箱内挖穴产卵。收集的卵如当天来不及孵化，可连泥带卵一起盛放在盆或桶里，在泥卵表面盖一块湿布，并放在阴暗处，千万不能放在阳光下暴晒或用火烤，以免卵接触阳光和受热爆裂而影响孵化。

2. 孵化条件

蜗牛卵的孵化时间与气候变化、温度高低有很大关系。孵化蜗牛卵似孵化鸡蛋那样要积累一定热量。孵化的时间是温度的函数，通过环境温度的简单划分，可以得出不同气温下的孵化时间：10 ℃时 38 天，15 ℃时 25～26 天，18 ℃时 21 天，20 ℃时 19 天，22 ℃时 17 天，25 ℃时 15 天。

在自然条件下，多数卵的孵化始于适宜温度和湿度的气候条件下，如果卵内胚胎形成之后外界条件仍不具备，则卵仍不孵化。经过卵孵化过程的观察，盖罩大蜗牛的孵化在 20～30 天内先后进行；灰色大蜗牛和亮大蜗牛则在 12～25 天内先后进行；褐云玛瑙螺多数卵的孵化时间较为集中，则在 6～16 天内先后进行（表 4-3）。

表4-3　褐云玛瑙螺卵不同孵化时间的孵化率(1988年5月)

孵化时间(天)	6	8	10	12	14	16	18	合计
孵化卵数(粒)	4	23	108	93	9	1	0	265
孵化率(%)	1.5	8.6	40.3	34.7	3.3	0.3	0	88.7

在人工饲养条件下,蜗牛卵孵化条件为:气温 20～30 ℃、最适气温为 25～30 ℃、空气相对湿度 50%、孵化土湿度 17%左右。温度对孵化起决定作用,气温不同,孵化所需时间也不同(表 4-4、表 4-5)。

表4-4　白玉蜗牛卵在不同温度下孵化所需时间

气温(℃)	17～18	20～25	26～28	34～35
孵化时间(天)	30	12	7	2

表4-5　褐云玛瑙螺卵在不同温度下孵化所需时间

气温(℃)	17	23	25	27	30	30
孵化时间(天)	30.67	10.89	9.52	7.42	6.21	5.14

温度越高,孵化越快,但出壳率低;温度过低,卵发育到一个阶段就停止不前,即使能缓慢发育,最后也不能出壳。温度过高或通气不良,卵容易发霉变质。湿度过小,孵化土干燥,严重影响出壳率,甚至不能孵化。

3. 孵化方法

(1)泥土孵化法:预先准备一个木制孵化箱,高 6 厘米,长、宽不限,一般长 40 厘米、宽 30 厘米。孵化箱底铺一层 2～3 厘米厚的细砂土,然后将收集的卵放在土表面,卵上面盖一层纱布,每天将水喷洒在纱布上,洒水的多少视其湿度而定,以保持纱布和泥土湿润。经 10～15 天,幼蜗牛就破壳而出。此法简单易行,每平方米可孵卵 1.5 万粒左右,但泥土下面的卵易过湿而发生霉烂。超过 15 天孵化出壳的幼蜗牛一般不易成活。

(2)封闭孵化法:在孵化箱内铺上 3～4 厘米菜园土,将收集的卵放在土表面,然后在箱口上盖一块湿纱布,再盖上木箱盖或玻璃板。每天在纱布上喷水,保持其潮湿,洒水量的多少视其湿度而定。经7～8天,幼蜗牛就孵化出来了。此法优点是,孵化环境与外界相对隔绝,幼蜗牛孵出后不易遭受蚤蝇的叮咬而大批死亡。

(3)穴巢孵化法:在木箱或塑料泡沫箱内铺上5～8厘米厚的菜园土,并筑成似土穴巢状,呈中间低、四周略高,然后把收集的卵团均匀地放入穴内,撒上一层约1厘米厚的细土或盖上一块纱布,盖上箱盖,每天在土表面或纱布上细喷一次水,保持湿润,经4～9天即可孵化出幼蜗牛。此法模拟蜗牛的自然产卵孵化,保温保湿性好,孵化期短,出壳率高。

(4)草炭孵化法:在孵化箱内铺上1～2厘米厚的经消毒过的草炭(水草或野草经腐烂而成),将卵团移入草炭做成的巢内,再盖上1～2厘米的草炭,然后孵化箱上铺盖不滴水的湿毛巾一块以防蚤蝇入侵。保持20℃孵化温度。草炭富含有机质,保湿、保温、通气性好,孵化率高达90%以上。

(5)罐孵化法:先将60%富含腐殖质的松软沃土、30%河沙、10%河泥混合成孵化土,并烘烤消毒,然后铺放在用有机玻璃制成的长方形罐内,厚度3～4厘米。再将收集的卵放在孵化土中,盖上钻了12个孔的透明塑料平板(罐底板上方3厘米处也钻有10个小孔)。然后把孵化罐拿到温度25℃、空气相对湿度92%的小型温室内进行孵化,罐要置于吸足水的合成泡沫的平板上。约20天后,新生幼蜗牛就孵化出壳了,而从孵化土里出来的幼蜗牛都聚集在透明盖板的下面。此法优点是,卵孵化可不再需要向罐内洒水,可避免因过湿造成卵腐烂,孵化率达80%以上。

(6)塑料袋孵化法:用一个塑料盒,内装细沙。细沙要有一定湿度。取一半干沙子加水拌湿,以不滴水为宜,再加另一半干沙子铺匀。以沙子表面有湿气最合适。将刚产出的卵埋在沙中,堆卵的厚度不超过2厘米,上面覆盖的细沙厚度不超过1厘米。然后用大塑料袋包好,保持湿度,适时通风。如湿度变小,可将水喷洒在塑料袋内面,不宜直接向沙子上喷水。温度28℃时5天即可孵化出幼蜗牛,温度24℃时10天即可孵化出幼蜗牛。

目前,全国各地规模蜗牛养殖场都已使用专用孵化箱,置入消毒严格的单独孵化室,进行自动控温控湿孵化。

4. 卵期管理

(1)入孵的卵粒要保持黏膜层,不能用水清洗,因此不能在上面直接喷水。

(2)入孵期间,应随时掌握好孵化箱内温度、湿度和通气状况。箱内温度应控制在 25～28 ℃,在这样的温度下 10 天左右或更短时间即可孵出幼蜗牛。温度较低时,可移入加温室内,以提高箱内孵化温度,缩短孵化时间。箱内相对湿度宜控制在 50% 左右,最高不能超过 60%。一般见卵粒表面干燥时,可少量洒水一次,以保持湿润。但切忌多洒水,以防积水。

(3)入孵的卵粒,为求加快孵化出壳的速度,而将卵放在太阳底下晒或炉子旁边烤,这样,卵粒将全部爆裂或胚胎因温度过高而灼死。

(4)入孵的卵粒在适宜的温度和湿度条件下,壳和壳外黏膜层逐渐淡化,胚胎开始发育,这时的卵壳变得酥脆,稍用力一碰即破。故孵化期间不能随意翻动,以免损坏卵壳,影响出壳率。

(5)由于胚胎是通过卵内蛋白质的分解,在酶的转化下,利用卵壳上的气孔进行气体交换。因此,在孵化期间,要保持孵化箱的空气流通。一般采用在箱盖上安装塑料纱网的方式,以扩大供氧,提高孵化率。

第五章　蜗牛的饲养管理

一、场地选择和饲养要求

(一) 室外场地

1. 选址原则

蜗牛的室外开放(敞开)式饲养,在场地选择上可因地制宜,以适合蜗牛栖息、繁殖为原则。一般选择排水良好、背风、阴暗潮湿、杂草茂盛的坡地、山麓或荒地。要求疏松、pH 6.5~7.5,或覆盖含丰富腐殖质的土壤,便于蜗牛产卵;湿度应不低于30%,且无农药污染。同时,应具有有效防止蜗牛外逃和天敌(蛙、鼠、鸟等)侵袭的设施。

对于蜗牛饲养专业村、饲养小区和家庭蜗牛饲养场的场地选择,要求科学规范,具体如下。

(1) 蜗牛饲养专业村:力求规范化。要统一规划,合理布局,建立育种场、蔬菜种植区和大田饲养区。饲养区和村庄保持一定距离,远离其他养殖场、化工厂、农药厂和人群活动区,尽量做到环境清静、无污染。同时,育种场、饲养区的水、电、抽水机、喷管、道路等基础设施要齐备,给蜗牛生长创造一个保湿、保温、通风、光照和饲料充足等良好的生态环境。

(2) 蜗牛饲养小区:要求政府统一规划,合理布局,安排规模,选择合适位置,考虑长远的发展,避免反复搬迁。重点考虑饲养规模、饲料来源、喷灌和排水、进出道路、自然环境和综合利用等问题。选址要远离人口密集的村镇、公路(尤其是交通干线),要建在有自然隔离条件(如山丘、河流、树林、农田)的地方,最好建在荒地、荒滩、未曾污染过的非耕地上,或租建在闲置的农场、饲养场内,切忌建在曾种植过葡萄等果树和无清洁水源的地方。小区要有封闭式围墙或自然隔离带。小区的主要入口要设置消毒池、门卫值班室、车辆进出消毒池。生活区、办公室、生产区各功能区之间要有明显的隔离带。种蜗牛、幼蜗牛、孵化房舍、蜗牛加工车间、冷库、饲养大棚、饲养大田等布局要合理、标准化。

（3）家庭蜗牛饲养场：这是以家庭成员为主要劳动力，从事蜗牛规模化、集约化、商品化生产经营，并以蜗牛饲养收入为家庭主要收入来源的新型农业经营主体。可采取室外大田放养和室内繁育相结合的方式来经营。可在居家前后选择种植过水稻、小麦、玉米、蔬菜的承包地或距家 500～1 000 米远的荒地；土地要求肥沃、疏松、无盐渍化、砂质化及其他污染；土地成片化，面积在 2 公顷（30 亩）左右；田间要有小道和小河流，用电要方便。饲养场地落实后，可进行网格式平整土地，埋设喷水设施，开挖排水沟，围上防逃网，种上饲菜等，适时可放养幼蜗牛或种蜗牛。这样，可年收获商品蜗牛 100 多吨。

2. 饲养要求

室外饲养蜗牛，通常于当年 10 月底至次年 3 月底在室内加温保种育苗，次年 4 月上旬至 10 月中旬采用大田放养幼蜗牛或种蜗牛，进行商品蜗牛生产或大田繁育。这种饲养方式，养殖成本低，仅占室内饲养成本的 1/4，而且蜗牛生长速度比室内饲养快 1 倍。其饲养要点如下。

（1）整地施肥：在选好饲养地后，将地深翻 20～25 厘米，整平耙细，做宽 1.20 米、长 10 米、高 15 厘米高的畦。每 667 平方米（1 亩）施腐熟农家肥 3 000～5 000 千克。

（2）栽种饲菜：一般栽种蜗牛喜食、产量又高的蔬菜，如菊苣、莴苣、苦荬菜、大白菜等。

（3）做好栏网：栏网可用 1 米宽的塑料纱网（尼龙纱网经日晒雨淋后会发脆、破碎），在饲养场周围打上木桩作撑架，栏高 50 厘米，栏网底部掩埋 10 厘米，上部弯成"Π"形以防蜗牛外逃。

（4）搭好棚架：用劈成两半的毛竹或竹竿将大棚骨架扎好，棚架高 1.5 米，周围种上向日葵、玉米、高粱等高秆作物和丝瓜、冬瓜、南瓜、扁豆、葫芦等藤本作物，以作夏天蜗牛遮阳之用。

（5）适时放养：待苦荬菜或菊苣苗高 15～20 厘米时，即可将蜗牛放养于菜地。

（6）保证饲料供给：苦荬菜、菊苣、大白菜、瓜果是室外蜗牛的主要青饲料来源。但每天还需喂少量精饲料。方法：按蜗牛体重总量 1.5％的比例计算精料总量，将少量青饲料浸水后切碎，与精饲料拌匀撒喂。同时，要在饲菜地里投放一定量的陈石灰。因室外空气流通，阳光充足，蜗牛每天吃剩的饲料不必清除，任其腐烂后作为幼蜗牛的腐殖质饲料。

（7）控制湿度：视天气变化，如温度高低、空气湿度大小和田间土壤干湿、蜗牛活动情况等进行喷洒水，夏天一般早、晚各喷水一次，以保持养殖田块的湿润。雨天要注意排水防涝。

（二）室内场地

1. 选址原则

室内饲养，可利用闲置的房舍、地下室、土窑、仓库等作为饲养场地。一般家庭有 2～4 间房、面积 40～80 平方米即可。专门建造砖池，搭水泥架床或设置木箱来饲养。

此外，在可能的情况下，可利用防空洞作为饲养场地。防空洞阴暗潮湿，温度变化小，蜗牛不会出现休眠状态，生长季节长，是较为理想的饲养场地。各种温室，如花房、蔬菜暖棚、虾和鱼的越冬温室等，也可用来饲养蜗牛。

2. 养殖要求

（1）选饲养房：选择通风、保温的干净空房作饲养房。放过农药、化肥、沥青、烟叶和堆有腐烂发霉物品等场地，因残存有毒、有害、有刺激性气味而不能作饲养房。

（2）铺贴泡沫板：根据已选定的饲养房，将墙四周铺贴 4 厘米厚的泡沫板，顶上铺 8 厘米厚的泡沫板，泡沫板上再铺一层塑料薄膜，起到冬天保温、夏天隔热的作用。这一点最重要，一定要认真做好。

（3）增加保温设施：给房间内添上火炉，在合适的位置安装一套加温装置（带烟筒的大煤炉或地龙火均可），确保温度达到饲养要求。有条件的可安装自动控温装置，能自动调节温度的高低，室内无烟味,空气清爽。

（4）搭建上架窝或饲养架：自制小水泥板（100 厘米×50 厘米×2.5 厘米，或 80 厘米×40 厘米×2.5 厘米）200～500 块，备砖 1 200～3 000 块。按每层 3 砖高，搭 5～6 层（视房间大小而定），将水泥板层层连体架起，形成立体的饲养架窝。

用木箱饲养蜗牛，可在房内搭建饲养架，一般高 1.5～2.0 米、宽 50 厘米，分 5～6 层，每层高度与宽度视木箱的大小而定，以方便投食、清扫残食粪便和搬上搬下为准。饲养架可单体或连体。可用木材或钢材或砌砖放水泥板来搭建。

（5）安装必要设施：安装好电灯、用水、保温保湿设施。

（6）配备消毒工具：饲养房进入口最好安装紫外线灯或消毒池，配备一间饲养员更衣室。

（7）配制饲养土，落实饲料来源：配制好饲养土和采购好玉米粉、麦麸、黄豆粉、贝壳粉等精饲料，并落实好青饲料的来源。

（8）购置各种用具：如温度干湿表、喷雾器、水桶、扫把、畚箕、塑料盆、塑料泡沫箱、铲子、纱布、抹布、手套等。

（9）做好饲养员培训：确定好饲养员工，进行养殖技术培训，并建立岗位责任制度，制定饲养规则。

上述各项准备工作全部就绪后，才能选购种蜗牛进行饲养，这样种蜗牛就可以在一个舒适的环境里生长繁殖。

二、饲养方式及设施设备

（一）大田围网饲养

选择背风、阴暗潮湿、长有杂草、排水良好的山麓、山坡、荒地，或种植过玉米、棉花、水稻、甘薯、小麦和蔬菜的抛荒地，土地面积 0.67～3.33 公顷（10～50 亩）。用木桩或水泥桩与塑料纱网或网格金属网将整片土地圈围起来。围网高度 80～100 厘米，网的一头埋入土中 10 厘米，另一头弯成"7"字形 20 厘米，网的底端部缚 2 根 6 伏的裸露电线，防止老鼠、蛇、蛙入侵和防蜗牛逃逸。然后在围网内松土整地，将地整理成约 333.5 平方米（0.5 亩）一块，块与块间留 70 厘米宽的走道。每块地的四周再围上 50 厘米高的纱网,网内侧开挖一条深、宽各 20 厘米的环形排水沟,并在每块地的中间接上 2 根自动旋转的喷雾龙头(地下埋设自来水管)。然后在每块地上由北向南种植两行高秆玉米,行间种植菊苣、苦荬菜、大白菜或黄豆、甘薯等,空档处放置若干堆树枝、稻草、麦秸,供蜗牛栖息、产卵用。饲养时间 4～11 月。

此方式符合自然生态养殖,管理简单,每天仅需早、晚各巡视一遍;早、晚开启总水管闸门,水会自动喷雾,湿润蜗牛和作物;傍晚撒喂饲料一次;无须除草、打扫卫生、消毒;一人可管理 0.33 公顷(5 亩)地的蜗牛,且蜗牛不易生病,长得肥壮。每 667 平方米地可放养幼蜗牛 4 万只,年收获商品蜗牛 4～6 吨。具体饲养技术参见本章七。

(二)塑料大棚饲养

选择地势较平坦、土质疏松、通风良好、坐北朝南、阳光充足、排水良好的地方建造塑料大棚。

1. 大棚结构

大棚可选用 NT - JE8 - 1 型。大棚长 50～60 米、宽 6 米、高 2.2 米,拱架为圆弧形,有肩,肩高 1.2 米。采用直径 25 毫米、壁厚约 1.5 毫米和直径 20 毫米、壁厚 1.5 号毫米的薄壁钢管搭建,拱间距 1 米,每 667 平方米用钢量 1.2 吨。大棚无底座,将拱架直接插入土中 50 厘米固定。然后大棚上覆盖热效膜。整块大棚薄膜的长、宽度均应比棚体长、宽多 1 米左右。盖膜后在棚四周用土把薄膜压在土中。为防止刮风把薄膜掀掉,均需在两个拱架间用塑料压膜线压住薄膜,压膜线两头缚在石块上,然后埋入土中压紧。建棚数量,应按蜗牛种类和饲养数量来决定。

2. 种菜轮养

在大棚的中间留一条宽 70 厘米的走道,走道两侧为饲养地,饲养地四周围上 50 厘米高的塑料纱网,或拉一道电网。一块地上种植大白菜,待大白菜长高后放进蜗牛,另一块地上即种植大白菜。待蜗牛吃完前一块地上的大白菜后,将围网放下或电网断电,让蜗牛自行爬入后一块地吃食新长的大白菜。蜗牛全部爬过来后,再把围网拉好或再通电隔开。待蜗牛吃完这块地的大白菜后,头一块地的大白菜又长高了,再放下网或断电让蜗牛重新爬过去吃食大白菜。这样周而复始,常年饲养,既省工省力又节省饲料,蜗牛长得特别快,一般4个月幼蜗牛就可长成商品蜗牛。我国北方地区散大蜗牛饲养户都采用塑料大棚饲养。

3. 分块饲养

在大棚的中间留一条宽 70 厘米的走道,走道两侧分割成 10 小块饲养地,每小块地四周围以高 50 厘米的塑料纱网,以防止蜗牛整棚乱爬,不易管理。然后在每块饲养地上放置水槽、食槽、遮阳板、瓦砾、稻草、麦秸等,供蜗牛饮水、吃食、栖息、产卵用。

每平方米可放养 5 000~6 000 只幼蜗牛。冬季大棚四周覆盖草帘,用电加温线加温,棚内温度可保持 25~28 ℃。夏季棚上盖遮阳网和揭膜通风降温。棚内湿度用通风、喷水来调节。傍晚投喂精、青混合饲料,无须清除蜗牛粪便和残食。蜗牛活动余地大,生长发育快,产卵率高,幼蜗牛成活率高。

大棚内还可进行立体分层养殖蜗牛。具体饲养技术参见本章八。

(三) 标准化大棚饲养

蜗牛标准化大棚饲养是一种比较现代化的饲养方式。

1. 选择场所

平原地区,应选择地势稍向南倾斜、砂质地、排水良好的地方。山区、丘陵地区,应选择背风向阳、面积宽敞、地下水位低、地面稍有斜坡,通风、日照、排水良好,并可避免冬季西北风侵袭的地方。

2. 搭建大棚

搭建 100 平方米钢结构塑料薄膜饲养大棚若干座。棚底四周砌地下防鼠墙,墙上端内置 40 厘米高的防鼠网和防逃电网围栏。棚两边安装卷膜窗。棚内安装喷雾水管、胶粘板及食槽,棚内地面铺设植物地毯。详见图 5-1 至图 5-5。

标准化大棚饲养饲养量大,饲养管理简便,省工省时,自动控温控湿,投喂全价配合饲料,不喂青饲料,无污染。

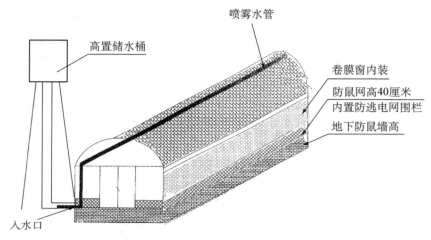

图 5‑1 标准大棚外观

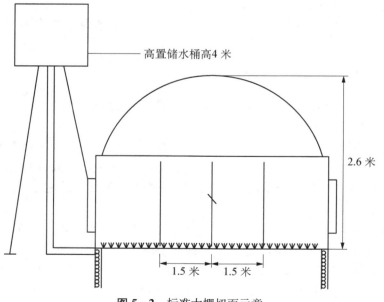

图 5‑2 标准大棚切面示意

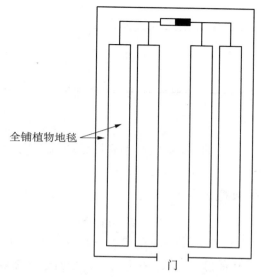

全铺植物地毯

图 5-3 6 伏直流电源棚内隔栏设计示意

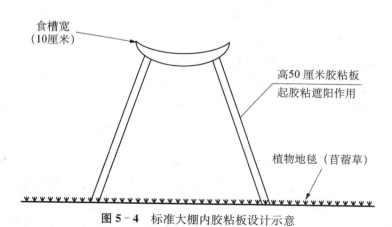

食槽宽
（10厘米）

高50厘米胶粘板
起胶粘遮阳作用

植物地毯（苜蓿草）

图 5-4 标准大棚内胶粘板设计示意

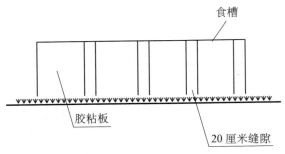

食槽

胶粘板

20厘米缝隙

图 5-5　标准大棚内胶粘板设置侧面示意

（四）庭院饲养

利用原有的院子或在房前房后用砖砌成 2 米高的围墙（蜗牛一般爬不到 2 米高），有条件的可在围墙上再装置电网围栏，通过 3 伏的交流电或 10 伏的脉冲电，以防止蜗牛攀墙而逃。然后种上丝瓜或葡萄，搭成凉棚，以防夏天阳光直射。院内要堆放些碎砖瓦片或杂草，以及撒些石灰等钙质物，即可放养蜗牛。从春天到 10 月上旬，每天傍晚只要撒喂些蔬菜、米饭或米糠及喷洒一次水即可。吃剩的残食不必清除，让其腐烂，以增加腐殖质，利于幼蜗牛摄食。产下的卵也不必收集孵化，让其自然孵化和增殖。10 月，待气温降低时，可将蜗牛移入室内饲养。雨季做好排水工作。

庭院饲养蜗牛，管理较简单，省工省时，每平方米可放养 250～300 只成蜗牛。

（五）土沟饲养

选择背风向阳处向地下挖 50～80 厘米深、宽 2 米、长 10 米的沟。沟的上面一侧稍高，一侧稍低，有一定倾斜度。沟的表面四周开好排水沟，并在沟的周围种植丝瓜、南瓜、冬瓜等藤蔓作物，以利夏季遮阳。然后在沟底铺上 15 厘米厚的腐殖土，堆放成棱台形，以利控暗水。在沟底的一端可留一个 30 厘米见方的小水坑，以便在阴雨季节渗水时向下排水。沟上面用薄膜、竹帘、塑料板等防雨材料覆盖，蜗牛放养后,每天定时揭盖投入饲料。喷水视沟内湿度而定,太湿不能喷水(图 5 - 6)。

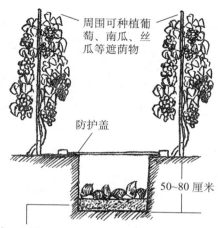

周围可种植葡萄、南瓜、丝瓜等遮荫物

防护盖

50~80厘米

底部铺15厘米厚腐殖土

图 5 - 6 土沟饲养

土沟饲养蜗牛,可放养 3 000～5 000 只。管理简单,成本低,仅适合于农村季节性临时饲养。

(六) 高温遮阳木架饲养

散大蜗牛和亮大蜗牛是耐低温种类,不耐高温,在我国开展人工养殖以来,其一直处于春天生长、繁殖,夏天高温季节成螺死亡,秋天和冬天又生长、繁殖的恶性循环之中,严重阻碍了我国散大蜗牛和亮大蜗牛的商品化生产。为在夏天高温季节养好蜗牛,免遭大面积死亡,可采用简单、易行、有效的高温遮阳养殖方法。

在高温季节(6 月 15 日前后)来临时,可选择栽有高大树木,树叶较能遮住阳光的林间空旷地,四周设置防逃塑料纱网围栏,然后在空旷地上用木条或竹竿搭建离地高 30 厘米、宽 60 厘米、长 2 米(长度不定)的饲养架,架上铺 5 厘米厚的稻草,架底地面铺 2 厘米厚的稻草或干杂草,架底的地面土壤要先耙松,便于蜗牛钻土产卵。架与架之间要留 1 米宽的走道,便于投食、巡视和夜间蜗牛活动和摄食。饲

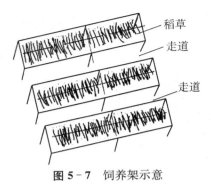

图 5 - 7 饲养架示意

养地上空拉黑色遮阳网(图 5 - 7)。每天早、晚各喷洒水(最好自动喷雾)一次,天气特别炎热时午间增喷洒水一次。每天傍晚投喂一次青、精混合饲料,每周采挖 1～2 次卵。经试养证明,此法既通风、降温(23～24 ℃)、保湿(60％～70％),又能确保蜗牛安全度夏,正常活动、生长、交配产卵。

(七)塑料泡沫箱饲养

购置长 50 厘米、宽 40 厘米、高 20 厘米的塑料泡沫箱(不论新旧,规格一致,能搬动)先用钢针在箱壁、箱盖上戳几个小洞,以利透气;箱底四周戳一个小洞,以利漏水。然后放在"84"消毒稀释液中浸洗一下,待消毒液干后,在箱内铺放 5 厘米厚的饲养土,即可放养蜗牛。为充分利用房屋空间,饲养箱可重叠放置(图 5 - 8)。

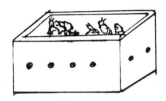

图 5 - 8 塑料泡沫箱饲养

此法每箱可放养种蜗牛 50～70 只。管理简单,操作方便。

(八)砖池饲养

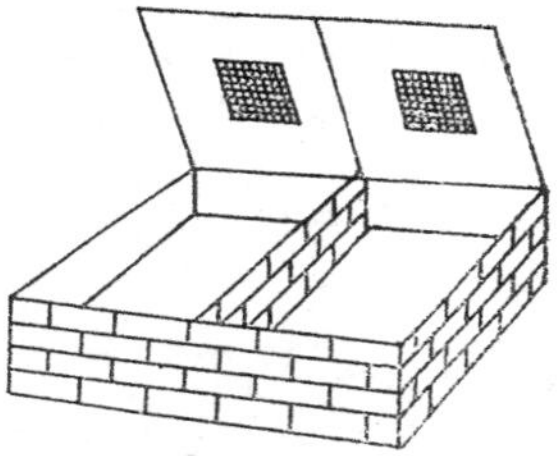

在室内用砖头、水泥或石灰砌成高 0.5 米的池子,长、宽可视室内面积决定,一般为长 3 米、宽 1 米。上加盖塑料纱网或竹帘、芦苇帘等,以防止蜗牛外逃。池底铺放 10～20 厘米厚的饲养土,上面放上些碎的瓦片或树枝条,供蜗牛活动、栖息之用(图 5 - 9)。

图 5 - 9 砖池饲养

此法操作方便,易保湿,蜗牛放养量大,每平方米可放养 300～400 只。

（九）木箱饲养

用 1～1.5 厘米厚的阔叶树木板(如杨树、楸树、榆树、桐树)或包装箱板(不能用含芳香物质、单宁和树脂液及带有异味的木板,也不能用被含铅油漆、沥青、农药、化肥等污染过的木板),做成长 50 厘米、宽 40 厘米、高 20 厘米的木箱,也可做成长 60 厘米、宽 40 厘米、高 35 厘米的木箱。注意木箱不能太大,便于搬动,具体可视饲养条件决定。箱板间不必封缝,便于透气,箱底钉上两根木条,前后箱壁也钉上两根木条,以防止箱盖移动而损害蜗牛或致蜗牛逃逸。箱盖可全用木板,也可用塑料纱网遮盖,以利于透气。箱内铺上 5 厘米饲养土,即可放养蜗牛,一般可放养待产卵种蜗牛 50～70 只,或成蜗牛 100～150 只,或幼蜗牛 300～500 只。

为充分利用场地,可将饲养箱重叠放置,进行立体式饲养。注意重叠的饲养箱的层次和高度要便于操作。若在室内大规模饲养,可设计成 50～300 平方米为一生产单元,两边以角钢或其他材料搭起架子。架子的最底层为水泥板或砖台。台地上可设排水沟,两列架子中间是人行道,便于操作和管理。架子每层间隔为 38 厘米、宽 40 厘米。架子可分为 5 层,每层可放 200 只饲养箱。还可将堆叠起来木箱的一侧做成活动纱门,不必搬箱即可投食、观察和清理。甚至还可以将堆叠的木箱连结来,做一个总的纱门,像大柜子一样,更为简便。

木箱饲养蜗牛,操作方便灵活,适合家庭饲养,且能充分利用室内空间,每平方米可放养 600 只左右,达到高产。

（十）床式饲养

用厚 2.5～3 厘米、长 160 厘米、宽 50 厘米的水泥板,在室内搭成床架,共 5～6 层,每层高 40 厘米。床外沿用木板或砖砌起 20 厘米高,作为挡泥板,上面还有 20 厘米的空档,配以活动的纱门,防止蜗牛外逃。打开纱门,可以操作、投食、清扫和通气。床底层铺上 5 厘米厚的饲养土,便于蜗牛活动或栖息。床与床之间应设至少 1 米宽的走道,便于操作。每层可放养种蜗牛 250 只左右。

床式饲养是一种立体式养殖方法,可充分利用室内空间,扩大养殖面积,便于观察、管理,而且饲养室内的温度、湿度较易控制,很适于家庭、集体大规模饲养。采用床式饲养蜗牛,每平方米年产蜗牛50千克左右。

(十一) 水式饲养

在室内先用砖砌成一个长约 10 米、宽约 1 米、深 15 厘米的水泥池,用于盛水。在池的一端开一个 2.5 厘米的排水口,平时用木塞塞牢。再在水泥池外圈围绕池子用砖砌一道宽 6～7 厘米的水槽,用于盛放氯化钠溶液(食盐水),以防止蜗牛爬走。在水泥池口沿下 2 厘米处搁置一块与池子内侧面积相等的镀锌铁丝网或塑料网,作饲养蜗牛的场所。网眼的大小视蜗牛的大小而定,一般成蜗牛的网孔为 6 目,种蜗牛的网孔为 8 目,幼蜗牛的网孔为 3 目。在网的一端放置一个搪瓷盆作食槽,每天将食料投放在食槽中,蜗牛会自行觅食(图 5 - 10)。池水深应保持水面在离铁丝网下 2 厘米即可,每周换水两次。

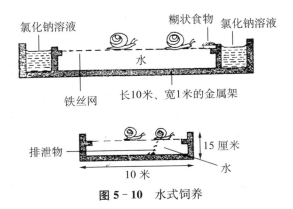

图 5 - 10　水式饲养

此法管理简单,蜗牛的排泄物掉入水中,只需换水便可清除,可节省较多的清除蜗牛粪便和残食的时间,并且能保持湿度,减少病虫害,促进生长。

(十二) 防空洞饲养

利用闲置防空洞(或地洞、山洞)饲养蜗牛,可在地面上铺些沙子和饲养土,也可在防空洞内建造饲养台或木箱,或立体式饲养。防空洞内不能完全黑暗,必须有 30～50 勒光照度的光线,以刺激和促进蜗牛性腺发育和成熟。以红色光线为最佳,一般在 50 平方米的面积内安装一个 25 瓦红色灯泡即可。

此法能充分利用闲置的防空洞等,不占用土地和其他设备,加之防空洞内阴暗潮湿,温度和湿度变化不大,很适于蜗牛的生长,不会出现休眠,可缩短蜗牛生产周期。但要经常通风换气。

三、饲料与营养

(一) 常用饲料

蜗牛对食料不挑剔,食性十分广泛。从幼蜗牛到成蜗牛的各个阶段中,其食性要求基本保持不变。常用饲料种类如下。

1. 青绿饲料

青绿饲料是养蜗牛的最基本饲料。它鲜嫩可口,易消化,蜗牛最喜欢吃。如蒲公英、马齿苋、野苋菜、山莴苣、水花生、苜蓿、金花菜、三叶草、苕子、紫云英、大麦叶、玉米叶、豌豆叶、燕麦叶、烟草叶、棉花叶、大荨麻叶、鹅菜、苦荬菜、野青草嫩叶、槐树叶、桑树叶、木瓜叶、向日葵叶、甘薯藤叶、白菜、莴苣叶、牛皮菜、甘蓝、南瓜叶、西瓜叶、冬瓜叶、丝瓜叶、甜瓜叶、扁豆叶、刀豆叶、黄豆叶等。

2. 多汁饲料

多汁饲料是养蜗牛的好饲料,松脆多汁,适口性好,粗纤维少,易消化。如番薯、南瓜、冬瓜、西瓜、丝瓜、茄子、饲用甜菜、菊芋、马铃薯、胡萝卜、扁豆、刀豆、苹果皮、梨皮等。

3. 糠麸饲料

糠麸饲料是一种能量饲料,主要是谷类籽实及其加工后的副产品。如小麦麸、米糠、玉米皮、高粱糠、豆壳、稻壳、玉米心、小米壳等。

4. 油粕饲料

油粕饲料营养较丰富,气味芳香,适口性好。如黄豆粉、芝麻粉、花生饼、豆饼、米糠饼等。

5. 蛋白质饲料

蛋白质饲料蛋白质含量高,必需氨基酸也比较齐全。如鱼粉、骨肉粉、蚕蛹粉、蚯蚓粉等。

6. 矿物质饲料

矿物质饲料是蜗牛正常生长、繁殖不可缺少的饲料。如骨粉、贝壳粉、蚝壳粉、蛋壳粉、虾壳粉、石灰石粉等。

7. 其他饲料

蜗牛对各种动物的内脏、尸体、腐肉,以及海带、紫菜、浒苔等藻类也能摄食。

蜗牛的食性虽十分广泛,但对食物具有一定的选择性,不食具有芳香气味的葱、蒜、韭菜、薄荷、胡椒、刺桐叶等;对香蕉叶、法国枇杷叶、桑叶、波罗叶、嫩白卷心菜叶等取食不多;对草乌、大蓟、狼毒、白藓、半边莲、蝙蝠葛、金丝桃、泽芹、天南星等,以及灌木鼠李、狗杏条的树叶,摄食后会发生中毒或死亡现象。

在人工饲养条件下,可饲喂各类菜叶、米糠、麸皮、豆饼、豆渣、花生饼,西瓜、南瓜、丝瓜等各类瓜果皮、叶,动物性饲料如蚕蛹粉、鱼粉、蚯蚓粉等。根据季节变化,一般春季饲喂青菜、莴苣叶、刀豆叶;夏季可饲喂山芋叶、木瓜叶、苦荬菜和西瓜、南瓜、冬瓜、丝瓜的皮、叶等;秋季可饲喂各种蔬菜及南瓜、山芋片等;冬季可饲喂青菜、米糠、蚝壳粉等。

大规模饲养时,应积极推进饲喂料的转变,从饲喂蔬菜、瓜果转向饲喂种植适应性强、种植容易、叶质鲜嫩、适口性好、营养价值高、一次种植可多年利用、利用期长达 8 个月的专用青绿饲料。如 667 平方米产量 10～15 吨的菊苣,或 667 平方米产量 10 吨的阔叶苦荬菜及巨型蒲公英等。

(二) 日食量

蜗牛的日食量一般为体重的 4%～5%(表 5-1)。5 千克蜗牛每日饲喂量,春季 0.6 千克,夏季 0.75 千克,秋季 0.75 千克,冬季 0.5 千克。

表 5-1 褐云玛瑙螺日食量试验结果

组别	蜗牛数（只）	总重量（克）	平均重量（克）	投放饲料总重量（克）	饲料失水后重量（克）	摄食后剩余重量（克）	摄食重量（克）	每克体重日摄食量（克）
1	2	132	66	28	21	17	4	0.03
	10	7.5	0.75	3	1.75	1.3	0.45	0.06
2	2	140	70	28	21	14	6.9	0.049
	10	8.5	0.80	3	1.75	1.3	0.45	0.053
3	2	107	53.5	28	21	16.4	5.6	0.052
	10	8.5	0.85	3	1.75	1.3	0.45	0.043
4	2	117	58.5	28	21	16	5	0.042
	10	7	0.70	3	1.75	1.3	0.45	0.064
对照	未投放			28	21	21	0	0
	未投放			3	1.75	1.75	0	0

蜗牛的日食量和箱、池内的温度和湿度有很大关系。箱、池内温度 25 ℃、池土湿度 40%、空气相对湿度 90% 时，日食量为体重的 7% 左右；箱、池内温度 15 ℃ 以下或 35 ℃ 以上，其食量甚微；箱、池内温度接近 10 ℃ 时进入冬眠，停止摄食。

蜗牛的日食量和投喂的饲料种类也有很大关系。同为青绿饲料，若投喂蜗牛喜食的苦荬菜、莴苣叶，其日食量为体重的 5%～7%；若投喂蜗牛不太喜食的甘薯藤叶、卷心菜，其日食量仅为体重的 2%～4%；若投喂蜗牛不食的空心菜、花菜叶，其日食量为零，忍受饥饿。

（三）营养需求

饲料的化学成分和组成，是评定其营养价值的最基本的指标。饲料营养价值的高低，主要决定于蛋白质和脂肪的含量。

据分析测定，蜗牛的各种饲料含有 60 多种元素，其中含量最多的是碳、氮、氧、氢 4 种，其占植物体干物质的 95% 左右。此外，还含有磷、铁、钾、钙、镁、碘、硫、锰、锌、钠等。根据饲料中含量多少，可把这些元素大体分为大量元素、微量元素和超微量元素三类。

上述各种元素在蜗牛的饲料中并非单独存在,而是组成各种复杂的无机物和有机物。一般分类为水分、粗蛋白质、粗脂肪、粗纤维、碳水化合物、维生素、矿物质 7 类营养物质。

不同饲料所含的营养物质种类和数量也各异,它们被蜗牛摄食后,对蜗牛的生长发育和繁殖的影响也不一样。蜗牛常用饲料种类及营养成分见表 5-2。

表 5-2　蜗牛常用饲料种类及营养成分

类型	饲料名称	粗蛋白质(%)	粗脂肪(%)	粗纤维(%)	碳水化合物(%)	粗灰分(%)	钙(%)	磷(%)
青绿饲料	蒲公英	20.4	5.0	18.2	24.4	23.6	1.47	0.3
	苦荬菜	3.41	1.47	1.08	3.42	1.79		
	野苋菜	4.2	0.4	0.7	8.9	4.1	0.77	0.09
	马齿菜	13.4	1.9	18.9	31.4	26.6		0.45
	苣荬菜	2.0	0.5	1.5	4.3	2.2	0.24	0.03
	藻类	19.5	1.1	11.5	39.4	19	2.05	0.5
	猪牙菜	20.2	2.9	16.8	40.6	11.6	0.89	0.52
	野青草	3.8	0.7	10.3	15.2	4.5	0.14	0.11
	苜蓿	15.8	1.5	25.0	36.5	7.3	2.08	0.25
树叶饲料	紫穗槐	23.7	3.1	10.7	48.2	8.1	1.6	0.2
	刺槐叶	23.0	3.4	11.8	49.2	7.4	3.09	0.28
	榆叶	6.8	1.9	4.1	13.0	4.8	0.97	0.1
	柳叶	5.2	2.0	4.3	13.5	3.2	0.39	0.07
	桑叶	4.0	3.7	6.5	9.3	4.8	0.65	0.85
多汁饲料	胡萝卜	0.8	0.2	0.8	6.7	0.8	0.05	0.03
	甘薯	1.1	0.2	0.8	21.7	0.8	0.06	0.07
	南瓜	1.5	0.8	0.9	7.2	0.7		
	甜菜	1.6	0.1	1.4	7.0	1.7		
	蕉藕	4.7	0.7	4.5	77.5	5.1		

类型	饲料名称	粗蛋白质（%）	粗脂肪（%）	粗纤维（%）	碳水化合物（%）	粗灰分（%）	钙（%）	磷（%）
多汁饲料	西瓜皮	0.6	0.2	1.3	3.5	1.0	0.03	0.02
	水葫芦	1.9	0.9	2.4	4.8	1.8		
	水浮莲	2.2	1.0	1.8	3.8	1.7		
	水花生	3.22	0.3	2.62	11.92	4.44		
	菊芋	1.47	1.9	1.0	7.0	1.3	0.05	0.02
	根达菜	14.1	4.8	12.7	39.0	15.5	0.44	0.18
	甘薯秧	1.4	0.4	3.3	5.0	1.4		
	毛豆叶	1.15	0.42	1.91	3.49			
	菊芋茎叶	2.0	1.1	4.5	7.7	2.9		
	莴苣叶	1.93	0.16	1.77	3.24	1.38		0.038
	木薯	1.2	0.12	1.2	2.6	1.7		
	卷心菜	1.4	0.3	1.4	8.3	0.9	0.04	0.05
	白菜叶	0.11	0.17	0.93	4.36	2.04		
豆谷饲料	小米粉	8.8	1.4	0.8	74.8	1.6	0.07	0.48
	玉米粉	6.1	4.5	1.3	73.0	1.4	0.07	0.27
	高粱粉	8.5	3.6	1.5	71.2	2.2	0.09	0.36
	豌豆粉	23.3	1.1	5.4	57.1	2.7	0.12	0.38
	大麦粉	10.8	2.1	4.6	67.6	3.3	0.05	0.46
	黄豆粉	34.8	10.0	3.8	35.5	3.9	0.12	0.42
饼粕饲料	豆饼	35.9	6.9	4.6	34.9	5.6	0.19	0.51
	花生	43.8	5.7	3.7	30.9	5.5	0.33	0.58
	米糠饼	11.6	10.3	8.3	48.9	11.1	0.18	1.4
糠麸饲料	麦麸	13.5	3.8	10.4	55.4	4.8	0.22	1.09
	米糠饼	10.8	11.7	11.5	45.0	10.5	0.21	1.44
	玉米皮	10.1	4.9	13.8	57.0	2.1	0.09	0.17
	高粱糠	10.9	9.5	3.2	60.3	3.6	0.1	0.84
	小米壳	7.0	3.0	31.8	40.2	10.5	0.33	0.76

类型	饲料名称	粗蛋白质（%）	粗脂肪（%）	粗纤维（%）	碳水化合物（%）	粗灰分（%）	钙（%）	磷（%）
蛋白质饲料	鱼粉	53.5	9.8			26.5		
	蚕蛹粉	65.0					0.2	0.2
	蚯蚓粉	56.4	7.8	1.5	17.9	8.7		
	蛎肉粉	70.3	8.3			6.4	1	0.4
	饲用酵母粉	56.7	6.7	2.2	31.2	9.2		
矿物质饲料	骨粉					74.3	31.26	14.17
	贝壳粉						38.1	
	蚝壳粉						28.0	
	蛋壳粉					75.2	40.08	0.11
	蛎粉					57.2	39.23	0.23

蜗牛所需要的营养物质主要有以下几种。

1. 蛋白质

蛋白质是一种很重要的营养物质。蜗牛的肌肉、内脏、血液、卵、贝壳的形成都需要蛋白质。若饲料中缺少蛋白质,蜗牛则生长缓慢,体质衰弱,生殖能力降低。

平时投喂的青绿饲料,虽含有一定量的蛋白质,但数量不能满足蜗牛的需要,还要配合一定数量的蛋白质饲料。蛋白质可分为植物性蛋白和动物性蛋白两种,后者的质量要好得多。因此,在蜗牛的饲料中,要适当搭配一定量的动物性蛋白质饲料,如鱼粉或蚕蛹粉。植物性蛋白质饲料有黄豆粉、芝麻粉、花生饼等。因生黄豆粉中含有一种能破坏蜗牛肠道中的胰蛋白酶的物质,影响蜗牛对蛋白质的消化,故生黄豆粉最好炒熟后饲喂。对花生、芝麻也应炒熟磨碎成粉状再饲喂。

2. 碳水化合物

碳水化合物是蜗牛生活中不可缺少的主要能量来源。主要有淀粉、糖类、纤维素等。含碳水化合物较多的有米糠、玉米粉、米饭、麸皮等。

3. 脂肪

脂肪与碳水化合物的作用差不多,主要是供能。一般饲料中所含的粗脂肪已足够蜗牛的生长需要,不需另外添喂脂肪饲料。

4. 矿物质

矿物质对蜗牛的贝壳增长和卵的形成都起着重要作用。蜗牛需要的矿物质种类很多,但主要是钙、磷。

钙是蜗牛贝壳和卵壳的主要成分,占整个贝壳的 95% 以上。如果饲料中缺少钙质,蜗牛的贝壳会变得很薄,易碎,并引起烂壳顶病,同时成蜗牛会产下软壳卵,不能孵化出幼蜗牛来。磷主要以磷酸钾、磷酸钙的形式存在于蜗牛体的组织和血细胞中,与细胞的生理作用有着密切的关系。为防止缺钙和磷,应在饲料中掺入一定量的石灰石粉、贝壳粉、骨粉、蛋壳粉等矿物质饲料。例如,将石灰石粉(含钙量 38% 左右)撒在饲养土里,用来补充钙;将贝壳粉(含钙量约 40%)混在饲料中饲喂,蜗牛吃了容易吸收;还可将骨粉(含有丰富的钙和磷)或蛋壳粉混在饲料中饲喂。

以上几种矿物质饲料,主要补充饲料中的钙和磷的不足,在配合饲料中约占 10%。

5. 维生素

维生素是一种特殊的有机物质,虽然蜗牛对它的需要量很少,但它对蜗牛的生长、繁殖等却起着重要的作用。如果饲料中缺少维生素,蜗牛就长不好,成蜗牛不产卵。维生素种类很多,蜗牛最易缺少的是维生素 A、维生素 B_2 和维生素 D。青绿饲料中含有各种维生素,只要保证供给,基本能满足蜗牛的需要。此外,干酵母粉也含有维生素 B_1、维生素 B_2,营养丰富,对蜗牛的消化和吸收都有好处,能促进食欲和生长,可用作蜗牛的辅助饲料。

6. 饲料添加剂

维生素添加剂是一种把维生素、矿物质、抗菌药物、抗氧化剂等用适当比例配合而成的添加剂,可促进生长发育。一般市场供应的畜禽用的维生素添加剂都可用来饲喂蜗牛。

(四) 饲料的配合

蜗牛的生长、繁殖等需要多种且有一定数量的营养物质。蜗牛生长快,繁殖率高,体内代谢旺盛,对饲料中粗蛋白质、维生素、矿物质等养分的不平衡性非常敏感。而单种饲料所含的养分往往是不完全的,养分的数量也有多有少。若长期只饲喂一两种饲料,很难保证完全的营养,必然会导致蜗牛生长迟缓、发育不良、产卵率低,甚至危及生存。选择几种饲料配合饲喂,不但在养分上可以取长补短,而且可以促进食欲,加快生长,还能充分发挥饲料的效能,节省饲料,降低饲养成本。饲养实践证实,为促进蜗牛的食欲和加快生长发育,提高产卵率和生产量,应大力推广饲喂配合饲料。

1. 非配合饲料和配合饲料对蜗牛自然生长的影响

研究表明,青饲料的营养价值低,而且含有 80%~90% 的水分,但配合饲料含水量低,平均含水量为 12%,所以能使蜗牛迅速生长。

(1) 非配合饲料饲养蜗牛的生长情况:

1980 年 5 月,孵出,生长;

1980 年 10 月,封闭壳口,进入冬眠,重量 5 克;

1981 年 4 月,脱离冬眠,生长;

1981 年 10 月,封闭壳口,进入冬眠,重量 18~20 克;

1982 年 4 月,脱离冬眠,生长;

1982 年 6~7 月,出售重量 24~25 克。

(2) 配合饲料饲养蜗牛的生长情况:

1980 年 5 月,孵出,生长;

1980 年 10 月,封闭壳口,进入冬眠,重量 10 克;

1981 年 4 月,脱离冬眠,生长;

1981 年 8~9 月,出售重量 24~25 克。

经测定,在集中饲养时,每 1.5 千克配合饲料可生产出 1 千克蜗牛。每只生长期的灰色蜗牛日消耗配合饲料 0.1 克,盖罩大蜗牛日消耗配合饲料 0.2 克。

饲养时,活动成蜗牛的日平均消耗量:1 克配合饲料可饲养 10 只灰色大蜗牛;2 克配合饲料可饲养 10 只盖罩大蜗牛。

2. 单一饲料和配合饲料对蜗牛生长和增重的影响

经饲养显示,用单一饲料饲喂 1 月龄的幼蜗牛,长到体重 50 克需 210 天;而用配合饲料饲喂,仅需 150 天。两者生长速度有 2 个月的差距。

如果用米糠、地瓜叶和浒苔 3 种饲料,按每种 1/3 的比例外加 6.6 克干酵母粉组成混合饲料,用来饲喂 30 只幼蜗牛,每月可增重 64.9 克;而单用米糠饲喂 30 只幼蜗牛,每月只增重 43.4 克(表 5-3)。

表 5-3　米糠配合饲料与单用米糠对褐云玛瑙螺的饲养效果

组别	饲料种类	放养量		饲养天数 (天)	收获量 (克)	总增重 (克)
		蜗牛数(只)	重(克)			
甲	配合饲料(米糠、地瓜叶、浒苔各 1/3;干酵母粉 6.6 克)	30	4.6	30 (1982/4/13～5/12)	69.5	64.9
乙	米糠	30	4.6		48.0	43.4

又如用青菜(碎)40%、米糠 40%、贝壳粉 10%、鱼粉 2%、黄豆粉 7%、鱼肝油 1%组成配合饲料,对 30 只幼蜗牛(共重 300 克)进行为期 1 个月的饲喂,结果总重为 450 克,共增重 150 克(表 5-4)。

表 5-4　配合饲料对褐云玛瑙螺的饲养效果

饲料		放养量		饲养天数 (天)	收获量 (克)	总增重 (克)
种类	含量(%)	蜗牛数(只)	重(克)			
青菜	40					
米糠	40					
贝壳粉	10	30	300	30 (1982/5/30～7/1)	450	150
鱼粉	2					
黄豆粉	7					
鱼肝油	1					

用配合饲料饲喂盖罩大蜗牛的饲养效果见表 5-5。

表5-5　配合饲料对盖罩大蜗牛的饲养效果

饲料		放养量		饲养天数(天)	收获量（克）	总增重（克）
种类	含量(克)	蜗牛数（只）	重（克）			
蚕豆粉	50					
马铃薯粉	50					
麸皮	100	40	2 000	30	3 200	1 200
面粉	100					
糖	52					

用配合饲料饲喂白玉蜗牛的饲养效果见表5-6。

表5-6　不同配合饲料对白玉蜗牛的饲养效果

配方饲料	饲料		放养量		饲养天数（天）	收获量（克）	总增重（克）
	种类	含量(%)	蜗牛数（只）	重（克）			
配方一	玉米粉	40					
	米糠	10					
	黄豆粉	10	50	10 000	30	250 000	240 000
	珍珠层粉	5					
	蚯蚓粉	5					
	木瓜叶	30					
配方二	青菜	45					
	玉米粉	30					
	米糠	6					
	黄豆粉	8					
	贝壳粉	8	30	600	30	1 500	900
	鱼粉	2					
	鱼肝油	0.5					
	畜用维生素	0.1					
	微量元素	0.4					

3. 不同配合饲料对蜗牛产卵量的影响

不同配合饲料对蜗牛产卵量的影响有差异,从表5-7中看出,饲料中蛋白质和矿物质比例较高的产卵量相对较高,而单喂青绿饲料的产卵量就少。

表5-7 不同配合饲料对蜗牛产卵量的影响

试验组	饲料		放养量		平均产卵间隔天数	平均单只产卵(粒)
	种类	含量(%)	蜗牛数(只)	总重(克)		
1	青绿饲料	85	10	800	30	274
	蛋白质饲料	12				
	矿物质饲料	3				
2	青绿饲料	93	10	800	37	243
	蛋白质饲料	5				
	矿物质饲料	2				
3	青绿饲料	97	10	800	48	202
	蛋白质饲料	2				
	矿物质饲料	1				
4	青绿饲料	100	10	800	60	152

4. 钙质饲料对蜗牛生长的影响

在配合饲料中,由于在钙和磷,以及对固定钙质所必需的维生素和机体所必需的微量元素等方面能平衡地得到提供,因此能有规律而又正确地形成贝壳(表5-8)。

表5-8 钙质料对蜗牛生长的影响

组别	饲料种类	饲养天数	放养量		收获量	
			蜗牛数(只)	重(克)	蜗牛数(只)	重(克)
A	青绿饲料、木薯粉	15	8	98	8	136.5
B	青绿饲料、木薯粉、贝壳粉	15	8	98	8	148.6

5. 干酵母粉对蜗牛生长的影响

干酵母粉(饲用)含有蜗牛生长所需要的各种营养成分。经测定,干酵母粉含粗蛋白质48.5%、钙1.10%、磷0.17%、维生素 B_1 88.7毫克/千克、维生素 B_2 84.6毫克/千克、烟酸714.3毫克/千克、泛酸195.6毫克/千克、叶酸46.51毫克/千克、铁60毫克/千克、锰9.4毫克/千克、锌70.7毫克/千克、铜25.0毫升/千克。据试验,在饲料中添加一定量的干酵母粉,对蜗牛的生长均有显著的效果(表5-9)。

表5-9 干酵母粉对白玉蜗牛生长的影响

| 组别 | 饲料种类 | 放养量 | | 干酵母粉(克) | 饲养天数 | 收获量(克) |
		蜗牛数(只)	重(克)			
1	青菜叶、干酵母粉	100	8.5	2.1	42	186
2	青菜叶	100	8.5		42	94
3	青菜叶、米糠、蛋壳粉、	10	56		28	133
4	干酵母粉、青菜叶、米糠、蛋壳粉	10	56	5	28	111

6. 精饲料配方

饲料的配合,应根据蜗牛的年龄、体重、生理状态、饲养数量和饲养方式等情况,参照营养标准及饲料营养成分表,根据季节特点,从而确定合理的配方。下面介绍10个实用、有效的配方,供参考。

配方一:黄豆粉(炒熟)、白豇豆粉、蚕豆粉(炒熟)、绿豆粉、细米糠、玉米粉各10%,蛋壳粉15%,氢钙粉8%,土霉素粉1%,酵母(食母生)粉1%,麦麸15%。

配方二:黄豆粉(炒熟)、贝壳粉各15%,麦麸25%,细米糠22%,玉米粉10%,碳酸氢钙粉8%,赖氨酸或蛋氨酸1.5%,鸡用微量元素添加剂1.5%,酵母(食母生)粉、土霉素粉各0.5%,鸡用维生素添加剂1%。需要说明的是,成蜗牛用的是赖氨酸,种蜗牛用的是蛋氨酸。

配方三:细米糠、蛋壳粉各20%,黄鳝骨粉(黄鳝骨洗净晒干炒

120

至八成熟后粉碎)或碳酸氢钙粉12%,麦麸25%,黄豆粉(炒熟)、玉米粉各10%,酵母粉1%,禽用微量元素添加剂1%,禽用鱼肝油1%。

配方四:麦麸30%,细米糠20%,黄豆粉(炒熟)15%,玉米粉12%,蛋壳粉、氢钙粉各10%,酵母粉1%,禽用微量元素添加剂1%,鸡用维生素添加剂1%。

配方五:玉米粉15%,黄豆粉10%,米糠20%,麦麸30%,酵母粉5%,蛋壳粉15%,禽用微量元素添加剂3%,禽用维生素添加剂2%。

配方六:玉米粉25%,麦麸30%,米糠20%,蛋壳粉(或骨粉)25%。

配方七:玉米粉25%,麦麸30%,黄豆粉10%,米糠5%,酵母粉5%,蛋壳粉(或骨粉、贝壳粉)25%。

配方八:麦麸45%,玉米粉25%,酵母粉5%,蛋壳粉(或骨粉、贝壳粉)25%。

配方九:玉米粉25%,麦麸45%,豆饼粉(或麻酱渣粉)10%,蛋壳粉(或骨粉、贝壳粉)20%。

配方十:玉米粉20%,麦麸25%,豌豆粉35%,维生素D 3%,蛋壳粉(或骨粉、贝壳粉)17%。

7. 饲料配合的原则

(1) 饲料配方合理化:蜗牛的各个生长阶段所摄取的营养物质是不完全相同的。蜗牛饲料配方的合理化,就是根据不同的生长月龄,提供蜗牛生长的合理营养成分,保持最快的生长状态,缩短生长周期,提高经济效益。

幼蜗牛阶段:消化功能不健全,以增加精料蛋白,略加钙、磷,促进消化为主。

生长蜗牛阶段:生长增重快,以增钙补磷、高蛋白、粗纤维为主,提高消化吸收配合饲料的能力。

成蜗牛阶段:钙、磷和粗纤维一般水平,蛋白质略低。因成蜗牛生长缓慢,逐渐进入成熟阶段,可适当增加促成熟、保卵的添加剂。这样产生的卵量多、粒大,孵化成活率在95%以上。

（2）配合饲料多样化：蜗牛在各个生长阶段的营养需求是多种多样的，不同的生长阶段有着差异。根据一年中青绿饲料来源不同，抓住夏秋两季青绿饲料易得的特点加快繁殖和生长。

配合饲料的构成要因地而宜，配方合理，以满足蜗牛各个生长月龄的需求。不仅要有动植物蛋白、粗纤维、粗灰分，还要有足量的钙、磷等矿物质来促进贝壳的生长，还要有一定量的添加剂以弥补饲料中缺乏的营养成分。

青绿饲料四季皆有，但要根据不同的季节来选择并安排好茬口。在更换青绿饲料时，要给予 1～2 天时间让其慢慢适应，避免出现拒食现象。精饲料的用量，应根据不同月龄的蜗牛而定，一般占配合饲料的 3%～5%。

（3）配合饲料安全性

① 配合饲料中不能含有毒物质，更不能发霉变质。尤其要注意严防各种饲料污染，如有机磷、有机氯以及重金属元素铅、汞等污染。

② 配合饲料中严禁添加非食用物质，如增加蛋白质含量的蛋白精（三聚氰胺）、皮革水解蛋白；起防腐防虫作用的富马酸二甲酯；起阻断生殖功能的棉酚。为保证食用蜗牛的安全性，只要是没有经过评价的物质，不管有毒没毒，添加到配合饲料中都是一种违法行为。

（五）人工配合饲料

现代蜗牛养殖业与传统养殖业最明显的不同就是集约化大生产，按照市场需求，进行专业化、标准化、优质化、规模化的蜗牛养殖。这就要求规模养殖蜗牛必须生产和使用人工配合的全价饲料，以满足蜗牛生长所需要的全面营养物质和确保市场的有效供给量。

1. 饲料配方制订原则

（1）按蜗牛饲养标准制订：蜗牛的营养需要量即饲养标准，是蜗牛饲粮配合的科学依据，配合时还需要有蜗牛饲料的成分及营养方面的资料（饲料成分表）。但由于蜗牛规模饲养的历史还不长，蜗牛的营养需要和饲料营养价值评定方面的研究工作还很不足。因此，蜗牛饲养至今尚未制订出完整的饲养标准。现根据有限的营养需要的研究资料和饲养实践，对已提出的蜗牛精饲料和青饲料混合的饲养标准,暂且可作为蜗牛饲料配合的依据。

饲养标准只是一种适合于一般情况的平均值,由于蜗牛种类、饲料、环境等许多因素能影响饲料养分的吸收利用,因此,实际应用时还应根据具体条件和饲养效果,对饲养标准进行适当修正。在实际饲养中,不仅要注意饲料中养分的含量是否符合要求,还应考虑蜗牛的摄食量是否正常,如果由于种种原因导致摄食量减少,就要及时检查原因,并适当调整饲料的养分含量。

(2)饲料配方制订技术:就是将饲养标准中规定的各种营养素的需要量换算成各种饲料及添加剂的配比,制作配合饲料配方。当然,合理地制订饲料配方,不仅要考虑饲料的营养性,也要平衡各种营养素之间的配比关系,还要考虑原料的成本和饲料效益等。饲料配方一般分为地区性的典型饲料配方和高效专用饲料配方两类。

(3)饲料配方的安全性:制订饲料配方要选择安全可靠的饲料原料,这是保证饲料安全性的前提。饲料配方中所选用的原料,应保证品质,等级必须合格,不能使用霉变、酸败、污染和含有毒素的原料。对于添加剂及预防性药物,应严格按照有关法律及停药期的规定进行。

(4)饲料配方的合理性:制订饲料配方要选取价格合理的原料,以保证饲料配方具有合理的经济效益。

2. 饲料配方制订过程

(1)确定原料仓库及当地可提供配方使用的原料品种、规格、数量、营养成分分析单、有毒有害物质检测等。

(2)依据饲养标准制订初步饲料配方。

(3)利用计算机换算各组营养含量,计算出应添加的维生素、微量元素、必需氨基酸及其他营养成分的不足量。

(4)制订出正式饲料配方,请营养学专家鉴定。

(5)按照饲料配方配合试验饲料,进行饲养试验,准确记录和分析试验结果。

(6)饲料配方投入生产后,应按批次采样,检验和分析饲料品质。

3. 选定原料

蜗牛的配合饲料与家畜家禽的配合饲料的调配法及营养的要求量均不相同,尤其是对于粗纤维的要求量特别高。从生物化学研究来看,蜗牛的消化液除了消化蛋白质、淀粉外,对于纤维的分解能力特别强,利用率也非常高,这是因为其消化液中纤维分解酶的活性特别高的缘故。自然界中纤维素资源极其丰富,来源十分广泛,价格又极其低廉,所以蜗牛配合饲料的成本比较低。

蜗牛的食物是以绿色植物的茎叶为主,因此,蜗牛的配合饲料的成分以纤维素为主,占全量的60%,其余为蛋白质饲料15%、能量饲料5%、矿物质饲料18%、添加剂2%。按这一要求,可根据当地饲料来源,合理确定选用的饲料原料。例如,青绿饲料有苦荬菜、菊苣、白菜、黄豆叶、南瓜、胡萝卜等;能量饲料有玉米、麦麸;蛋白质饲料有黄豆、进口鱼粉;矿物质饲料有骨粉、贝壳粉;添加剂预混料有复合维生素添加剂、复合微量元素添加剂,还有DL-蛋氨酸和L-赖氨酸。

青绿饲料应加工成干草粉后作为配合饲料原料,可先将青绿饲料(最好在3种以上)洗净、晒干或烘干,然后用300目粉碎机粉碎成超细粉。

4. 生产工艺

(1)生产工艺流程:大型饲料工厂和饲养场自备的饲料加工间的规模虽不同,但其生产工艺流程基本一致。小型加工厂及饲养场饲料加工间通常购买中间产品,即添加剂预混料和浓缩饲料,再与本地的能量饲料和青饲料加工而成。

基本生产工艺流程:粒料贮存和清理→粉碎→配料(准备各种粉状料)→混合(添加剂预混料)→粉状全价配合饲料→制粒→颗粒饲料。

(2)配料混合操作流程:粉碎后的物料及粉状辅料→分配盘及输送机→配料仓→喂料器→配料杆→混合机(添加预混料)→贮料斗。

由于配料仓贮存的全是粉状料,容易在仓里板结堵塞。为防止这种现象的发生,应注意将仓底设计成不对称形,使物料在各边的流动速度不同,静止时仓底对物料反作用力不平衡,不容易板结,仓底的角度应大于55°。

四、蜗牛的日常管理

（一）制定饲养管理规则

作为规模化饲养场,必须努力提高科学管理水平,做到饲养科学化、规范化、程序化、制度化,不断提高蜗牛综合生产能力。因此,应按有关管理技术指标的要求,制定出饲养管理规则。

饲养管理规则使用对象包括主体(饲养员)和客体(非饲养员)两部分,前者主要是岗位管理技术指标的行为规定,后者主要是介入行为规定。蜗牛饲养规则如下。

（1）非饲养人员未经饲养员允许,不得擅自进入饲养室。经许可,须过消毒杀菌通道入室,如果损坏室内物品和伤害蜗牛,均应照价赔偿。

（2）坚持分类、定点、定时、定量的科学喂养,不准随意变更。

（3）保持室内和箱内清洁卫生。残食、粪便或死蜗牛应每天定时清除,饲养土不得污染。发现病蜗牛应隔离喂养。

（4）饲养员工作时不准伤害蜗牛,不准将蜗牛,特别是幼蜗牛随清除的食物残渣带出饲养室,并严防蜗牛外逃。

（5）任何人不得将有毒、有害、有刺激性的物品带入饲养室内,饲养员酒后不得入饲养室操作管理。

（6）饲养室内不准打闹和高声喧哗。

（7）饲养室内温度不低于23℃,空气相对湿度不低于75%或高于90%,饲养土湿度不低于30%或高于40%。

（8）喂料时,青饲料要清洗干净,在不确定被污染或残留农药的青饲料必须浸泡、洗净。不准干喂;精饲料应复合配方,不得单一。

（9）随时寻拣卵粒,坚持人工孵化。保证孵化率达到85%以上,成活率达到90%以上。

（10）坚持填写饲养观察记录(表5-10),不断总结经验教训,及时改进和完善饲养管理工作。

表 5-10　饲养蜗牛观察记录

养殖场名称：　　　年　月　日　　　天气：　　　室外温度：

项目	蜗牛(箱)编号			
	1	2	3	
饲养种类				
日食量(克)				
交配日期				
产卵日期				
产卵量				
孵化日期				
孵化率(%)				
室内平均温度(℃)				
室内相对湿度(%)				
饲养土温度℃				
饲养土湿度(%)				
饲养土 pH				
青、精饲料名称				
月均增重(克)				
异常情况				

值班人：　　　　　　负责人：

　　填表说明：种蜗牛可以个体为单位编号填写，量大时可以箱为单位编号填写；成蜗牛和幼蜗牛箱可以箱为单位填写；饲养种类分种蜗牛、成蜗牛和幼蜗牛 3 种；日食量计算以平均数为准；交配日期只选 3～5 只种蜗牛作观察记录；产卵日期以种蜗牛从洞穴中退出为准，或以每次发现卵粒为准均可；产卵数量以有效卵粒为准，孵化日期以第一批出壳幼蜗牛出土时间为准；孵化率以标准温度和湿度孵化最末限界为准。例如，温度 25～30 ℃、饲养土湿度 40%、空气相对湿度 80% 时孵化时间需 7～15 天，在 15 天内出壳的幼蜗牛数除以卵粒总量，再乘以百分号即得出孵化率。室内平均温度和湿度，指分别在饲养架上、中、下、墙角和远离加温源的地方设置的干、湿球温度计所得的平均温度和湿度。饲养土湿度以手捏之成团，弹之能散为

40%;虽湿润但捏不拢为 20%～30%;虽捏之成团,但弹之不散为大于 50%。土壤温度以地温计测量数据为准。月均增重以各选 10～20 只不同规格的蜗牛集中称重,月初一次,月末一次,月末和月初重量差除以蜗牛只数即得。异常情况指登记蜗牛的病、残、死亡情况,养殖土污染情况,低温、干燥和有天敌侵袭等。表上天气栏只填晴、阴、雨、雪、风、雹等。表格下方的"值班人"指实际喂养蜗牛的饲养员;"负责人"指分管饲养的领导。

为更详尽地做好饲养观察,还可按表 5-11 至表 5-15 进行记录。记录表应逐日填写,并妥善保存,以便及时总结饲养的经验和存在问题,随时改进饲养管理工作。

表 5-11 _____月龄幼蜗牛生长记录

箱池编号	数量(只)	龄末数量(只)	龄末重(千克)	平均只重(克)	备注

表 5-12 _____月龄蜗牛生长记录

箱池编号	数量(只)	重(千克)	龄末数量(只)	龄末重(千克)	平均只重(克)	死亡率(%)	备注

表 5-13 逐日投喂饲料记录(蜗牛龄期＿＿箱、池编号＿＿)

日期 (月/日)	青绿饲料		精饲料		其他饲料		备注
	品种	数量(千克)	品种	数量(千克)	品种	数量(千克)	

表 5-14 逐日温度与湿度记录(饲养室、孵化室)

日期(月/日)	温度(℃)	空气相对湿度(%)	饲养土湿度(%)	饲养土 pH	备注

表 5-15 卵孵化记录

孵化箱编号	日期 (月/日)	孵化卵数 (卵堆)	幼蜗牛出壳日期(月/日)	幼蜗牛数 (只)	孵化期 (日)	孵化率 (%)	备注

（二）控制生长速度

1. 生长典型阶段

蜗牛的生长过程可分为以下 3 个典型阶段。

（1）幼蜗牛期：幼蜗牛是指从卵孵化出后 1 个月内的螺体。幼蜗牛期的特点是,蜗牛对外界环境的适应能力弱,但生长速度很快,要求摄取的食物鲜嫩多汁,营养丰富。此阶段结束时,蜗牛重可达 0.2～5 克,因不同种类而异。幼蜗牛期的长短很难确定,因为它受各种因素的影响,一般为 1～1.5 个月。

（2）生长蜗牛期：2～4 月龄的蜗牛通称生长蜗牛。进入生长期阶段后,蜗牛的颚片和齿舌发育趋于完整,摄食能力强,食日量为其体重的 5%,代谢旺盛,生长速度快,体重由原来的 5 克增至 30 克左右(白玉蜗牛),性腺开始逐渐成熟。此阶段结束时,生长速度呈由快变慢的趋势,螺体达到最大,贝壳形成了完整的"镶边"。

（3）成蜗牛期：由 5 月龄到自然衰老死亡为成蜗牛期。在此阶段,蜗牛生殖腺成熟,生殖器官开始发育,腺体开始分泌,逐渐步入性旺盛期,常出现性兴奋。同时已具有发达的吻、颚片、齿舌和唾液腺,食性杂,食量大。此阶段的蜗牛自身还在继续生长,其体重达到 50～60 克(褐云玛瑙螺、白玉蜗牛)。特别是肉质部变化最大,变得丰厚、有力,活泼好动,性欲明显增加,而贝壳生长却很缓慢。待交配产卵完毕后 2 个月之内,蜗牛恢复体质,生长速度又再次加快。在繁殖期,一般蜗牛只产卵 2 次,很少有 3 次的。这个休止期对蜗牛能够重新进入繁殖期来说是必需的。在自然情况下,休止期的长短与 5～6 个月的冬眠相一致,可是在人工饲养时,这个休止期可缩短或延长。

2. 影响生长速度的因素

（1）年龄：蜗牛生长的速度随着年龄和生活环境的变化而不同,一般幼蜗牛生长快而迅速;到成蜗牛后,生长逐渐减慢或停止生长;老年成蜗牛生长几乎陷入完全停顿状态,有的陆续衰老而死亡。

（2）季节：蜗牛对气候、环境条件的要求较高。因季节的不同(冬天和夏天),雨季和旱季,不能周年或较长时间保持蜗牛对环境条件的要求,往往严重影响蜗牛的正常生长发育和繁殖。蜗牛在一年中有冬眠和夏眠两次休眠。当干燥或太潮湿以及食物短缺时也会进行休眠,在休眠期内,则停止生长,体重减少60%(图5-11)。

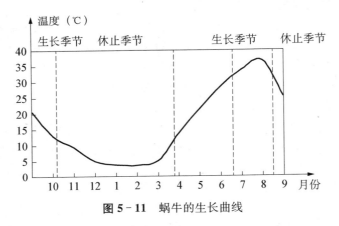

图5-11　蜗牛的生长曲线

(3)饲养密度:饲养密度会影响蜗牛的生长速度。饲养密度适当,则蜗牛生长发育均匀,个体间有差异但并不悬殊。生产中如果饲养密度增加,往往会使食料、活动空间满足不了蜗牛生长的需要,在相同时间内,致使蜗牛个体间的生长发育出现较大差异,处于半饥饿状态,半休眠或休眠状态及个体僵化的蜗牛增多,影响生长;即使是同批次出壳的蜗牛,两个月后体重可相差1倍之多。试验证明,扩大蜗牛迂回和活动余地,增加采食面积,蜗牛成活率可提高20%左右,生长速度可提高18%以上;而提高放养密度,虽增加放养量使单位面积蜗牛数量增加,但实际上由于影响生长,产量反而下降。因此,实施大田围网饲养或大棚放养时,不应单纯追求单位面积数量,而应扩大饲养面积,降低放养密度,促进蜗牛快速生长,以提高产量。

(4)蜗牛种类:不同种类蜗牛间由于分布地及栖息地环境、个体大小均有差异,因此生长速度也有差异。如盖罩大蜗牛的生长比较慢;灰色大蜗牛18个月就可达到成体的重量,并且在两年后就可繁殖;盖罩大蜗牛需要27~28个月才能达到成体的重量,并且在3年以后才能繁殖;褐云玛瑙螺的生长很快,30天时体重只有3克左右,180天时体重就迅增到60克左右,即开始繁殖(表5-16)。

表 5-16　褐云玛瑙螺体生长测定结果(25 只蜗牛的平均值)

螺龄(天)	螺层(个)	壳高(毫米)	壳宽(毫米)	体重(克)	生长期
4	2.5	4.8	3.5	0.046	幼蜗牛
30	4	19.7	13.8	3.1	生长蜗牛
60	4.5	39.8	19.8	8.9	生长蜗牛
90	5	40.1	23.7	20.5	生长蜗牛
120	5	46.2	27.2	35.4	生长蜗牛
150	5.5	56.7	30.6	50.8	生长蜗牛
180	6	64.5	36.5	60.4	成蜗牛
210	7	73.8	40.0	64.9	成蜗牛

（5）饲料：在人工饲养条件下,保持其生长不同时期所需的适宜温度和湿度,提供充足的食物,就能保持其生长,缩短饲养周期,获得良好的饲养效果。例如,白玉蜗牛在人工饲养条件下,温度 23～27 ℃时,刚孵化出的幼蜗牛经 30 天饲养,体重可增长 410.95 毫克、壳高增长 8.62 毫米、壳宽增长 4.56 毫米。若投喂米糠、山芋叶、黄豆粉、鱼粉等进行饲养,其生长的速度更快,当年春末孵化的幼蜗牛到秋末即可达到体重 50 克以上的商品蜗牛,可出售或加工处理。大的个体重可达到 90 克以上,已达到性成熟,即开始交配、产卵。白玉蜗牛幼蜗牛不同饲养天数下的增长情况见表 5-17。如果利用温室进行饲养,可解除蜗牛的冬眠,常年可生长、繁殖。

表 5-17　白玉蜗牛幼蜗牛增长情况

放养量(克)	饲养天数(天)	增重(克)
0.085	15	1.96
0.306	29	3.07
0.56	28	13.3
4.6	30	43.4

（三）掌握放养密度

在饲养过程中,要及时做好大、中、小蜗牛分开饲养。饲养密度可根据气温、螺体增长来调整。气温低,饲养密度可大些;反之,气温高,密度要稀些。若密度大,螺体和体重增长慢;反之,增长得快。幼蜗牛密度可大些,但也不可过密,否则取食不便,导致生长缓慢;种蜗牛放养密度大,则会加大对交配的干扰。放养密度过稀,浪费箱体,也不经济,特别是种蜗牛交配选择性小、机会少。为促进平衡发育,可按幼蜗牛、生长蜗牛、成蜗牛饲养密度分档管理,幼蜗牛每平方米1 000~1 500只,生长蜗牛每平方米300~600只,成蜗牛每平方米150~200只。也可按螺龄掌握饲养密度,具体可参考表5-18至表5-21。

表5-18 褐云玛瑙螺放养密度

龄期	个体重(克)	放养密度(只/米²)	总螺体重(千克)
幼蜗牛	0.04~0.05	10 000~20 000	0.5~0.8
1月龄	0.6~0.8	3 000~5 000	2.5~4
2月龄	4~5	1 000~2 000	5~6
3月龄	7~10	600~800	5.5~7
4月龄	15~20	400~500	6~8
5月龄	25~32	200~250	6~7.5
6月龄	35~40	120~150	5~7.5
成蜗牛	45克以上	100~120	4.5~6.5

表5-19 白玉蜗牛放养密度

龄期	个体重(克)	饲养箱规格(厘米)	放养数量(只)	密度范围(只/米²)
幼蜗牛	0.04~0.05	30×30×10	1 200	10 000~15 000
1月龄	0.6~0.8	45×35×20	800	4 000~5 000
2月龄	3~5	45×55×20	400	1 200~2 000
3月龄	7~9	45×55×20	200	800~1 000
4月龄	12~15	45×55×20	120	400~600
5月龄	20~25	45×55×20	70	240~300
6月龄	30~35	50×60×25	40	120~140
成蜗牛	35克以上	50×60×25	35	100~120

表 5-20 散大蜗牛放养密度

龄期	个体重（克）	饲养盘规格（米）	放养数量（只）
幼蜗牛	0.02～0.04	2×1	20 000
1 月龄	0.2～0.3	2×1	12 000
2 月龄	0.5～1.2	2×1	6 000
3 月龄	2～3	2×1	5 000
4 月龄	4～5	2×1	4 000
5 月龄	6～8	2×1	3 000
种蜗牛	24～25	2×1	500～550

表 5-21 亮大蜗牛放养密度

龄期	个体重（克）	饲养箱规格（厘米）	放养数量（只）	密度范围（只/米^2）
幼蜗牛	0.02～0.04	10×30×50	600	15 000～20 000
1 月龄	1.0～1.2	10×30×50	200	7 000～7 500
2 月龄	2～3	10×30×50	150	1 000～1 200
3 月龄	5～8	15×30×50	100	600～700
4 月龄	10～15	15×30×50	50	250～300
5 月龄	20～25	20×30×50	25	150～170
种蜗牛	25～35	20×40×50	20	100～120

（四）饲养土管理

1. 饲养土制备

（1）菜园土：刮去菜园土或作物田土表层 2～3 厘米厚,垂直向下挖取深 15 厘米左右的耕层土壤,取回后倒在塑料薄膜上或水泥地上在太阳下暴晒,然后敲碎,取其细土,逐层装入桶内用沸水泡,并加盖封闷一夜,以杀灭泥土中的蚂蚁、蜈蚣、杂虫卵、病菌和破坏残留农药。然后倒出搓碎过筛,去掉玻璃等杂质,掺入比例为 2∶1 的沙子,以增加疏松度。将处理后的土放到箱、池内备用。

（2）砂壤土：砂粒直径为 0.25～0.05 毫米。砂土松散,黏结力小,透气性好,保水性差。使用时可直接挖取砂壤土,置水泥地上晒干,过筛,捡去粗大砂粒、小石块,即可作饲养土。我国北方地区大都用砂壤土饲养蜗牛。

（3）蚓粪土：饲养蚯蚓已粪化的原饲料（带土）叫蚓粪土。蚓粪土呈黑褐色,颗粒状,无臭味。用作饲养土时,先将湿的蚓粪土进行自然风干或人工干燥,过筛,挑去杂物,装袋备用或即作饲养土。据测定,干蚓粪土中残留营养成分丰富,如牛粪饲料蚓粪含灰分 32％、有机质 37％、粗蛋白质 7.9％、粗脂肪 1.2％、糖类 3.9％、粗纤维19％,且保湿、通气性好。蚓粪土饲养蜗牛,则生长速度快、长势旺盛。经试验,出壳后的幼蜗牛 15 天内不投喂任何青绿饲料,照样能生长、增重。

（4）煤渣灰：将烧透的煤饼（球）灰,敲碎,筛去尖锐物,把它和菜园土以 3∶1 的比例混合,配制成饲养土。这种饲养土含钙 1％、钾1.8％、磷 0.06％、钠 0.27％、镁 3.16％等,既疏松又保温保湿,利于蜗牛生长。

（5）稻草土：先将新鲜稻草放在清水中浸泡（夏季一昼夜,春、秋季两昼夜）,使稻草软化,然后把稻草铡成 2～3 厘米长,进行堆积发酵。发酵关键在于有适宜的水分（即达到用手捏之成团,弹之能散,用力捏时指缝能见水滴渗出但滴不下来为宜）。堆积物周围和上部用干净稻草盖严。一般 1～2 天后堆积物开始升温,当升到 60 ℃时,再慢降温。等降到 40 ℃左右时进行翻堆,把上面和四周的翻到中间,中间的翻到外面,让其均匀发酵。经过两次发酵的稻草变得很软熟,呈棕黄色。然后放在干净处晾干,使其不良气味散发。料和空气中的氧气充分接触,恢复自然状态后备用。取菜园土表层 5 厘米的土晒干捣碎,放在铁锅里炒 30 分钟,以杀死各种寄生虫及其虫卵。最后,将备用的稻草与菜园土按 7∶3 的比例配合,即成稻草饲养土。

2. 饲养土消毒处理

（1）高温处理

① 日光消毒：将配制好的饲养土放在清洁的水泥地上或木板上或铁皮上或塑料薄膜上,薄薄摊一层,暴晒 3～15 天,即可杀死大量病菌孢子、菌丝和害虫卵、害虫、线虫等。

② 蒸汽消毒：有锅蒸消毒和消毒柜消毒两种方法。

锅蒸消毒：把饲养土放入蒸笼内，加热到 60～100 ℃，持续 30～60 分钟。

消毒柜消毒：将一个大汽油桶或箱子等带盖容器改装成蒸汽消毒柜，从其壁上通入管子，与蒸汽炉（暖气锅炉等）接通。然后将饲养土装入柜（桶）内，打开进气管阀门，让蒸汽进入土层间隙（注意不要封盖太严，以防爆炸）。30 分钟后可杀灭大部分细菌、真菌、线虫和昆虫，并使大部分杂草种子丧失活力。

③ 水煮消毒：把饲养土倒入锅内，加水煮开 30～60 分钟，然后滤去水分，晾到温度适中即可。

④ 沸水消毒：将饲养土倒入铁桶内，灌入 100 ℃ 沸水至淹没泥土为止，然后加盖封闷一夜，以杀死泥土中的蚂蚁、蜈蚣、杂虫卵、病菌，破坏残留农药。第二天将桶内泥土倒出，滤水并搓碎、晾干，即可铺放在饲养箱、池内。

⑤ 火烧（炒灼）消毒：将饲养土放入铁锅或铁板上加火灼烧，待土粒变干后再烧 0.5～2 小时，可将土中的病菌、害虫彻底杀灭干净。

（2）药剂处理

① 甲醛（福尔马林）：有 3 种处理方法。

处理 1：每平方米饲养土中均匀洒上 40% 甲醛 400～500 毫升加水 50 倍配成的稀释液，然后堆土，上盖塑料薄膜，密闭 24～48 小时。去掉覆盖物，摊开土，待甲醛气体完全挥发后便可。

处理 2：用 0.5% 甲醛喷洒饲养土，拌匀后堆置，用塑料薄膜密封 5～7 天，再揭去薄膜，令药味挥发。

处理 3：砂石类饲养土可直接用 50～100 倍甲醛液浸泡 2～4 小时，排出药液后再用清水冲洗 2～3 遍。

② 硫黄粉：有 2 种处理方法。

处理 1：每平方米饲养土施入硫黄粉 80～90 克混匀即可。

处理 2：在翻耕后的土地上，按每平方米 25～30 克的剂量撒入，并翻地，可杀死病菌。

③ 石灰粉：用石灰粉进行饲养土消毒，既可杀虫灭菌，又能中和土壤的酸性。有两种处理方法。

处理 1：每平方米饲养土施入石灰粉 90～120 克，并充分拌匀。

处理 2：在翻耕后的土地上，按每平方米 30～40 克的剂量撒入石灰粉消毒。

④ 多菌灵：每平方米饲养土施 50%多菌灵粉 40 克，拌匀后用薄膜覆盖 2～3 天，揭膜后待药味挥发掉即可。

⑤ 代森锌：每平方米饲养土施 65%代森锌粉剂 60 克，拌匀后用塑料薄膜覆盖 2～3 天，揭膜后待药味挥发掉即可。

⑥ 氯化苦：将饲养土或基质一层层堆放，每层 20～30 厘米，每层每平方米均匀洒布氯化苦 50 毫升，最高堆 3～4 层，快速堆好后用塑料薄膜盖好密闭。气温在 20 ℃以上时保持 10 天，15 ℃以上时保持 15 天，然后揭去薄膜，多次翻动，使氯化苦充分散尽即可。

⑦ N-甲基萘及甲胺酸酯混合剂：将 5%的 N-甲基萘及甲胺酸酯、6%蜗牛敌、5%二嗪农、3%马拉松混合液施入饲养土中，拌匀，可杀死土中的蚂蚁、蜈蚣、步行虫、埋葬虫和杀灭霉菌等。

⑧ 辛硫磷：蜗牛饲养地土壤中地下害虫危害严重时，可用 50%辛硫磷 0.1 千克，加饵料 10 千克制成毒饵，撒在饲养地上诱杀。

⑨ 敌百虫：蜗牛饲养地土壤中地下害虫危害严重时，可用 90%敌百虫晶体 0.5 千克，加饵料 50 千克制成毒饵，撒在饲养地上诱杀。

⑩ 其他：如石灰氯、溴甲烷、苯菌灵等也可用作土壤消毒。

注意：进行药剂消毒时要戴上口罩和手套，防止药物吸入口内和接触皮肤，工作后要漱口，并用肥皂认真清洗手和脸。

（3）器械处理

① 微波消毒机：用 30 千瓦高波放射装置和微波放射板组成的微波消毒机，对饲养土消毒。

② 火焰土壤消毒机：该机以汽油作燃料加热土壤，可使土壤温度达到 79～87 ℃，既能杀死各种病原微生物，又能杀死害虫。

3. 饲养土湿度控制

饲养土的湿度应控制在 30%～40%，以手捏不能成团为宜。过干，可喷水来调节，喷水要做到少量多次，不能一次喷足。过湿时会使饲养土结块。也可通过多喂多汁饲料来调节饲养土的湿度。

（1）饲养土湿度测量：饲养土湿度是指饲养土中所含水分占该饲养土的百分比。测量时可取 100 克饲养土，炒干后称重，设干土重量为 a,则饲养土的湿度为(100－a)/100×100％。饲养土湿度还可用土壤湿度计(图 5 - 12)来测量定。土壤湿度计由一个多孔性的陶土管和一个真空表组成,测量时只要在仪器中充满水、密封、插入土中,便可直接测出饲养土的湿度。

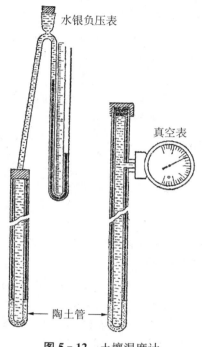

水银负压表

真空表

陶土管

图 5 - 12 土壤湿度计

（2）饲养土干湿度分级：一般饲养土的干湿度分为干、润、潮、湿四级。用手挤压,感觉到饲养土中有水分,颜色比潮湿时浅得多的叫"干";用手握土,感到湿润,但不会残留湿的痕迹称"润";用手挤出水来,但在手上残留"湿"的痕迹叫"潮";用手可挤出水来的称"湿"。实际工作中,可根据经验粗略估算：当饲养土非常干燥时,湿度在 5％以下;如稍感湿润,则为 5％～10％;感觉较湿,手捏成团,则为 40％;手握饲养土有水滴出,并感觉稀软,则湿度大于 40％～50％;手捏饲养土感觉湿润,但不成团、落地即散,则为 20％～30％。一般蜗牛要求饲养土湿度 30%～40%。

4. 饲养土铺放厚度

饲养土铺放厚度要视实际情况灵活掌握。一般成蜗牛 5 厘米，生长蜗牛 3 厘米，幼蜗牛 2 厘米。蜗牛数量多，饲养土可适当增厚些。夏天炎热，饲养土可薄些；冬天寒冷，饲养土应加厚到 10 厘米左右，以利蜗牛钻入土中越冬。

饲养土要保持清洁、疏松。要及时取净饲养土上蜗牛吃剩的残食及粪便，以免长期遗留在土中发生霉烂，导致蜗牛生病。若遇到饲养土结块、积水发臭或有霉味时，需更换新土。更换时，可先调换原土的左面一半，过一个星期再更换剩下的右面一半。当然，一次性更换更好。一般 1～2 个月更换一次新土，如饲养土长期不更换，则细菌、螨类、蚤蝇会大量滋生，危害蜗牛，不利于蜗牛的正常生长，甚至造成大批死亡。

（五）设置防逃设施

1. 高碱土围墙

利用蜗牛对碱性回避的生理反应特点，采用柴灰（其成分是氢氧化钾，氢氧化钾与空气中的二氧化碳发生反应生成碳酸钾，这种反应是可逆的）、砂石、水泥制成高碱性（pH 11.5）三合土围墙来控制蜗牛的外逃（图 5-13）。用这种三合土砌成若干方框，筑成每块 30 平方米的饲养场地，或在饲养场（野地放养）周围挖洞，放置草木灰，将 pH 调节到 11 左右，即能控制蜗牛的外逃。但由于易受雨淋等因素的影响而难以长期维持高碱度，故尚难大面积推广使用。

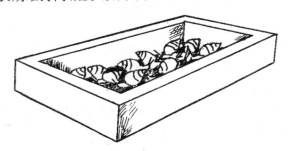

图 5-13　高碱度三合土围墙示意

2. 偶极式电极电栏

用偶极式电极电栏防止蜗牛外逃。方法：将电源一极埋入蜗牛饲养池的泥土中,当作接地;另一极用5厘米宽的薄铁板离地1厘米左右,以饲养池四周为主(图5-14),通过17伏脉冲电或6伏交流电,当蜗牛的触角、头颈和腹足一旦碰触到铁皮便会立即收缩,再不敢贸然越池。在蜗牛放养密度为每平方米300只的情况下,采用此法进行防逃试验两个月,没有发生逃跑现象,而且蜗牛的摄食、生长和繁殖均正常,对人、畜安全,所耗电量极少,可进一步试用推广。

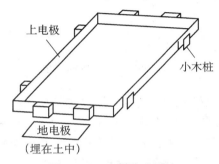

图 5-14 电栏防逃设施

3. 双层偶极式电栏

用双层偶极式电栏防止蜗牛外逃。根据蜗牛对3伏交、直流电或10伏脉冲电刺激有很强烈的反应的特点,在饲养场地外周,沿地面用金属片或裸露导线构筑围栏(图5-15)。导线两端连接6伏交直流电源或15伏脉冲发生器(图5-16)。当蜗牛接触电极时,其触角、头颈和腹足便会立即收缩而退回,不敢越栏而逃。

图 5-15 电网围栏防逃示意

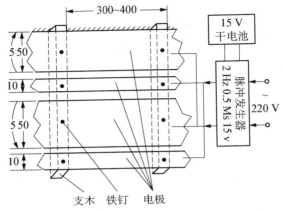

图 5 - 16 双层偶极式电栏线路(单位:厘米)

在一个双层偶极式电栏内,每平方米放养 300 只白玉蜗牛,或 400~500 只亮大蜗牛、散大蜗牛或盖罩大蜗牛,均未发生逃跑。受过电刺激的蜗牛,摄食、生长和繁殖均正常。双层偶极式电栏采用的电压很低,对人、畜均很安全,所耗电量也极少。这种装置设备简单,成本低廉,在蜗牛饲养生产中易于推广应用。

4. 铁丝网围墙

用镀锌的铁丝网做成围墙防止蜗牛外逃。先在距离围墙约 1 米宽处锄尽杂草,种上灌木、向日葵、荨麻等植物,以备蜗牛隐蔽。然后在饲养场地周围用铁丝网做成围墙,网高 58 厘米,网眼孔径 6 毫米,网顶制成"7"字形,使蜗牛爬到顶部由于不便转面而落回养殖场,网底部用废木板钉住埋入土中 10 厘米,即可防止蜗牛逃逸(图 5 - 17)。

5. 塑料纱网围墙

用塑料纱网做成围墙防止蜗牛外逃。在饲养场地四周绕塑料纱网,高度为 60 厘米。塑料纱网用木、竹做柱架起,顶端用钢筋条或 8 号铁丝弯曲成"7"字形的边缘。纵然蜗牛爬行到网上,也因另一边延伸的"7"字形下坠边缘是不固定的软性塑料纱网,摇摇晃晃,致使蜗牛会自然而然地因其重量而跌落下来,不能翻越围网逃走。

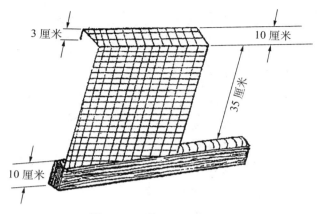

3厘米　　　　　　　　　　　　10厘米

35厘米

10厘米

图 5-17　铁丝网防逃设施

　　同时,在塑料纱网架下开条小水沟,沟内蓄水,使蜗牛望水止步。也可用半割面塑胶排水管或塑料布垫在小水沟上,既可蓄水又可防止水的渗透和流失。虽有防逃水沟,也可能发生意外。因蜗牛具有群集性,你往我追,盲目跟从,偶尔发生前面的蜗牛跌入了水沟中,后面的蜗牛却又爬骑在前面蜗牛背上越过水沟的情况,应予以注意。

　　6."7"字形围墙

　　建"7"字形围墙防止蜗牛外逃。目前法、德、意大利等国的一些蜗牛饲养场大多采用此法。此法是根据蜗牛不善于后退、重心向下、不易爬行运动的特点来设计的。这种围墙总高度为 50 厘米,用网眼孔径 6 毫米以下金属或塑料纱网钉在宽 10 厘米、长随墙而定的木板上,将其固定在墙上,在墙顶上 50 厘米处连续弯成两个直角,形成"7"字形。当蜗牛爬到顶部时,便转弯爬行最后转回场内或掉到场内(图 5-18)。

　　7. 环场水沟

　　在饲养场周围环筑一水沟,水沟宽 20~30 厘米、深 20 厘米,放满水后用来防止蜗牛逃跑(图 5-19)。但此法应慎用,因蜗牛有群居性和连带性,易造成一只蜗牛下水,群体而至,导致溺水而死。

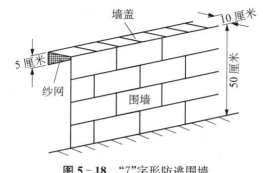

图 5‑18 "7"字形防逃围墙

图 5‑19   环场水沟法示意

（六）蜗牛与蚯蚓混养

为保持池面的清洁,减轻劳动强度,可借助蚯蚓来吞噬蜗牛的粪便和残食。实践证明,蜗牛粪便是蚯蚓的好食物,蜗牛和蚯蚓混养既可减少蜗牛粪便的处理,又可充分利用饲料和空间。因蚯蚓具有惊人的吞噬能力,其消化道可分泌蛋白酶、脂肪酶、纤维素酶、淀粉酶等多种成分,对蜗牛的粪便和残食有较强的分解转化作用。蚯蚓每天可消化 2 倍于自己体重的剩余粪便、残食,进而产生含有大量有益微生物的蚓粪。同时,蚓粪具有较强的吸附功能,能有效消除饲养池内的臭味。又由于蚯蚓在池土中穿行"耕耘",不仅增加了池土的团粒结构,使池土疏松多孔,增加保水能力,而且池土中矿物质元素也会明显增多,pH 趋于中性。因此,在饲养蜗牛的同时混养适度的蚯蚓,只要蚯蚓的密度和蜗牛相同,蜗牛粪便基本可被蚯蚓食尽,而且蜗牛也可摄食一部分蚓粪。实践证明,混养中的蜗牛、蚯蚓生长都很正常,并无相互侵食或为害的现象,尤其是混养中的蚯蚓较单养好(表 5‑22)。但应注意,蜗牛越冬期间不宜与蚯蚓混养,如越冬期间混养,蚯蚓会钻入封口冬眠的蜗牛壳内吞噬蜗牛肉和内脏而致蜗牛死亡。因此,冬季蜗牛饲养箱(池)内的泥土要经过处理,不可带有蚯蚓。

表 5-22　褐云玛瑙螺与蚯蚓混养效果

时间	组别	放养量	收获量	增重	备注
1982/9/1～10/1	混养组	大螺 2 只,未称重; 蚯蚓 40 条,共重 1 克	大螺 2 只,未称重; 蚯蚓 40 条,共重 2.8 克	蚯蚓 1.8 克	太平二号蚯蚓
	对照组	蚯蚓 40 条,共重 1 克	蚯蚓 40 条,共重 1.5 克	蚯蚓 0.5 克	
1982/10/2～11/2	混养组	小螺 8 只,共重 53.5 克; 蚯蚓 10 条,共重 1.3 克	小螺 8 只,共重 90 克; 蚯蚓 10 条,共重 3.8 克	小螺 45.5 克; 蚯蚓 2.5 克	
1983/4/13～5/12	混养组	大螺 24 只,共重 381.9 克; 蚯蚓 12 条,共重 25.3 克	大螺 24 只,共重 916.5 克; 蚯蚓 12 条,共重 36 克	大螺 534.6 克; 蚯蚓 10.7 克	

蜗牛与蚯蚓混养有以下 3 种类型。

(1)室内建池混养

① 建池:可依据室内面积在墙周围建池,若面积大,也可于房中间再建一排池,以充分利用室内地面。建池材料可用砖、石或预制的水泥板。池形可砌成长方形,一般长 1～2 米、宽 0.5～1 米、深 0.3 米左右,可以相接成行,行距 0.5 米。每个饲养池配制一个同样大小的活动塑料纱网盖子(图 5-20)。

② 铺放饲养土:池建好后,即可铺放预先经高温消毒处理的菜园土。饲养土湿度以 30%～40%为宜,铺放厚度 10 厘米左右。

③ 混养:按适量比例将蜗牛与蚯蚓放入池中饲养。放入的蜗牛最好是 2～3 月龄的白玉蜗牛或褐云玛瑙螺或亮大蜗牛,蚯蚓以具有生长快、食谱广、繁殖率强的"太平二号"蚯蚓或"赤子爱胜"等品种为佳。混养比例为(10～15):1,一般每平方米的饲养面积可混养生长

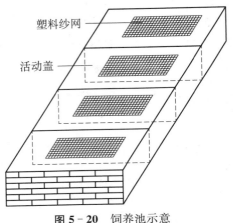

图 5 - 20　饲养池示意

蜗牛 5～7.5 千克,蚯蚓 500～600 条。混养数量过多,蚯蚓饵料不足,到处乱爬,甚至吮吸蜗牛的分泌液,影响蜗牛的活动,有的甚至钻入蜗牛壳内,危及蜗牛生命。混养数量过少,达不到净化环境、减少劳动强度的目的。

④ 日常管理要点

第一,2～3 月龄的蜗牛,其生长速度快,食欲旺盛,日食量为其体重的 5%。因此,每天要投喂足量的青绿饲料和精料配合饲料,保证其生长期的营养需要。每天傍晚要投喂一次饲料。

第二,每天喷洒水 1～2 次,以保持饲养池内稳定的湿度。

第三,饲养室内温度要经常保持在 22～28 ℃。冬季和夏季要做好保温和降温工作。

第四,蜗牛和蚯蚓混养一段时间后,若发现蚯蚓粪便过多,要随时调整比例,可移出一部分蚯蚓,更换一些饲养土。过多的蜗牛应分离养殖或作商品出售。

(2)大棚生态混养

① 土壤选择及大棚制作:选择一块土壤疏松、肥沃、不积水、pH 6.5～7.5 的田块,用毛竹或其他材料制作高 2 米左右、宽 4～5 米、长不限、坐北朝南的弓式大棚。大棚面要求夏季可爬藤蔓植物,冬季可盖塑料薄膜,棚底四周用塑料纱网围成高 35～50 厘米的“7”字形防

逃网。一般的蔬菜大棚均可改进后直接使用。

② 土壤结构调整及植物种植：先将棚内的土壤翻松整平,中间留一条人行道,在其两侧各开一条深 15～20 厘米、宽 50 厘米左右的蚯蚓养殖床,用来投放蚯蚓饲料(如猪粪、牛粪、马粪等),再在上盖一层稻草即可,其余部分土面就用来培植杂草或种植一些苦荬菜、莴苣、地瓜、青菜之类的植物,供蜗牛日常摄食和栖息。春季开始,在大棚外部两边还应种植一些丝瓜、南瓜之类的藤蔓植物,用在夏季高温季节给蜗牛和蚯蚓遮阳,同时所生长的瓜和叶都是蜗牛的优良饲料。

③ 品种选择及混养：蚯蚓应选"太平二号"为最佳,蜗牛一般可用白玉蜗牛,但最好是选用耐寒性较强的亮大蜗牛,可与"太平二号"蚯蚓四季同步生长繁殖。一般每平方米可放养 30 克左右的蜗牛 200只(计 5～6 千克),蚯蚓 1.5～2 千克。据测算,5 千克蜗牛每天排出的粪便约 0.3 千克,再加上蜗牛的饲料残渣,可供 0.5 千克以上的蚯蚓食用(蜗牛与蚯蚓合理混养的重量比为 10：1),因此多余的蚯蚓其饲料应外加给予补充。

④ 日常管理要点：平时应多喷水,保持土表湿度 30% 左右,当气温降到 15 ℃以下,应开始在棚上覆盖塑料薄膜予以保温,促使蜗牛与蚯蚓在冬季能正常生长繁殖。蜗牛的饲料应每晚给予补充,并观察其混养情况,若蜗牛所排粪便有剩余,应停止或减少投放蚯蚓饲料;反之,如蜗牛所排的粪便无剩余,且发现蚯蚓争食蜗牛饲料,应及时补充蚯蚓饲料,过多的蜗牛或蚯蚓均应分离养殖或作商品出售。

（3）立体框架多层次平面布网混养：立体框架多层次平面布网混养,可以达到低能耗、小空间、管理简单、快速高产的目的。

① 品种选择：蜗牛一般可选用白玉蜗牛或亮大蜗牛,以便于蚯蚓四季同步生长繁殖。蚯蚓应选择生长发育快、繁殖率高、适应性广、寿命长、易驯化管理的"北星二号"、"太平二号"。

② 饲养方式：可以利用闲置房屋或塑料大棚饲养。蜗牛采用多层次立体框架,进行多层次平面布网饲养,蚯蚓采用箱式饲养。立体多层次框架长 3 米、宽 1.2 米、高 3 米,从上至下设置 11 层床架,每层相距 20 厘米,最下层距地面 60 厘米。每层用尼龙网牵棚固定成托网式网床。最上面 1～2 层网床的网孔为 1 目以上,使产卵种蜗牛

不能穿过网孔,而中、幼蜗牛则可以从网孔落下。第3～4层网床的网孔为2目,第5～6层网床的网孔为3目,第7～8层网床的网孔为4目,第9～10层网床网孔为6目,最下面一层网床孔为8目。在最上面一层网床一侧做成宽30厘米、高25厘米的产孵床,并放入厚约20厘米的孵化基质。基质用木屑、稻草(切成2厘米长)和菜园土按1∶1∶1混合发酵而成。在每层床架周围抹上石灰浆,防止蜗牛爬离网床。

立体框架底层用木板围成高30厘米的箱体,在箱底装入10厘米厚的菜园土,然后加入腐熟的牛粪或猪粪稻草发酵料,并掺入20%发酵好的木屑,作为蚯蚓的饵料。饵料含水量保持在60%以上。

③ 投种饲养:气温在15℃以上,即可投种饲养。架层最上面一层为种蜗牛层,可按每平方米200只的密度投入白玉蜗牛种蜗牛。蚯蚓则按每平方米2.5千克(约5 000条)投入种蚓。投喂时将青料洗净直接投于1～2层网床即可,这样,种蜗牛吃剩的小碎片会落入下面各层网床成为中、幼蜗牛的饵料,而各层网床的蜗牛产生的粪便及食物残渣则落到蚓床,成为蚯蚓的食物。据测算,5千克成蜗牛(约100只)每天排出的粪便约0.3千克,加上蜗牛的残食,可供0.5千克以上的蚯蚓食用。待自繁幼蜗牛向下跌落而分布在各层网床时,蜗牛的粪便及食物残渣便基本够蚓床的蚯蚓食用了。这样,不仅减轻了投饵和清理粪便的繁琐工作,而且大大提高了饲料的利用率。

④ 分级和采收:蜗牛有大吃小的习性,采取不同网孔的网床饲养,可让蜗牛自动筛选分级,即不同大小的蜗牛会在受惊的情况(如强光、震动)下缩头而翻落下层。当每一级的蜗牛长到上一级的月龄时,则需要人工选择。同时,上面的成蜗牛可全部采收。当床内蚯蚓大部分体重达400～500毫克、每平方米密度达1.5万～2万条时,即可收取大部分成蚓。

(七) 做好蜗牛粪便和残食清扫等保洁工作

1. 清扫蜗牛粪便和残食

蜗牛吃食后1.4～7小时排出粪便。体重32.75克的蜗牛24小时排出的粪便有1.5克。幼蜗牛日食量也大,因而也有较大的排泄量,体重 0.45 克的幼蜗牛日排泄量有 0.09 克。粪便若污染饲料后,蜗牛就不再去吃它。同时,蜗牛摄食后还留下许多吃剩的皮壳残渣,若不及时清扫,就会腐烂发臭,在气温 26 ℃时,则发生粉螨和致病微生物使蜗牛患腹足腐烂病。因此,蜗牛粪便和残食要及时清扫。夏季每天傍晚清扫一次,春、秋季 2~3 天清扫一次,冬季温室饲养 3 天清扫一次。为收集残食、粪便,可在箱或池底铺上塑料薄膜,清理时一起拿出。如果饲养面积大、数量多,可用油漆工刮腻子用的刮刀刮去沾附在箱、池上的粪便和污泥,再将饲养土表层的粪便和残食刮在一起,装入畚箕或其他盛器里倒入垃圾箱中或作肥料,然后用水清洗干净。

2. 保持饲养箱和饲养架卫生

饲养箱内壁和养幼蜗牛的盆壁、盆盖都要用湿布抹干净。箱内若发现死蜗牛应及时剔出;若生壁虱,应用"84"消毒液或过氧乙酸、克害威等消毒。也可将蜗牛捉起清洗,同时将箱内外用开水烫一下或放在日光下暴晒;当室内空气湿度过大而长出蘑菇状菌类时应及时摘除。

3. 保持饲养室地面卫生

每天从箱中清除出的残食、粪便和污染土应及时扫除。室内要坚持每天打扫一次,并严防蚂蚁爬入和其他害虫进入室内。

4. 保持螺体卫生

当蜗牛体表沾有粪便、壁虱等污物和害虫时,应将蜗牛轻拿轻放在竹篮中,然后放入消毒水中清洗一下,时间不要长,一般半分钟左右,最长不超过 1 分钟,否则蜗牛就会排出大量黏液来保护自己,黏液损失越多,越有损蜗牛健康。同时,蜗牛呼吸孔灌水极易堵塞,造成窒息而死。消毒水用 4%食盐水和 4%苏打合剂溶液混合制成;也可在 1 千克水中加一片氯霉素配制。冬季清洗要注意水温保持在 25 ℃。

5. 保持饲养室内安静

一般情况下,饲养室内的噪声控制在 50 分贝,不得超过 60 分贝。因此,饲养室内和周围严禁燃放鞭炮、锉锯、播放高音喇叭、高声喧哗等(这些声音所产生的噪声达 120 分贝以上,即为正常环境的 2

倍以上)。室外大田饲养田应距公路至少 50 米以上,以减弱公路上汽笛、发动机等噪声对蜗牛的干扰。

(八) 防疫消毒

1. 消毒种类

(1) 预防性消毒:是指传染病尚未发生时,结合平时的饲养管理,对可能受病原体污染的饲舍、用具、箱(池)等进行的消毒。预防性消毒包括蜗牛装运箱、饲养场地、饲养场进出口及人员和车辆的消毒等。

(2) 疫源地消毒:是指对当时存在或曾发生过传染病的疫区进行的消毒。其目的是杀灭由传染源排出的病原体,根据实施消毒的时间不同,可分为随时消毒和终末消毒。

① 随时消毒:是指疫源地内有传染源存在时实施的消毒措施。消毒对象是病蜗牛或带菌蜗牛,以及被它们污染的饲养舍、箱(池)、用具和物品等。需要多次反复进行。

② 终末消毒:是指被烈性传染病感染的蜗牛群体已经死亡、淘汰或全部处理后(已消灭了传染源),对饲养场内外环境和用具进行一次全面彻底的大消毒。

2. 消毒方法

(1) 喷雾消毒:即将常用的消毒药配制成一定浓度的溶液,用喷雾器对需要消毒的地方进行喷洒消毒。此法方便易行,大部分化学消毒药都用此法。消毒药的浓度按各种药物的说明书配制,喷雾器的种类很多,一般农用喷雾器适用。

(2) 熏蒸消毒:主要是指利用福尔马林(甲醛)配合高锰酸钾所产生的甲醛气体进行消毒。其优点是药效能散布到各个角落,省工又省力,但要求饲舍密闭,消毒后 1～2 天内仍有较强的刺激气味,不能立即进蜗牛饲养。

(3) 火焰喷射消毒:火焰喷射消毒器(市场上有买)以煤油或柴油为燃料,喷出的火焰具有很高的温度,能立即杀灭细菌、病毒和昆虫。此法适用于金属器具、水泥地面、砖墙、砖池的消毒。优点是方便、快速、高效,但不能消毒木料、塑料等易燃物品。消毒时要有顺序,以免遗漏。

3. 常用消毒剂

饲养蜗牛常用消毒剂使用方法见表5-23。

表5-23　常用消毒剂使用方法

名称	使用浓度	作用范围	使用要点
氢氧化钠	1%～3%热溶液	饲舍、箱（池）用具等	① 对细菌和病毒均有很好的杀灭效果； ② 对皮肤、黏膜有刺激性，消毒1～2小时后用清水冲洗场地、箱（池），方可放养蜗牛； ③ 对金属品有腐蚀性，消毒完毕后用水冲净
石灰乳	10%～20%	饲舍墙壁、地面、箱（池）、沟渠、排泄物	① 有相当强的消毒作用，但不能杀死芽孢； ② 必须用新鲜生石灰配制； ③ 用1%～2%碱水和5%～10%石灰乳混合消毒效果更好； ④ 生石灰1份加水1份制成熟石灰，再用水配成10%～20%混悬液用于消毒
漂白粉（氧化石灰）	0.5%～20%	饲舍、箱（池）、用具、饮水、污水、排泄物	① 有效氧在25%～36%； ② 有效氧易失散，应现用现配，用其澄清液； ③ 5%溶液可杀死一般病原菌，10%～20%溶液可杀死芽孢； ④ 对金属、衣物、纺织品有损坏作用，用时应注意； ⑤ 漂白粉溶液有轻度毒性，用其消毒后应通风
二氧化氯	0.5%～5%	饲舍、箱（池）用具、饲菜、体表等	① 使用安全，消毒除臭作用强； ② 污染用具和饲舍的消毒为0.5%～5%的浓度，饲菜和体表消毒为0.004%浓度
百毒杀	0.03%	饲舍、箱（池）、体表等	① 广谱、无色无味、无刺激和腐蚀性； ② 可蜗牛带体消毒
菌毒灭	稀释500～2 000倍	饲舍、箱（池）、用具、体表等	① 广谱、无毒，对病毒、细菌及支原体等有杀灭作用； ② 喷洒水消毒稀释1 500～2 000倍；环境、用具消毒稀释500～1 000倍，发病时消毒稀释300倍
二氯异氰尿酸钠烟熏剂	每立方米空间用2～3克	饲舍熏蒸	置于饲舍中，关闭门窗，点燃后人立即离开，密闭24小时后通风换气

名称	使用浓度	作用范围	使用要点
甲醛	2%～10%	饲舍墙壁、地面、箱（池）、用具、环境	① 有很强的消毒作用,对细菌、真菌和芽孢等均有效; ② 2%～5%水溶液用于墙壁、地面、箱（池）及用具消毒,1%水溶液可作蜗牛体表消毒; ③ 每立方米空间用福尔马林 30 毫升加高锰酸钾 15 克,密闭熏蒸 12～24 小时后彻底通风
高锰酸钾	0.05%～0.1%	箱（池）、食槽	① 为强氧化剂,消毒效果好,能杀死细菌、真菌、芽孢等,0.1%的溶液能杀死多种细菌的繁殖体,2%～5%的溶液在 24 小时内能杀死芽孢,1%的溶液与 1.1%的盐酸配合,在 30 秒钟内即可杀死芽孢; ② 有刺激性,对蜗牛消毒时,先盛好水,再加入高锰酸钾,然后把蜗牛放入浸洗一下,捞出用清水冲洗; ③ 怕高温,溶解时不可用沸水,否则会迅速分解失效
过氧乙酸（过醋酸）	0.2%～0.5%	饲舍、箱（池）、用具、体表等	① 为强氧化剂,消毒效果好,能杀灭细菌、真菌、芽孢和病毒; ② 有很强的腐蚀性和刺激性,配制时要先盛好水,再加高浓度的药液,消毒完后要用清水冲洗; ③ 0.04%～0.2%溶液用于耐腐蚀小件物品的浸泡消毒;0.3%～0.5%溶液用于蜗牛带体消毒;3%～5%溶液加热熏蒸,每立方米空间用 2～5 毫升,密闭熏蒸 1～2 小时
多氧复合液	稀释 100～200 倍(喷雾)	饲舍、箱（池）、用具、体表等	① 无抗菌性、无毒性、透明强氧化剂,有强氯味。杀菌、消毒、除臭速度快,自然分解不残留。对大肠杆菌、金色葡萄球菌、沙门氏菌、传染性法氏囊类病毒、结核菌、绿脓杆菌、软腐病菌有杀灭作用; ② 稀释 200 倍即可有效杀灭,稀释 100 倍立即杀灭,稀释后 12 小时内用完
消毒防霉剂	稀释 30～50 倍(喷雾)	饲舍、箱（池）、用具、体表等	① 广谱杀菌、杀霉菌剂,作用快而强,能杀灭沙门氏菌、镰刀菌、芽孢等; ② 1:(30～50)倍药液浸泡病蜗牛或喷雾

4．消毒误区

（1）配置浓度想当然：有些饲养场由于缺乏量具,配制消毒药物时往往凭感觉,造成配制的药液浓度不是过高就是过低。如果消毒时不按使用量喷雾或不均匀喷雾,消毒效果就会很差,甚至无效。

(2)购置器械看价钱:有的规模大的饲养场不考虑蜗牛存栏量,在选择消毒器械时只图便宜,用小型喷雾器或农用小型喷雾器进行消毒,往往达不到应有效果。

(3)药物混合太随便:有些饲养场将两种或两种以上的消毒药物混合使用,或者在同一地点同时使用两种或两种以上的消毒药物进行消毒。但这两种或两种以上的消毒药物相互作用后往往会丧失消毒作用。目前,经过试验和监测,两种消毒药物可以混合使用的有福尔马林和高锰酸钾、过氧乙酸和高锰酸钾、火碱和生石灰等。

(4)交替使用不规范:有些饲养场提倡"消毒药物要交替使用"的做法。实际上这种做法存在以下问题:一是截至目前,在世界范围内的消毒技术研究资料中,尚未有关于病原对较长期使用的消毒药物会产生耐药性的证据;二是消毒药物和抗生素的作用机制不同,不应套用抗生素的使用方式;三是如果在交替使用消毒药物时操作不合理,不仅会失去消毒作用,而且可能产生副作用。

(5)过分相信紫外线:有些饲养场在门口设有紫外线照射装置,其实效果并不理想,甚至对人产生副作用(对人的眼结膜和皮肤造成伤害)。主要原因是,紫外线消毒仅为直射,且穿透力很小,只适用于无人的实验室和空蜗牛舍内。

(6)常规药物乱用:有些饲养场在场区或场外道路上铺撒生石灰或漂白粉等消毒药物进行消毒。其实这只是做了表面文章,消毒效果并未达到。其原因是,生石灰(用熟石灰更加错误)并不属于真正的消毒药物,单独使用并不能产生消毒作用。只有将生石灰加水配成 $20\%\sim30\%$ 的乳液才有消毒作用。另外,铺撒生石灰后再喷洒火碱液,杀灭病原的作用会增强。漂白粉虽属含氯消毒剂,但不按比例配制成药液,也同样不会发挥消毒作用。

(7)消毒操作敷衍了事:较多饲养场设置两个面盆,一个为配制好的消毒液,另一个为清水,其程序为先在消毒液中浸手然后在清水中洗手,整个过程为 $1\sim2$ 分钟。其实这样并未达到消毒效果,因为任何速效消毒药物都需经过 10 分钟甚至更长时间才能发挥作用。

（8）消毒池中加草帘：有些饲养场在消毒池中放入草帘等再加消毒液，实际上这种消毒池基本无效。因为目前所有的消毒药物均会受有机物质的影响，而锯末、草帘等均含有大量有机物，加入的消毒药物会与这些有机物发生反应，使消毒药物失效或减效。

（9）消毒药液长期不更换：消毒池中的消毒药液更换间隔过长，会降低消毒作用或者使药物失效。消毒池中消毒液的更换应由以下因素决定。一是消毒药物在稀释后的药效维持时间，如在消毒池中盛装氢氧化钠（火碱）溶液，因为空气中的二氧化碳与氢离子结合生成碳酸，碳酸与氢氧化钠起中和反应不断消耗氢氧化钠而使消毒作用逐渐降低。一般氢氧化钠溶液应每天更换1次才能保持消毒效果。二是根据经过消毒池的车辆、人员的频率更换消毒液。有些饲养场内过往车辆和人员频繁，消毒池的药液已经变混浊或变色仍不更换，其消毒作用已经很小。三是应考虑露天消毒池中的药液在下雨后浓度降低，其消毒作用已经降低或失效。

（九）投喂饲料

1. 投喂数量

投喂饲料要做到足量和多样化，否则蜗牛生长速度显著下降，甚至停止生长，容易染病死亡。据测定，褐云玛瑙螺的日食量最高为每克体重0.064克，最低为0.03克，平均0.05克（表5-24）。另据测定，每生产1千克蜗牛必须用1.7千克完善的饲料来饲喂幼蜗牛和繁殖用蜗牛。

表5-24 褐云玛瑙螺日食量测定

螺体重（克）	摄食量（克）	每克体重日摄食量（克）
7	0.45	0.064
7.5	0.45	0.06
8.5	0.45	0.053
107	5.6	0.052
117	5	0.012
132	4	0.03
140	6.9	0.049

有人用番薯叶进行测试,日温 18.5 ℃的条件下,褐云玛瑙螺的日食量为体重的 4%,其对番薯藤基本上不吃而只吃叶子,因此在投喂饲料时要考虑到不能吃食的部分及水分损耗等情况,实际投喂量要大大高于 4%这个比率。但投喂的数量也不能过多,应以下次投喂时正好吃完为宜,不留剩余。

2. 投喂次数

夏季炎热,一般要每天投喂一次;春、秋季一般隔 1～2 天投喂一次;冬季若不加温饲养,则在冬眠前要投喂足量的饲料。因蜗牛在冬眠期的 5 个月中,体内积累的营养物质消耗很多,为保证其在冬眠状态中能维持生存,故在冬眠前要投喂足量的饲料。同时,蜗牛经长期冬眠后,体内营养基本耗尽。因此,在解眠后也应投喂足量的饲料,以便及时得到恢复,提早生长发育。冬季若加温饲养,可按温度高低自行掌握投喂次数,一般为隔日投喂一次。

3. 投喂时间

饲养蜗牛,白天不必喂食,一般在傍晚 6 时前投喂饲料。

4. 投喂方法

蔬菜、瓜果叶、绿色植物茎叶之类的饲料,可直接投放在饲养土上,任蜗牛摄食。也可将饲料投放在用塑料绳编织成的饲料网上。这种饲料网长 60 厘米、宽 40 厘米(或视饲养池大小而定),网眼空径为 3 厘米,架搁在 5 厘米高的砖头上,蜗牛会自行爬到网上取食。使用饲料网可扩大蜗牛采食面和便利清除吃剩的藤茎残食。

米糠、麦麸、鱼粉之类的饲料,则应放在瓷盆内或食槽内,置于箱(池)中间,让蜗牛自行觅食,不宜撒在饲养土上,以免污染饲养土。

投喂配合饲料,应先将饲料按比例一起放在盆内拌和,然后用温水拌湿,湿度要求 30%左右,即手捏紧成团,丢下能松开。投喂时,把已调制好的饲料盛放在瓷盆(盘)里,置于箱(池)中间,蜗牛会自行觅食的。切忌用铁皮盆盛饲料,因铁皮盆容易生锈,蜗牛食后会中毒死亡。

5. 投喂注意事项

(1)投喂青绿饲料时,每次最好投喂单种饲料,不要同时喂多种混合青绿饲料,不然蜗牛只选择好吃的,不吃差的,造成饲料的浪费。

（2）蜗牛虽然有耐饥的能力，也会吃泥土和沙子，但不定时投喂，将对它的生长十分不利，甚至在缺乏饲料、极度饥饿或严重缺钙的情况下会互相残杀。因此，每天要定时定量投喂，不能使之饥饱无常，影响正常生长。

（3）投喂的饲料必须新鲜、清洁，霉烂变质、喷过农药和有毒的饲料不能投喂。

（十）调节温度和湿度

1. 调节温度

（1）夏季降温措施：在炎热的夏季，当气温超过 35 ℃时，要采取以下降温措施。

① 加强通风。

② 饲养土铺得薄一些，并适当增加饲养土湿度，每天早晚各喷洒一次水。

③ 室外饲养的可在饲养地上种植丝瓜、冬瓜或大棚遮阳。

④ 每隔 2～3 天给蜗牛淋水一次，或把蜗牛放在篮子里入水洗澡，箱或池养的蜗牛这样既可降温，又可洗刷掉螺体上的黏液和污泥，防止黏液因高温腐烂、发臭而致蜗牛感染发病。

（2）冬季保温防冻措施：在严寒的冬季，要及时做好保温防冻工作。

① 当第一次寒潮来临时，应及时将门窗关好，门前挂棉毯帘，窗户用塑料薄膜封闭，防止冷空气进入室内。

② 饲养土要比平时干燥，厚度增加到 20 厘米，并用保温物覆盖。

③ 有条件的可移入防空洞饲养，或用暖房等设施，或点火炉升高温度饲养。温度应控制在 20 ℃以上。

2. 调节湿度

潮湿的环境是养好蜗牛的重要条件。蜗牛生活所需空气相对湿度为 75％～95％，饲养土湿度为 30％～40％。室内空气相对湿度可用干、湿球温度计判断，干球温度与湿球温度一般差 2～2.5 ℃为宜。

空气相对湿度的计算方法：将干球温度计的示度减去湿球温度

计的示度,得出差数,然后转动滚轴,对准其差数,差数与干球示度之垂直交叉处的数值即为空气的相对湿度。例如,干球温度计的示度在 20 ℃,湿球温度计的示度为 18 ℃,则干湿差为 2 ℃,在横行 20 ℃ 与纵行 2 的垂直交叉处的数值时 82,即说明空气相对湿度为 82% (表 5 - 25)。

表 5 - 25 空气相对湿度对照表

温度差(℃) 相对湿度 (%) 干球温度(℃)	干球和湿球所指示之温度差=干球温度－湿球温度												
	1	2	3	4	5	6	7	8	9	10	11	12	13
5	86	72	28	45	31								
8	87	75	63	51	40								
10	88	77	66	55	43								
12	89	78	68	58	48	38							
15	90	80	71	62	53	44							
16	90	80	71	63	54	45	37						
17	90	81	72	63	55	47	39						
18	90	82	73	65	57	49	42	35					
19	91	82	73	65	57	49	42	37					
20	91	82	74	66	58	51	44	38	30				
21	91	83	75	67	60	53	46	39	32				
22	92	84	75	68	61	54	47	40	33	28			
23	92	84	76	68	62	54	48	41	35	29			
24	92	85	77	70	63	56	49	43	37	31	26		
25	92	85	77	70	63	57	50	44	38	32	27		
26	93	85	78	70	64	58	52	45	39	34	29	24	
27	93	86	79	72	65	59	53	47	41	36	31	26	
28	93	86	79	72	65	59	53	48	41	37	32	27	21
29	93	86	79	72	66	60	54	49	42	38	34	28	23
30	93	86	79	73	67	61	55	50	44	39	35	30	25

温度差（℃）	干球和湿球所指示之温度差＝干球温度－湿球温度												
相对湿度（%）	1	2	3	4	5	6	7	8	9	10	11	12	13
干球温度（℃）													
31	93	86	79	73	67	62	55	50	45	40	35	31	26
32	93	86	80	73	68	62	56	51	46	41	36	32	28
33	93	86	80	74	68	63	57	52	47	43	37	33	29
34	93	87	80	74	68	63	58	53	48	43	38	34	30
35	93	87	81	74	69	64	59	54	49	44	39	35	31
36	94	87	81	75	70	64	59	54	50	45	41	37	33
37	94	87	82	76	70	65	60	55	51	46	42	38	34
38	94	88	82	76	71	66	61	56	51	47	43	39	35
39	94	88	82	77	71	66	61	57	52	48	43	39	36
40	94	88	82	77	72	67	62	57	53	48	44	40	36

在饲养过程中,若见螺壳发白,沾附的泥干燥,则是湿度过低;螺壳湿漉漉的,为湿度过高;螺口出现黏液膜,则是缺水所致。若蜗牛群集在池壁上,夜间也不爬下来摄食,则是饲养土太湿或积水所致。

为维持饲养土的湿度,一般每次傍晚喂食时喷洒一次水即可。如饲养土过干,除增加洒水次数或洒水量外,还可通过多喂青绿饲料来加以调节。洒水时,水不能浇在螺壳内,以免积水堵塞呼吸孔,使活动迟缓的蜗牛窒息而死。

饲养土不可过湿,夏天为了降温,每天早晚可各洒水一次,但每次洒水量不能过多,防止饲养土底部积水。若池内积水,淹过螺壳,可使其窒息而死。若投喂的青绿饲料太湿,可用干布吸干或晾干,或撒上所要投喂的干燥精饲料,以减少其水分。箱、池内湿度到达饱和,可打开门窗,增加空气对流,减少空气中的水分。饲养土湿度超过60%,应更换新土。如遇饲养土结块,底部积水,发臭或有霉味时,需要立即更换新土。

饲养土要经常保持清洁、疏松。一般情况下,每隔1~2个月要更换一次。如果长时间不更换饲养土,则细菌、螨类、蚤、蝇会大量孳生,危害蜗牛,甚至造成大批死亡。

五、幼蜗牛、生长蜗牛和成蜗牛的饲养

(一) 幼蜗牛

幼蜗牛从卵壳中孵出后3～7天内仍藏在土内,不吃不动,以后逐渐到土壤表面活动,这时可转入幼蜗牛饲养箱或池中饲养。

幼蜗牛体质娇嫩,适应环境的能力很差,是其一生中最难照料的一个阶段。但幼蜗牛生长快,对饲料和温、湿度要求高。如管理得好,生长迅速,增重可达5～10倍,且死亡率低;反之,生长缓慢,个体小,死亡率高。根据幼蜗牛的生长特点,饲养时应做好以下工作。

1. 投喂饲料

幼蜗牛消化功能弱、摄食能力差,投喂的饲料要求嫩、细、多汁、易消化、营养价值高。刚出卵壳的幼蜗牛不需喂食,靠吃新鲜饲土和卵壳,3天后投喂鲜嫩多汁的青菜叶片等,食量不大,须少喂。100只幼蜗牛投喂1～2张丝瓜叶即可。7天后至30天宜以投喂鲜嫩的青绿饲料为主,如苦荬菜、莴苣叶、丝瓜叶等,辅以一些精饲料,如玉米粉、米糠粉、黄豆粉、奶粉、鱼粉、多种维生素及钙粉、贝壳粉等。精饲料要均匀撒在菜叶上,每天投喂1～2次。投喂量可根据其食欲情况掌握,一般投喂量随螺体的增重而增加(表5-26)。若投喂的精饲料全部吃光、青绿饲料只剩叶脉,说明这是最理想的投喂量。

表5-26　白玉蜗牛幼蜗牛生长速度

日期 (月/日)	螺层	平均壳高(毫米)	平均壳口宽(毫米)	平均体重(毫克)
06/08	2.5	4.8	3.54	46
06/18	3	7.97	5.31	115.25
06/28	3	11.14	7.35	298.1
07/08	4	13.42	8.1	456.95

2. 铺放与更换饲养土

幼蜗牛常钻入饲养土中栖息,故饲养箱(池)中必须铺放饲养土,一般铺放 2 厘米厚即可。饲养土湿度以 40% 为宜。幼蜗牛饲养密度大时,饲养土很容易被污染,故间隔一段时间必须更换饲养土,具体多长时间更换应视情况而定,一般在幼蜗牛饲养期 1 个月内更换 2~4 次。

3. 控制温度

幼蜗牛对温度的要求比较高,出壳后 15 天之内,要求温度控制在 27~30 ℃,且温度要均衡,昼夜温差不超过 5 ℃为好。幼蜗牛期内的温度最低应在 22 ℃以上,最好保持在 25~30 ℃。

4. 控制湿度

幼蜗牛要求较高的湿度,饲养土湿度要求保持在 40% 左右,空气相对湿度保持在 75%~90%。应注意湿度应随气温变化而变化,当气温稍高时,湿度随之增加;气温稍低时,湿度也要随之降低,高温低湿和低温高湿都会危及幼蜗牛的生存。一般每次傍晚投喂饲料时喷洒一次水即可,喷洒水要细而均匀,并朝池壁上喷,尽量不要直接喷洒于幼蜗牛和饲养土上。冬季喷洒水的水温要与室温相近,差异过大,会对幼蜗牛产生不良影响。

5. 放养密度

一般每平方米放养幼蜗牛 2 000~3 000 只,最高不能超过 4 000 只。由于幼蜗牛不断生长,螺体逐渐增大,故应不断调整放养密度,将蜗牛群中个体大的幼蜗牛转移到新的箱(池)中饲养。

6. 淘汰

饲养过程中,由于饲养不善及幼蜗牛体质的差异,常出现幼蜗牛生长发育不平衡的状况。多数幼蜗牛生长发育正常、健壮、生长速度快,而少数幼蜗牛发育不正常、生长缓慢、个体极小、畸形,在 1 个月的饲养期中,其个体大小相差 1 倍以上或更大。这些生长不正常的幼蜗牛在以后的饲养中也很难改变其生长滞后的状况,即使到成蜗牛期体重也达不到商品蜗牛的重量标准(30~45 克)。因此,要不断地将这些生长不良的幼蜗牛剔出淘汰。

7. 防疫

近几年来,全国各地频繁出现白玉蜗牛幼蜗牛刚孵化出壳 1~4

天内就整箱整箱体色发红死去的现象,损失惨重。其原因是带病种蜗牛把病菌感染给产下的卵,卵孵化出幼蜗牛也即被感染。此病为沙门菌综合征,用硫酸新霉素药物喷雾防治。同时,在孵化前将孵化箱、用具和孵化土用菌毒灭喷雾消毒一遍,以杀灭物体上的沙门菌等。

(二)生长蜗牛

生长蜗牛是指2～4月龄的蜗牛,此阶段的蜗牛对气候变化的适应性以及对疾病的抵抗能力较幼蜗牛强,耐粗饲,活动量大,日食量大,生长发育快,一般体重可由4～5克增长到35～40克,有的性腺开始成熟,即将进入成蜗牛期。

1. 投喂饲料

生长蜗牛期的蜗牛生长发育快,食欲旺盛,对饲料的需要量比较大。其日食量为其体重的10%。除了投喂新鲜的青绿饲菜和瓜果皮、叶外,还需投喂适量的玉米、米糠、鱼粉、贝壳粉等精料配合饲料及多种维生素和微量元素饲料,以促进其生长发育和增加贝壳的钙质成分(表5-27)。一般每天傍晚投喂10%的青绿饲料和10%的精料配合饲料和辅助饲料,才能保证其对营养的需要。

表5-27 褐云玛瑙螺生长速度和摄食量测定

龄期	螺层	平均螺壳高 (毫米)	平均螺壳宽 (毫米)	摄食量 (克)
幼蜗牛	2.5	4.8	3.5	0.046
1月龄	4	20	14	1.5
2月龄	4.5	30	20	3
3月龄	5	40	24	8
4月龄	5	45	27	20
5月龄	5.5	57	30	30
6月龄	6	64	37	42
7月龄	7	75	40	50

2. 铺放与更换饲养土

生长蜗牛的饲养土厚度根据螺龄和螺体重量变化而变化。一般饲养 2～3 月龄蜗牛铺放饲养土厚度 2.5～3 厘米;4～5 月龄饲养土厚度 4～5 厘米。在饲养中需要更换饲养土,应视饲养土污染情况而定。一般 2～3 月龄蜗牛,更换饲养土 1～2 次,4～5 月龄更换 1～2 次。

3. 控制温度

生长蜗牛期的温度要求保持在 22～28 ℃。在 25～28 ℃ 条件下,生长蜗牛活动频繁,摄食凶猛,壳、肉生长并重;若温度超过 36 ℃时,则摄食量下降,按常规投喂的饲料吃剩 30% 左右;温度超过 36 ℃时,则不再活动、摄食,处于休眠状态。因此,在饲养过程中,要随时注意温度的变化,抓住适温季节,达到稳产高产的目的。

4. 控制湿度

生长蜗牛期,空气相对湿度最好控制在 85%～95%,不能低于75%。饲养土湿度保持在 35%～40%,不能低于 30%;若低于 30%,蜗牛则钻入饲养土中蜷缩不动;饲养土湿度低于 20% 时,蜗牛则分泌黏液封住螺口而休眠。因此,饲养期间要随时观察蜗牛的活动情况,如发现异常,应及时处理。

5. 放养密度

随着螺体的增大,饲养密度应随之调整,否则生长就会受阻。一般每平方米放养量为:2 月龄 1 000～2 000 只,3 月龄 600～800 只,4月龄 400～500 只,5 月龄 200～250 只。

在良好的饲养管理条件下,生长蜗牛经过 3.5～4 个月的饲养,体重可达到 35～40 克,这时部分蜗牛可作为商品蜗牛采收上市或加工处理。体重未达到商品蜗牛标准的继续饲养。

(三) 成蜗牛

成蜗牛是指体重从 35～40 克到 50 克左右的蜗牛。此阶段饲养时间短,仅 1～1.5 个月。主要是促进加快生长,缩短育肥时间,尽快达到商品蜗牛上市标准。

1. 投喂饲料

投喂的饲料要求粗蛋白质达到 17%～18%。可采用投喂全价配合精饲料,适量投喂青饲料,并增大投喂量,使所有成蜗牛能吃上同等量的饲料,从而提高群体的均匀度。后期适当添加食糖,有利于催肥,并增加多种维生素的添加剂,提高抗逆能力,以达到成蜗牛肉质肥满、鲜嫩、贝壳完整、色泽鲜艳、质量好的目的。

2. 铺放与更换饲养土

成蜗牛期要求饲养土具有较好的疏松度,湿度为40%。饲养土铺垫厚度为5厘米,饲养期间更换饲养土1～2次。

3. 控制温度

成蜗牛生长所需最适宜温度为25～28 ℃。只有温度适宜,蜗牛活动频繁、摄食量增大,方能使其多吃快长、增加体重、缩短育肥期。但应注意温度不能忽高忽低。

4. 控制湿度

成蜗牛生长期要求空气相对湿度85%～95%,饲养土湿度40%左右。湿度过干、过湿都会影响成蜗牛的活动量、摄食量及螺体含水量。因此,要随时用喷水、通风和换土的方式来调节湿度。

5. 放养密度

成蜗牛不喜欢在饲养土上栖息,而喜集群爬到箱(池)壁顶上栖息,夜间又爬下来集群摄食。由于成蜗牛个体大,故放养密度以每平方米放养100只为宜,不宜过多。

六、蜗牛的冬季管理

(一)越冬前的准备

做好越冬前的准备工作是获得蜗牛越冬成功的基本环节。在越冬前必须作周密的考虑,根据蜗牛的数量,确定越冬饲养室的大小和设施等,并指定专人负责越冬管理工作。

1. 越冬饲养室大小

不论采取何种越冬方法,建造饲养室的工作必须在越冬前完成,以保证蜗牛适时进入越冬室。其大小应根据越冬蜗牛数量、加温条件和热水源供应充足与否而定。如果越冬的蜗牛数量大,又有良好的加温条件,则饲养室可大些;反之,则应小些。一般家庭越冬饲养室以 3～10 平方米为宜,这样管理方便,也易于控制温度。

2. 越冬设备

在昼夜温差太大的地区,尤其秋末冬初或初春气候易变的季节,都应及时采取保温防冻措施。在北方可利用温室、菜窖或防空洞,也可在室内建土坑,增设火炉、暖气等加温。有的地方可采用太阳能装置加温或用地热水加温。如果不具备这些越冬场所的地方,可在入冬前停止喷水,使饲养场地干燥,让蜗牛自行潜入土中休眠,但室温不得低于 10 ℃。休眠状态的蜗牛至少可以维持近半年时间不会死亡。不过在蜗牛休眠之前应加强营养,促进催肥,以便顺利度过越冬阶段。

(二) 越冬时间与密度

1. 越冬时间

蜗牛对低温很敏感,必须正确掌握越冬时间,以保证蜗牛适时进入温室。若越冬时间过早,气温尚高,不但增加越冬时间,而且浪费人力、物力;越冬时间较晚,气温低,蜗牛易冻死。越冬时间因各地的气候不同而异,一般气温不能低于 15 ℃。要在第一次寒潮来临之前进入越冬室为宜。从我国气候条件来看,长江以南一般在 10 月中下旬室温逐渐降到 18 ℃以下,长江以北在 10 月上旬寒季已到,室温降到 15 ℃以下,这时应将蜗牛移入加温饲养室。

2. 越冬密度

蜗牛的越冬密度要根据越冬饲养室的大小和蜗牛规格来决定。一般每平方米可养幼蜗牛 20 000 只,成蜗牛 150 只。在放养时,大小规格的蜗牛必须分档放养,以免因混养而造成大蜗牛抢食和吃掉小蜗牛等。

(三) 越冬保温方法

蜗牛的越冬方法较多,只要饲养室温度控制在 22 ℃～30 ℃,空气相对湿度保持 70%～80%,供给充足的饲料,是完全可以安全越冬的,并且还能促进它在冬季里生长、繁殖。以下介绍几种蜗牛越冬保温方法。

1. 木屑炉加温越冬法

在饲养室内安装一个预先利用旧铁皮圆桶或铁皮制成的直径35～40厘米、高55～60厘米的圆桶，桶底开一个直径2.5厘米的进风孔；桶口加铁皮盖，要密封，无烟漏出；桶口下2厘米处开一个直径5～6厘米的烟洞，然后在烟洞上接一根直径6～7厘米铁皮制成的弯曲排烟道管，烟道管要长，最好沿饲养室内绕一圈后通往室外，以充分利用炉体和烟道管散热。加温时，把桶盖掀开，对正桶底通风孔竖一根比通风孔稍大的圆木棍或铁管，然后将木屑放入桶内压紧（木屑高度不能超过烟道口）再轻轻将木棍拔掉，形成风道；用一张纸卷成圆形点着火放入风道最低处，待木屑燃着后将桶盖盖好，让其慢慢燃烧。此法可保持温度25～30℃。这种木屑炉装木屑3.5千克，可燃烧8～12小时。

2. 暖炕越冬法

用砖砌成长1米、宽1.5米、高1米的暖炕，然后在炕内从地面上用砖侧砌一个长30厘米、宽20厘米、高60厘米的密封炉胆，胆膛顶端开排烟道至室外，胆膛的东端开口及底口径30厘米、顶口径20厘米、长40厘米的进柴道。炉胆的底部离地面20厘米处设置炉筛，以利柴灰落下，并连以高20厘米、宽10厘米、长40厘米的进风道。炕的另一侧为炕暖房，炕壁开扇小门，利于管理。主要通过炉胆散发出的热量保持房内温度。加温时，将木柴或木刨屑等塞进炉胆内，点火燃烧15分钟即可使炕房昼夜保持在20℃左右。此法可饲养成蜗牛500只，越冬率100%。

3. 坑灶式升温越冬法

用煤、木柴或作物秸秆作燃料，于饲养室的一端适当位置挖坑建灶，灶建在室内，灶门开向室外，烧水时由室外灶门加燃料。灶上安放一口大锅，锅内放大半锅水，烧至一定温度时，热水挥发的蒸汽即可增温加湿。锅的边缘要糊严密，以免漏烟。灶侧（对着灶门）建一个排烟管道（用铁管或砖、瓦砌均可）通往室外，一是可将烟引出室外，二是热量通过管壁散发于室内，提高室温。此法设备简易、投资少、效果好，最适于城乡广大群众小规模饲养蜗牛，是目前蜗牛越冬的主要方法。

4. 蒸汽升温越冬法

于饲养室内安装若干通气管道,锅炉建于饲养室外,蒸汽通过管道散热于室内升温,或采用北方冬季室内的暖气设备升温。根据饲养房的大小、锅炉产蒸汽的多少,请有关技术人员设计安装即可。此法适用于集约化大规模饲养场。

5. 玻璃暖房越冬法

选择背风向阳、地势偏高些的地方,用砖砌成北高南低的单坡玻璃房,房顶不宜太高,北面墙高出地面2米,南面房顶接近地面。在墙壁两侧和顶部开设一个气洞,洞的外口用砖灵活开关,以便调节气体和散热。房顶玻璃棚上用塑料薄膜密封,再覆盖一层稻草帘。越冬期间,晴天早上8时掀开草帘,利用日照来保暖,傍晚再盖上,遇阴雨天就不掀开。同时,还要用煤炉或木屑炉加热,使暖房内温度保持在20~25℃,空气相对湿度60%。此法蜗牛越冬率达90%以上。

6. 地龙保温越冬法

在大型饲养室山墙上凿一个25厘米见方小孔,砌上煤炉灶,然后从孔口分支砌两条高30厘米、宽24厘米、长度与饲养室横向相等同的两条砖料地龙。若是新建饲养室,这两条地龙应呈扁形,并隐蔽在放养架的地面以下。在山墙的另端,两条地龙交汇成一条出口,有烟囱排出废气。只要昼夜煤火不熄,室内温度可保持在25~30℃。在靠近炉灶的水龙头上放湿麻袋、碎布等,以调节室内空气湿度,并降低地龙口处的高温。此法适应1 000只以上种蜗牛保温。

7. 燃池保温越冬法

在饲养室或塑料大棚内的中央部位挖一个长2.5米、宽1.5米、深1.7米的长方形土坑,四壁要平坦、垂直,可不用水泥涂抹,利用自然土墙即可。在坑的一角3/4部位留有一个直径为15厘米左右的圆形直筒通向室外或棚外作进风道(进风道可采用废弃的坚固瓷管或铁管等)。池子建好后可填充农副产品下脚料,如麦秸、稻谷糠、玉米秆、树叶、烂木头等,每填50厘米厚的燃料时要尽量用脚踩实一次,以延长燃烧时间。可燃物较干时,每填一层燃料还要洒一些水,以潮湿能慢燃为度。池子填满后要用尺寸相等的水泥板或石板盖严,以防从缝隙处向外蹿火或冒烟。在池子的进风道对称一角的封盖上还要留一个直径 10 厘米左右的出烟口通向室外或棚外。池口与室或棚之间,也可采用坚固耐烧的瓷管或铁管之类的筒状物连接。整个燃池建好后一定要仔细检查,看是否有冒烟的地方,然后便可点燃。可用提前燃着的煤球或木柴从池子的进风口或出烟口放进去,燃池燃着后有漏烟的地方要及时补救,室内或棚内的温度高时可关闭进风口,温度低时可打开进风口。一般一个长 2.5 米、宽 1.5 米、深 1.7 米的燃池,可供暖一个长 8.5 米、宽 7.5 米、高 2 米左右的饲养室或饲养棚,可养蜗牛 14 万只以上。可随意将室内或棚内温度调到 20～35 ℃,一般管理得好,每个燃池 1 个月填料 1 次即可。燃池的大小也可根据养殖室内或棚内的面积大小而定,一般饲养室或棚的面积是燃池的 15～20 倍。

8. 尼沃智能供暖系统保温越冬法

尼沃智能供暖系统由尼沃带和温控器组成。尼沃带是一种半导体低温电热元件,密封在超薄高分子材料内,以生产特定波长峰值,进行大面积低温辐射供暖的高科技产品。使用时只需将其插入 220 伏交流电源,即可取暖,方便、清洁、无噪声。可编程的温度调节器,可以使系统做到独立区域温度的控制,可根据实际需要设定温度。

另外,尼沃智能供暖系统的安装非常方便,由于此系统是辐射供暖,不需要空气作为交换介质,所以柔软、超薄的尼沃带可与室内建筑完美地结合起来,安装在天棚、墙壁、地板下面,不会占用室内任何有价值的空间。

尼沃智能供暖系统是一种高效、节能供暖系统,一间 10 平方米的饲养室,一天只耗电 4～6 千瓦时。另外,由于尼沃的热传递方式是辐射,饲养时无需强迫对流,决定了它的保温储热性好。在 18 ℃条件下,供暖系统停止运行 48 小时后,温度只下降 2 ℃左右。另外,尼沃带的使用寿命长达 30 年,且投入使用后不需特殊的保养及维修,其折旧费和物业管理费大大低于热水锅炉管线供暖系统,是冬季饲养蜗牛的一种新型的加温方式。

9. 太阳能超导取暖越冬法

太阳能超导取暖系统是以取之不尽、用之不竭的太阳能为热源,以真空超导暖气片或真空超导冷暖空调为散热体,向需要供暖的空间释放热能。其工作方式是利用太阳能集热管把水加热后进入储存水箱换热储存,再通过真空超导散热片供热。能快速、高效传递热量,3分钟暖气片温度可升至80℃,节能50%以上。真空超导暖气片无水运行,节水98%以上,且无传统水暖的"跑、冒、滴、漏"现象;使用寿命长,正常使用50年,终身免维护;生产工艺简单,普通电氧焊工即可加工生产;安装便捷,结构简单,无需专业人员即可安装施工,可充分利用现有太阳能和供暖设施改装。

10. 多功能柴煤采暖越冬法

美农牌多功能柴煤采暖炉既能烧农作物秸秆等各类柴草,且不用加工粉碎,又能单独烧煤炭或柴煤混合作燃料;既能一年四季用于烧饭,又能在冬季通炕、取暖,且水套拆装方便;单取暖面积100平方米,能带50片铸铁暖气片;操作简便、做饭快捷、无烟无味、干净卫生;经过对比测算,比普通柴灶省柴50%以上,比一般采暖炉省煤60%以上。

11. 工厂余热越冬法

利用发电厂或其他工厂排出的冷却水或废蒸汽作为热源供蜗牛越冬。从工厂冷却水或废蒸汽排出管上接一个总支管通进蜗牛饲养室内,总支管两旁又各引出热水支管,沿饲养池四周设置,管道的进出水均用阀门控制,热水支管末端开口。废蒸汽经过散热冷却后,经出水管和排水道排出室外。此法可保持室温20℃以上,蜗牛越冬成活率达100%,并可繁殖后代。

12. 埋土保种越冬法

埋土保种越冬,就是利用自然低温使其安全越冬。实践证明,此法省工省料,方法简便易行,成活率一般在80%以上,值得推广。其方法:把封口完好的冬眠蜗牛摊放在篮、筐内,放在室内通风处晾2~3天,以减少螺体水分,然后一层池土(湿度10%左右)一层冬眠蜗牛,壳口朝下,层层放入,高度可占木箱的1/2~2/3。然后把木箱放入1~1.5米深的泥土中,插上通气管,箱内温度可保持在12~15℃。

如果1米以下有渗水的地方,木箱四周要开好排水沟,不要使水渗入木箱。埋土保种一定要在气温12℃以上时完成。

此外,还可利用电炉、电暖气、空调等电热源升温越冬。

(四) 越冬期管理要点

蜗牛越冬期较长,一般从 11 月 20 日开始越冬至翌年 4 月 5 日前后,需 5 个月时间。在整个越冬期间,蜗牛能否安全过冬,与日常饲养管理的好坏有很大的关系。若饲养管理工作略有疏忽,将可能导致越冬蜗牛全部死亡。因此越冬期间的饲养管理工作很重要,必须认真负责,做好严格控制温度、湿度、调节空气、合理投饵等工作。

1. 控制温度

饲养室温度必须昼夜控制在 22～30 ℃,在此温度下,蜗牛表现最为活跃,且继续生长、繁殖后代(表 5-28)。加温期中昼夜温差不得超过 5 ℃,温度要求稳定,不能忽高忽低,更不能中途停火(断热源)。

表 5-28　白玉蜗牛冬季生长记录

日期 (月/日)	生长记录		
	壳高(毫米)	壳宽(毫米)	重(克)
10/19			0.4
10/26			0.9
11/09	19	12.5	1.9
11/23	25	16	3.1
12/07	28	17	5
12/21	31	20	5.6
01/01	35.5	22	7.5
01/24	36	22	8.5
02/28	54	29.1	19.3
04/23	76	38	47.5

利用电热加温越冬的,可用继电器自动调节来控制温度,或待升高一定温度后,将电源开关关上,采用间断加温法来保持一定温度。若用炉灶人工加温或日照自然加温,必须使室内温度保持在 20 ℃左右,如果低于 10 ℃,时间超过 60 天,蜗牛就会冻死。利用工厂余热越冬的,可根据冷却的流量大小来控制温度。此外,用玻璃暖房越冬

的,晴天可将棚上的草帘掀开,利用太阳能增温,晚上或雨天盖好,防止降温。遇到寒流,气温降低时,应及时加温。

另外,冬季饲养室内加温后,一般来说,上层温度高些,下层温度低些,近炉子热些,远炉子冷些,一般有 3~5 ℃的温差。因此,在饲养室内蜗牛箱子放置的层次要恰当。蜗牛卵孵化要求温度 28 ℃左右。可把孵化箱放在较上层或近炉子旁;成蜗牛在适宜温度下易交配产卵,可把饲养箱放在中层;1~4 龄蜗牛生长期较长,可放在下层。同时,也要做到每隔一段时间要上下左右调换一下位置,以利促进蜗牛生长发育均衡。

2. 控制湿度

采用人工加温后,饲养室内的空气湿度和饲养箱、池内的饲养土容易干燥,若 2~3 天不洒水,蜗牛则分泌膜厣,蛰伏不动。加温后,由于室内的温度不均衡,导致水分蒸发也不均衡,使室内的湿度不一致。因此,必须做好保湿工作。要注意观察,如在不同部位放置干湿球温度计,使测定更为准确、方便。对湿度小的地方,应喷水调节,使室内各部位的空气相对湿度都能达到 80%~90%。为增加室内空气湿度,每天在地面上喷洒水一次,同时至少对蜗牛洒水一次,以保持饲养土湿润。但洒水时,要注意不能直接用冷水喷洒,而应用相等室温的温水进行喷洒,同时为提高室内湿度,也可采用煤球炉或木屑炉上烧水的方法来进行。

3. 调节空气

冬季蜗牛饲养温室面积小,放养密度较高,加之加温产生二氧化碳和残食、粪便易腐败分解,易使室内空气恶化。如不注意空气的调节,可致使成蜗牛整个冬天不但生长速度显著下降,而且很少产卵,甚至不产卵。也容易使刚孵化出的幼蜗牛因缺氧而大量死亡。因此,在越冬期间,室内要经常通风换气,以保证室内有充足的氧气。喂食时,要将箱、池内的残食和粪便清除干净。此外,室内最好安装一台电离式空气清新器换气扇,每天投料时开启 5~10 分钟,使室内空气经常保持清鲜,以解决蜗牛在温室条件下对氧的需要。

4. 控制排烟

排烟管道要畅通,绝对不能漏烟于室内。否则,煤烟冲到室内,人与蜗牛都会引起一氧化碳中毒,重者会导致蜗牛大批死亡,甚至全部死光。这样的教训,已在个别饲养户中发生过,饲养者千万要重视。

5. 合理投料

蜗牛在越冬期间要消耗大量能量,因而要适当投喂一些精饲料,且以富含营养又不易腐败的精料为主,如米糠、麸皮、鱼肝油乳剂、鱼粉、贝壳粉或干酵母粉,搭喂一些鲜嫩菜叶。投喂量应根据越冬的温度和蜗牛的摄食情况灵活掌握,不宜过多,可以隔日喂一次。喂食时要注意清洁,最好把饲料放在食槽或瓷盆内或塑料板上,不要满地泼撒,以免部分饲料留在饲养土中发生霉烂。

6. 观察蜗牛活动

越冬饲养中应经常观察蜗牛的活动情况,如发现蜗牛生活有不正常现象或有病或有天敌侵袭等,要及时采取措施。

七、蜗牛大田围网饲养技术

随着蜗牛需求量日益增加,传统的室内分散饲养,已适应不了产业化要求,实施大田围网蜗牛生态规模化饲养,已成当务之急。

(一)大田围网饲养特点

1. 生长快

在同等条件下,大田围网饲养的蜗牛比室内饲养的生长速度快1倍左右。一般在饲料充足的条件下,5克以上的蜗牛放养50天就能达到35克。

2. 管理方便

以一个劳力计,室内只能饲养1.5万~2万只商品蜗牛,而在大田围网饲养可管理2 000~3 334平方米(3~5亩)地的蜗牛(约10多万只),是室内饲养的好几倍。

3. 成本低

只需做好防逃设施及遮阳设备即可饲养,其设备成本是室内的1/4左右。

4. 疾病少

大田围网饲养能有效防止发生室内蜗牛常见病,如缩壳病、僵螺病、脱壳病等的发生。

5. 效益高

每 667 平方米土地,5 月上旬至 10 月上旬可放养幼蜗牛 2 批,每批可放养 2 万只,共约 4 万只,可收获商品蜗牛 3～4 吨。

(二) 放养前的准备

1. 培育种苗

一般 5～10 月采用大田饲养,11 月至翌年 4 月在室内加温保种。具体做法:10 月底根据翌年生产计划留足种蜗牛,在室内进行加温饲养,到次年 3 月中下旬开始产卵培育种苗,到 4 月底 5 月初开始分批投放到大田饲养点。

2. 选择场地

选择背风、土质肥沃、疏松、排水方便的田地,也可选择土壤稍差的地块或砂土。若饲养面积大,分小块围起,以 333 平方米(0.5 亩)一块为宜。蜗牛在夜间喜欢逆风爬行,如面积过大而不分格,则蜗牛会爬到一起,造成密度过大,相互拥挤。

3. 整地施肥

施足底肥,每 667 平方米施有机肥 3 000～5 000 千克,将地深翻 20～25 厘米,整平耕细。做长 10 米、宽 2 米、高 15 厘米的畦田。开好垄沟,便于排灌水。

4. 开好排水沟

要开好垄沟和饲养地四周进水沟,沟沟相通。要求沟宽 25 厘米,垄沟深 20 厘米,四周进出水沟深 30 厘米。以做到雨后不积水,遇暴雨能很快排水,天气干燥时可灌"跑马"水。

5. 扎好防逃网

防逃网可用 1.5 米宽的塑料纱网代替。在饲养田周围打上木桩作支撑架,用铁丝、纱网围成一道高 100 厘米的防逃网,网底部掩埋 20 厘米,上部弯成"7"字形,并在网脚开条小水沟,使蜗牛望水而止。也可用 40～50 厘米高的尼龙网布,上端 5 厘米以下编上 2 根导线,可用铜线或 18 号铁丝,2 根相距 3 厘米左右,不能相碰,围好网布连结起来,原导线与原导线连接,抽出 2 根头接通充电器。输出线头,输出电压在 6～8 伏直流电,用 6～8 伏电瓶充电器即可,充电器烧坏一般不会导致漏电,为安全起见,选用烧坏不会漏电的充电器。输入电后蜗牛爬上网碰到第二根导线就立即缩回来,不会爬出,防逃效果很好。停电可用电瓶输入。在饲养田周围用生石灰粉撒一条 10 厘米的阻隔带,也有较好的防逃效果,但石灰遭雨水淋洗后要及时补撒。

6. 做好遮阳躲藏物体

在饲养田中放些杂树枝,上面盖上稻草或麦秆、杂干草等,便于蜗牛钻入休息。也可用竹竿搭建宽 50 厘米、高 30 厘米、长 5 米的长条形遮阳架,架上铺盖一层稻草,架底下土要翻松,放少许稻草或杂干草,白天蜗牛便钻入架下休息或产卵,或在饲养场田四周种上玉米或向日葵之类的高秆作物,或种植搭棚的南瓜、冬瓜、丝瓜等。

7. 种植饲菜

在饲养田内种植生长时间长、叶片多、长势旺盛的饲菜,如苦荬菜、菊苣、蒲公英、大白菜、莴苣、胡萝卜、红薯等,让蜗牛自行采食。

8. 撒放石灰

对于大田中饲养的蜗牛一般使用熟石灰(碳酸钙)来给予补充钙质。具体做法:将新鲜的石灰提前一次性撒放在蜗牛田里,待完全反应后成熟石灰放入。如放入蜗牛后再撒放较新鲜陈石灰比较困难,因为蜗牛的腹足经不起石灰刺激。但蜗牛能吃石灰,每 667 平方米饲养田石灰用量为 500 千克以上,石灰可采用条放式或堆放式,条放相距 1 米左右一条,堆放相距 50 厘米放一堆,石灰必须采用熟陈石灰,若石灰还带有很强的气味,隔一星期后再放入蜗牛,或用杂草盖好石灰,可提前 2 天放入蜗牛。在田里增加石灰时,石灰必须很陈,中午投放较安全。也可以在饲料中添加石灰。

(三)饲养管理要点

1. 放养时间和数量

大田放养的时间一般在 5 月上旬至 10 月上旬,也就是说外界气温在 15 ℃以上,当苦荬菜等饲菜生长至 20 厘米高时,摘去菜心使叶片长大,以利于蜗牛遮阳。此时应开始放蜗牛种苗。

一般每 667 平方米放养 2 万只左右,规格为 5 克左右,低于 2 克的小蜗牛应在田地中小块圈养再放养。一般在饲料充足的情况下,5 克以上的蜗牛放养 50 天就能达到 35 克,就可出售。出售后再放入第二批,也可以不同规格的蜗牛混放饲养,生长快的先出售。

2. 投喂饲料

饲料主要来自地上种植的苦荬菜、菊苣、青菜等饲菜和藤叶,但仅这些还不够,每天或隔天还需饲喂少量精饲料。一般幼蜗牛放入田里后,一星期内不必投喂饲料,以后根据蜗牛生长情况增加投料量。精饲料的投喂量按蜗牛体重总量 1.5％来计算,将玉米粉、麦麸、黄豆粉、酵母粉和贝壳粉等混合加水拌至半干半湿,然后均匀地撒在田里。也可将精饲料和青饲料拌匀后撒在田里。由于野外空气流通、阳光照射,蜗牛吃剩的料不必清除,任其腐殖后作为幼蜗牛的美食。

3. 调控湿度

平时保持饲养田潮湿,但不能积水。干燥天气或夏天,每天早晚各喷水 1 次。可在沟里灌满水泼浇,有条件的可用高压泵或喷管喷洒水,或灌"跑马"水。雨涝时,要注意排放明水,控制地下水。

每天傍晚喂食,早上观察蜗牛是否打堆或逃出,如有打堆的蜗牛应及时捉开。如有蜗牛不能钻入遮阳处,应增加杂草遮盖或搭一层遮阳网。

4. 防止天敌侵害

大田饲养蜗牛,其天敌有老鼠、蛇、青蛙、蟾蜍、鸟类、蚂蚁等。对蚂蚁可用水沟灌水(水上滴油更好)阻拦或用鱼、虾、糖、骨头等诱杀;老鼠可用鼠药或养猫来对付;青蛙、蟾蜍、蛇可用捕捉方法除掉。

5. 防治疾病

大田饲养的患病蜗牛比室内饲养的难治。这是因为大田面积大、杂草多,病蜗牛难以拾干净。因此,在放养蜗牛时要做到病态蜗牛一只也不能放入大田,如果放入一只肠类病蜗牛,长时间下去会影响一大片。老蜗牛体质差,不宜跟幼蜗牛放在一块田里,以防老蜗牛发病。室外蜗牛一般不容易患病,但也要经常注意观察,梅雨季节长期阴雨天气,或在高温气闷天气,饲养田里湿度很高,要用药防病,喂干食,不宜投喂含水量高的饲料(如瓜类、水生植物等)。平时饲养田保持湿度,沟里不能长期积水,在高温天气要注意蜗牛遮盖和降温。

饲养过程中,发现患病蜗牛时,可用强力霉素冲水加入精饲料拌匀投喂,喂食量比平时增加,投喂药要让每只蜗牛吃到,有必要在清早增加一次投喂,同时把患病蜗牛拾干净,连续投喂药3～5天,每天拾取病蜗牛,直至没有病态蜗牛后再投喂药3天,防止蜗牛再发病。在发病田块,可将蜗牛全部捉进箱里,喂药饲养;饲养田里灌水并用生石灰消毒(死蜗牛必须捉干净)半月后再放入蜗牛。

6. 采收

当饲养密度过大时,要适时采收个体较大的蜗牛。在冬季来临前,要及时采收全部蜗牛,蜗牛大小要分开,小蜗牛在室内加温饲养或集中越冬。采收完毕,还可在饲养田种一茬蔬菜。

八、蜗牛温室大棚放牧饲养技术

(一)温室大棚放牧饲养特点

1. 生长周期缩短

室内箱式饲养蜗牛一般需要3个月左右方可出售,而温室大棚饲养只需2个半月左右,缩短了饲养时间,提高了效益。

2. 饲养效率提高

温室大棚饲养蜗牛,管理方便,节约劳动时间,更适合大规模饲养的专业户采用。与室内箱式饲养比较,室内箱式饲养400～600只蜗牛,每天清理、投喂菜所需时间为2小时,而温室大棚饲养,同样2小时可以管理2 000只蜗牛。

3. 无环境污染

温室大棚饲养蜗牛,蜗牛粪便还田,随着蜗牛的生长,蔬菜也在不断生长。蜗牛可以随时吃到新鲜的蔬菜,保持了生态平衡。

(二)设计温室大棚

温室大棚在长江以北地区农村较多见,饲养蜗牛的大棚和种植蔬菜的大棚有许多相同之处。但由于饲养和种植要求不一样,故也有一些不同。大棚的总体设计目标是,既要适合蜗牛生长的条件,又要保持蔬菜的良好生长,温度和湿度起着决定性作用。所以,设计大棚就要围绕这几个因素考虑。

1. 选择场地

场地要求背风向阳,地块平坦,土壤肥沃,无空气污染。

2. 设计大棚形式和规格

大棚的形式多种多样,广大农村以简便为主,一般为竹木拱形大棚,200平方米的大棚可同时饲养1 000只种蜗牛所繁殖的幼蜗牛,每平方米饲养幼蜗牛1 000~2 000只,所以设计大棚规格时,要确定大棚的高度、宽度、长度均有利于蜗牛饲养。

3. 设计保温设施

(1) 温室墙体:温室墙体主要包括后墙及两侧山墙,温室的墙一般用土墙组合,目前农村都用座宽80厘米以上的土墙。

(2) 温室后坡:温室后坡的角度、长度、厚度与保温关系密切。温室的后墙起着蓄热保温作用,故后坡设计要从保温蓄热和承重两个方面考虑,后坡的仰角必须保证大于当地冬天时中午太阳照射角度加12°,北方寒冷地区后坡仰角一般为35°~42°,后坡的长度一般因温室的跨度、脊高和仰角大小而有所不同,一般为130~160厘米,后坡的投影为80~140厘米。设计时要根据不同的结构设计不同的后坡长度、后坡的厚度。靠近脊点处较薄,远离脊点处较厚,后坡厚度不应低于30厘米。

(3) 防寒沟:为防止室内土壤向温室四周传导热量,提高前脚温度,减少土壤横向传热,要在温室前底角及两山墙外侧挖深50厘米、宽40厘米的防寒沟,沟内填充干草、树叶、锯末。

(4) 透明面多层覆盖:一般采用夜晚铺草帘子。

(5) 结合广大农村庭院经济发展,将地窖饲养与大棚饲养商品蜗牛结合起来,就可以把大棚和地窖建在一起,便于管理,操作方便。

温室的门要建在山墙一侧,要设立站坝和缓冲间。温室的门不能与缓冲门相对,门高度不超过150厘米高,宽为60~70厘米。

（三）种植蔬菜

温室大棚种植蔬菜,既要选择蜗牛爱吃又要选择早熟、高产的大叶蔬菜,如白菜、油菜、生菜等品种,也要选择成熟期不同的品种交替兼种。蔬菜种植密度以覆盖地面为宜,如大白菜每平方米种植 20～30 棵,大棚种植的蔬菜要划分区域不同时间播种,还要根据饲养蜗牛的数量来定。

（四）放牧蜗牛

温室大棚放牧蜗牛的做法:一是一般待蔬菜长势旺盛,幼蜗牛孵出半个月即可投放。二是将每平方米 1 500～2 000 只蜗牛一次投放,这样密度集中,便于管理和观察。要分开区域投放,不可以造成密度小,看不见蜗牛。自幼蜗牛放入后,要做到勤观察,幼蜗牛都钻到菜叶底下或菜心里。三是一定要掌握好商品蜗牛的放入时间。生长期 60～70 天的蔬菜,一般在 30～40 天时即可投放,防止出现投放蜗牛后蔬菜长不起来,供不上吃,也要杜绝蜗牛还未长成时蔬菜已呈现大面积成熟腐烂现象的发生。

（五）调控温度和湿度

1. 调控温度

（1）温度是蔬菜生长的动力,而蜗牛(散大蜗牛、亮大蜗牛)生长的适宜温度是 12～25 ℃,最佳温度为 18～22 ℃,所以要综合考虑蔬菜生长和饲养蜗牛所需温度,调控到既能把蔬菜种好,又是蜗牛生长适宜的温度。蔬菜生长与温度的关系可以分为两个界限,最佳温度和适宜温度。蔬菜在适宜温度条件下光合作用最强、生长最快,而且蔬菜生长各个阶段对于温度的要求也不同,种子发芽期一般要求较高的温度。

（2）大棚里气温与地温的变化具有一定规律。一般规律:纬度每增加 1 度,气温大约下降 1 ℃。在同一纬度地区,海拔每升高 100 米,气温下降 0.5 ℃。大棚的方向对大棚中的温度变化起决定作用,东西走向的大棚,一般温度高,受光不均匀各部位的温差大。由于阳光的照射,通风、加温覆盖等措施形成一天中大棚中的温度变化。一般规律:日出大棚温度渐上升,到下午 1 时左右温度达到最高,随着温度逐渐下降,直到第二天日出前,棚温达到最低值,每天形成一定的温差。一般日温差在 5 ℃左右,对于蜗牛产卵、交配无明显的影响。

(3) 为了保证调节大棚中的温度,首先要掌握大棚中气温、地温的变化及各种蔬菜和蜗牛不同的要求,然后采取科学的方法进行调节。幼蜗牛、较大蜗牛能适于高温,为 25～30 ℃,所以开始投放幼蜗牛时要使棚内温度稍高一些。

(4) 调节温度的方法:目前常用的有用酿热物、火炉、电热丝水暖、蒸汽、覆盖等进行加温;通过通风换气,洒水、喷雾、遮阳等进行降温。

① 大棚增温:利用酿热物升温是较为经济的方法。即将酿热物铺于土层之下,利用酿热物中微生物繁殖发热,提高地温,高酿热物一般用马粪、米糠等。也可在大棚内设置电热温床,可保持土壤的温度;还可用烟火加温,即用炉子、烟囱、暖气片等。

② 大棚降温:夏季天气炎热,要采取降温等一系列措施,以利于蜗牛和蔬菜的生长。就农村来说,常用苇帘、草帘覆盖降温。也可用寒冷纱(一种新型覆盖材料,类似窗纱结构的化纤纺织品,用耐腐蚀、抗油、不腐烂、护晒、耐气候变化、不易老化、无毒的聚乙烯醇编制而成),厚 0.1～1 毫米,根据不同防护要求选用白色、银灰色或深色等,不同颜色的寒冷纱分别具有防虫、防病毒、防风、降温等作用。

塑料遮阳网,是一种网状结构的塑料布,具有较高的机械强度、不同的稳定光率,有银灰色、黑色、蓝色等多种颜色。遮阳网可用于蔬菜及饲养蜗牛理想的夏季降温覆盖材料。

2. 调控湿度

(1) 通风换气:薄膜的透气性和透水性都较差,大棚经常处于密封状态,容易造成棚内空气湿度过高,故要进行通风换气,调节棚内湿度和空气质量。注意冬季排风时既不降低温度,又要保持空气新鲜。

(2) 调节温度:大棚内空气相对湿度的变化与温度有密切的关系。温度升高,则相对湿度下降;反之,湿度升高。可在不影响温度要求的前提下适当改变棚内温度,达到改变湿度的目的。

(3)合理灌水:大棚内空气相对湿度和土壤湿度是相互影响的,土壤湿度受灌水次数的影响,故要合理灌水。

九、蜗牛围栏饲养技术

(一)选择场地

选择背风向阳、平整、土壤肥沃、水源充足、排水良好、交通方便及远离工厂和居民住宅区的山坡、岗坡空地或种过农作物的空地,面积 150~200 平方米。

(二)搭建饲养设施

用 5 厘米厚的塑料泡沫隔层彩钢板搭建 3 间各 15 平方米的蜗牛饲养室、孵化室和幼蜗牛室。在房舍前,用围栏围出 80 平方米的露天蜗牛饲养地。

(三)建设围栏与辅助设施

1. 围栏

围地面积长 20 米、宽 4 米。围栏由木桩和塑料纱网组成,在围栏地的四周每隔 2 米埋入 1 根直径 6~8 厘米粗的木桩,然后用 1.5 米宽的塑料纱网围绑住木桩,栏高 1.2 米,纱网底部埋入地下 10 厘米,纱网上部 20 厘米弯成"7"字形。为防止鸟类侵食蜗牛,可盖上天网。

2. 挖沟

在围栏外侧四周挖一条深、宽各为 20 厘米的排水沟,通往河道,便于大雨后及时排水。

3. 通电

在围栏网底部四周铺设 4 根间隙 2~4 毫米的铜线,用电池维持 5~12 伏电压,可防止老鼠危害蜗牛和防止蜗牛外逃。

4. 分割

在围栏内,将地分割成每块长 3 米、宽 1 米、高 20 厘米单元的饲养地,左右各 6 块,块与块中间留 70 厘米的走道。同时,在地块下埋入一根长 20 米的自来水管,每隔 2 米水管上接一根旋转式自动喷水头,并接通水源。

5. 围网

在每一地块四周围以 80 厘米高的塑料纱网。

6. 设置遮阳板

在每一地块的一侧用砖块支撑离地 10 厘米,搁上一块长 1 米、宽 30 厘米的石棉瓦,以利于蜗牛避日晒雨淋,白天隐蔽栖息。

7. 放置食槽

将宽 4～5 厘米呈圆弧形的 PAC 食槽放置在地块靠走道的一侧,便于投料。

8. 种植饲菜

将每一地块的土翻松,施上发酵过的牛粪或猪粪,撒上些熟石灰。过两天,将土平整好,种上蜗牛喜食的菊苣、苦荬菜或青菜,浇上水。

(四) 饲养管理要点

1. 放养

放养时间:待种植的菊苣、苦荬菜等饲菜长至 20 厘米高,气温达 15 ℃以上时,可将第一批孵出的幼蜗牛放到栏网中饲养。约 7 月中旬再放养第二批孵出的幼蜗牛。

放养规格:散大蜗牛 3～5 克,亮大蜗牛 5 克,盖罩大蜗牛 5 克。

放养密度(每平方米放养数量):散大蜗牛 300～500 只,亮大蜗牛 200～350 只,盖罩大蜗牛 200～350 只。

2. 喷水

幼蜗牛放养后,晴天每天早上和傍晚各开启水闸门,自动喷水一次,阴雨天不喷水,高温季节,每天早、中、晚各喷水一次,每次喷水 30 分钟,水呈雾状,见饲菜叶面、地面湿润即停止喷水。

3. 饲喂

每天只投喂一次,傍晚时,先喷水后投喂配合饲料。可按蜗牛体重总量 1.5% 的比例计算精饲料总量,将青饲料切碎与精饲料拌湿拌匀,一部分投放在食槽中,一部分均匀撒在饲菜间的空档处,天黑后蜗牛自行爬去觅食。吃剩的饲料不必清除,任其腐烂后作幼蜗牛的饲料。

4. 采收

第一批放养的蜗牛,约生长 3 个月,体重已达到 15～25 克,这时可将栏网中饲养的蜗牛全部采收上市。然后,将第二批孵化出的幼蜗牛放入栏网中饲养。

第二批放养的蜗牛采收时间,在 11 月中下旬,此时气温已下降到 8 ℃以下,蜗牛已渐不吃食,开始进入冬眠,若再继续养下去,气温越来越低,会致使蜗牛大批冻死。因此,必须全部采收掉。

5. 留种

第二批放养的蜗牛采收后,应挑选体重 15～30 克、腹足肥满、黏液多、壳面色泽光亮清晰的蜗牛留种,作翌年繁殖之用。挑余的蜗牛全部上市销售或加工成冻肉储藏销售。

6. 越冬

挑选好留种的蜗牛送入繁殖室内进行自然越冬,不进行人工加温越冬饲养。将"封壳"的蜗牛装进麻袋里,置放在搁架上越冬。也可将蜗牛放入长 2 米、宽 1.5 米、高 0.3 米的木制繁殖箱内,盖上塑料薄膜进行越冬。但室温必须保持在 5 ℃,蜗牛才能度过漫长的冬季。

7. 越冬后的饲养与繁殖

翌年开春后,气温达到 10 ℃时,越冬蜗牛自然开始苏醒,这时将消毒过的饲养土铺放在繁殖盘内,饲养土湿度 40%、铺土厚 10 厘米;将苏醒的蜗牛放入盘内饲养,盖上遮阳网。每天傍晚时,用喷雾器对盘内的蜗牛和盘壁喷水一遍,然后把专门产卵的全价配合饲料和切碎的青饲料拌湿拌匀,投放于盘的中央底板部(无土),蜗牛会自行爬去觅食。

若室内温度很高,饲养土和蜗牛壳面很干,每天早上增加一次喷水。

当气温上升到 15 ℃以上时,盘内的蜗牛开始交配产卵。

8. 挖卵

蜗牛产卵于饲养土中,卵呈团状,乳白色,有黏液。每隔 2～3

天,用匙子将盘内的土扒翻一遍,见蜗牛卵用匙子轻轻挖起,放入盆内,然后集中孵化。若见卵团上沾有泥土,不能用手去扒它,也不能用水清洗。若来不及孵化,用湿布将盆口盖住,免于卵干裂。

9. 孵化

将收集的蜗牛卵送到孵化室进行集中孵化。先把已在炉子上烘烤过的菜园腐殖土60%、河沙30%、河泥10%(pH呈中性、湿度30%左右)的混合泥土铺放在孵化罐或塑料泡沫箱或木箱内,铺放厚度5厘米。然后将卵均匀地撒在泥土的表面,再在卵上撒1厘米厚的泥土,盖上玻璃板或钻小孔的透明塑料板,整齐地置放在搁架上。

孵化期间不用加温,利用自然温度即可。室内空气相对湿度保持在80%~90%,达不到这个湿度,可每隔两天用喷雾器向罐或箱内喷少许水,保持泥土湿润。有条件的,可在室内安装一台增湿机,当室内空气干燥时,开启增湿机,以增加室内的空气湿度。

在室温15~24℃的条件下,一般卵经10~15天即可孵出幼蜗牛。

十、蜗牛离土饲养

蜗牛脱离土壤的饲养方法,就像诱导产蛋的母鸡那样,把蜗牛饲养到对温度、湿度、光照、食物等能完全满足其生长发育所需要的设施中来进行。

(一) 搭建和安装饲养设施

1. 搭建饲养房

用5厘米厚的泡化聚氨酯隔层彩钢板(镀锌铁皮)搭建一间长22米、宽6米,不开窗、黑暗、保温、保湿的饲养房。

2. 安装控温、增湿系统

(1)控温系统:控温系统的功能是既能重新冷却又能重新加热饲养房内空间。因此,要在饲养房内安装一台空气型的热泵。当气温下降时,饲养房的空气被吸入到回收地下通道网并与泵的冷凝器相接触而被加热。然后,这些空气被送到隔热的地下通道,而地下通道把重新加热了的空气在整个饲养房中均匀地加以分配。空气应以1米/秒的速度从分配头里流出来,而不直接引向蜗牛。因蜗牛并不喜欢感受到一股由于被加热而相对干燥的空气流,若蜗牛遇到了这股气流,它们就会分泌出一层保护性的黏液,以防止脱水。

温度的控制通过温度探测器来实现,探测器位于空气回收地下通道内,起到热泵控制中心的作用。空气的更换是微弱的,这种更换只取决于人在饲养房内活动的需要,因为蜗牛仅满足于很低的含氧率。

(2)增湿系统:外部空气湿度的变化,以及由于必须加热建筑物内部空气而带来的相对湿度的降低,要求在建筑物内部设计一个空气增湿系统。

当饲养房内空气相对湿度降到 80% 以下,蜗牛为避免失去体内的水分而进入休眠状态。因此,有必要在饲养房内安装一台增湿机。增湿机能把水细细地分成很小的水滴(以微米计),以蒸汽的形态进入一个不饱和的空气中。

空气湿度的调控通过一个位于空气回收地下通道里的探测器来实现。从这个探测器所提供的数据出发,控制中心就能控制增湿的时间,从而确保湿度维持在蜗牛所需的范围之内。

3. 安装内部设施

在饲养房里置有四层组装起来的饲养盘子。

(1)饲养盘结构:由聚乙烯热成形的斜面盘子,能保证冷凝水的排出,还有小排水沟,能进行洗涤。盘上完全盖以一种栅栏,其孔径小到足以防止放在盘内的蜗牛逃逸。该盘的投影面是 1.75 平方米,由于它是倾斜面,所以胶粘面积有 2.5 平方米。盘的底部有一部分被抬高,用来作为食槽,饲料就放在上面。食槽长 6.3 米,划出一些平面,布置成片的胶粘面和产卵窝(图 5-21)。

盘的四周用交流电的电栅栏围住,常用的电压 3~6 伏。3 伏适合于重量小于 2 克的蜗牛;6 伏适合于重量大于 2 克的蜗牛。

(2)盘的设置与其使用之间的关系:用于蜗牛繁殖的饲养盘和用于蜗牛生长的饲养盘在设置上的不同如下。

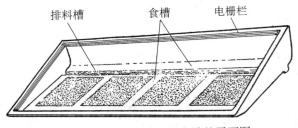

图 5-21　热成形聚乙烯食槽的平面图

① 繁殖盘：繁殖盘由 2 个产卵窝和 2 堆胶粘板组成。盘内可放入 500 只散大蜗牛成体。在需要设置用塑料罐子制成的产卵窝的盘上不放土,而是装满燃烧过的煤饼灰和沃土的混合物。

为增加蜗牛休息所需要的胶粘面,可将 4 块互相被撑杆系统分开的塑料垂直平板所构成,蜗牛可向上爬上这些平面休息。

② 生长盘：与繁殖盘基本相同,唯一区别是没有产卵窝而只有 2 堆胶粘板。电栅栏上的电压大小按放入盘内的蜗牛的重量来调整。

(二) 饲养管理要点

由于饲养房内的温度、湿度、光照、饲料等可以人为控制,蜗牛完全可以脱离自然季节的影响。

1. 环境参数

(1) 温度：在自然条件下,散大蜗牛在不同温度下的生长规律：0 ℃以下,有冻死的危险;8 ℃以下,进入冬眠;10 ℃以下,停止交配,影响生长;15 ℃以上,能交配、繁殖、孵化;18~25 ℃,为最佳温度,活动量、采食量最大,生长迅速,繁殖旺盛;25~30 ℃,仍可交配、产卵及孵化;30 ℃以上,活动量、采食量减少,产卵停止;38 ℃,进入夏眠。

(2) 湿度：自然条件下,蜗牛在不同湿度下有其一定的生长规律。以散大蜗牛为例,空气相对湿度低于 30％时,腹足缩入壳内,分泌黏液,封住壳口,进入休眠状态;空气相对湿度低于 10％时,腹足变黄,开始死亡;空气相对湿度超过 100％时,贝壳灌水,爬在石壁上或树杆上不吃不动;空气相对湿度80～90％时,活动量、采食量大,生长迅速。

(3) 光照:蜗牛在光照度5～30勒时外出活动、觅食;光照度达100勒时返回原地休息;饲养在完全黑暗环境中的蜗牛终年不会繁殖。因此,离土饲养蜗牛,一天的光照时间安排可采用9.5小时的光照和14.5小时的黑暗。

(4) 食物:离土饲养蜗牛,不饲喂青饲料,但必须饲喂各种营养全面的全价配合饲料。

(5) 饲养土:离土饲养蜗牛,必须用燃烧过的煤饼灰和沃土混合物来替代土壤,便于蜗牛产卵。

(6) 活动:蜗牛活动分两个阶段,即"白昼"阶段和"黑夜"阶段。

① "白昼":整个"白昼"阶段,以18℃、空气相对湿度92％为最佳。若温度提高到20～22℃,对生长有利,但会引起能量方面的额外支出,没什么意义。若温度提高到26℃时,蜗牛的活动就会变慢,则要降低温度。

② "黑夜":从"白昼"转到"黑夜",蜗牛便进入活动、觅食状态。以温度15～18℃、空气相对湿度92％～100％为宜。相对湿度的增加可促使蜗牛活动,当温度降至15℃,相对湿度也就同时达到100％。整个饲养房内的空气相对湿度呈饱和状态,出现冷凝现象,这种现象很适合蜗牛的需要,蜗牛饮用这种冷凝水还可免去饮水装置。

在"黑夜"中,要保持一定的光照,必须最少有50勒光照度的光线,以利于蜗牛活动、生长、繁殖。

2. 繁殖

在人为控制的饲养环境中,蜗牛一年四季均能重复繁殖。每批繁殖用的蜗牛都经历着产卵期—休息期—产卵期这样一个循环。

(1) 休息期:在经过一次产卵期后,要进行第二次产卵前,绝大部分蜗牛成批开始进入休息期,一般为1.5～2个月。休息期的蜗牛仍正常活动、觅食,要精心照料好,防止蜗牛死亡。休息期蜗牛死亡率不应超过5％。

(2) 产卵期:休息期过后进入产卵期。若繁殖用的蜗牛数量不够,可补入新的繁殖用蜗牛。繁殖盘里的蜗牛数量应保持在 500～550 只。

产卵用的塑料罐内装满燃烧过煤饼灰和沃土的混合物,并加入少量碳酸钙。蜗牛交配后 15 天产卵。蜗牛在罐中产卵后,即移去产卵窝,然后在原处再放入新的产卵窝。

产卵期长约 3 个月,此期间蜗牛产卵 2 次,个别的有产卵 3 次的。产卵后,有的蜗牛会死亡,总数约减少 25%。

(3) 孵化:从繁殖盘里取出的产卵窝,重新盖上玻璃,最好是盖上钻孔的透明塑料板。为便于孵化,最好在孵化罐上拿掉一部分煤灰沃土混合物,直到几乎能见到所产的卵。

孵化应在湿热的空气中进行,营造温度接近 25 ℃、空气相对湿度大于 92% 的环境。经 10～12 天的孵化,幼蜗牛就孵化出壳了。出壳时幼蜗牛在穿过泥煤层之前逗留在"卵窝"中 1～2 天。该泥土层把它与游离空间隔开,新生的幼蜗牛后来黏附在覆盖在孵化罐上的平板的内表面上。在正常的孵化条件下,散大蜗牛的孵化率为 80%。也常发现新生幼蜗牛寻找尚未孵化的卵,靠近它们的"卵窝"吃掉它们,还发现新生幼蜗牛会把"孵壳"吃掉。

(4) 幼蜗牛饲养:把刚孵化出来的幼蜗牛移到幼蜗牛室饲养。幼蜗牛室是一个小型温室,总是被放在饲养房的搁板上。把孵化罐放在吸足水的合成泡沫的平板上,随饲养房的湿度而能很好地使其处于需要状态中。

幼蜗牛室面对着盖子的内表面,形成稠密的冷凝水,起到很好的调湿作用。在幼蜗牛室里逗留 15～21 天后,移到饲养盘里饲养。

3. 生长

(1) 盘中密度:饲养盘 2 米×1 米,包含 4 块成堆胶贴平板。饲养密度为:饲养 2 个月,单只平均重 0.2～1.2 克的幼蜗牛,放养 12 000 只。饲养 2～5 个月,单只平均重超过 3 克,放养 6 000 只。饲养 5 个月后,或者单只重超 3 克,达到成体大小的蜗牛,放养 3 000 只。对散大蜗牛而言,需饲养 8 个月左右才能达到成体的大小。

(2) 饲喂:离土饲养不用基质,条件较特殊,因此不能饲喂青绿饲料,而只饲喂全价配合饲料。全价配合饲料由玉米、麦麸、豆粕、矿物质和维生素配合组成,含有矿物质 25%(其中磷 2%、钙 7%、氯化钠 2%、不溶性盐酸盐 5%)、维生素 A 每千克 4 000 国际单位、维生素 B_1 每千克 3.75 毫克、维生素 D 每千克 900 国际单位、维生素 E 每千克 11 毫克、维生素 K(MPB)每千克 0.7 毫克。

饲料以粉末状投入食槽。每 2~3 天投喂一次,投放量要正好等于在这个时期中能被消耗的量。

繁殖用的蜗牛和生长中的幼蜗牛同样使用这种饲料。饲料消耗量随蜗牛的重量和它的生理状态而变化。如散大蜗牛的消耗量:生长期,单只重 0.5 克的蜗牛,每天的饲料量是 0.04 克;单只重 3 克的蜗牛,每天的饲料量是 0.07 克;单只重 5 克的蜗牛,每天的饲料量是 0.1 克。产卵初期(休息期结束),单只重 10 克的蜗牛,每天的饲料量是 0.36 克;产卵初期,单只重 10 克的蜗牛,每天的饲料量是 0.10 克。

(3) 生长期中的死亡率和矮小畸形:繁殖用的蜗牛在产卵后死亡率常常达到全部蜗牛放养数的 25% 左右,甚至还看到某些蜗牛未能离开它的产卵窝就死去。引起死亡的原因如下。

① 管理不善,温度和湿度长期失控,使种蜗牛摄食过少,营养不良,怀卵产子更是负担,以致产后死亡。

② 温度过低,尤其深秋季节,如饲养房内的温度没有相应升高,会致种蜗牛产卵后缩壳不食而死亡。

③ 从外面购入的已怀卵的蜗牛,经长途转移到目的地后不适应新环境而拒食,产卵后即死。

生长期间,蜗牛死亡率随着年龄和外部环境条件的变化而变化。

达到成体年龄的蜗牛数量减少的另一原因是矮小畸形(俗称"僵牛")。这种现象常常出现在自然界的种群之中,在经过数代饲养后情况会减轻;同时还可通过种群选择来避免这种现象。

矮小畸形的蜗牛达不到商品化的大小,应尽快淘汰。

死亡和矮小畸形所引起的损失,可通过对繁殖用蜗牛的种群选择来降低。

十一、蜗牛体质下降原因和健、病态蜗牛鉴别

(一) 引起蜗牛体质下降的原因

1. 饲养土污染

生长期和成年期蜗牛的饲料投料量大,不注意清理蜗牛的排泄物和残食,过量的污染物积聚在饲养土内产生腐败,放出氨气、二氧化碳等有害气体,致使各种病原体细菌、霉菌大量孳生,甚至蝇蛆大量孳生,导致蜗牛体质下降。

2. 干湿度不当

过干或过湿的环境能致蜗牛生病。过湿的饲养土引起霉变,易使蜗牛患结核病。过干时,尤其易引起成年蜗牛分泌大量黏液,造成过多失水,体质下降,处于半休眠状态,甚至导致死亡。

3. 气温突变和变化无常

气温超过蜗牛的适应范围,尤其是早春和深秋气温多变,气温骤然降到 5 ℃以下,或突然超过 30 ℃以上,事先又没有采取防冻、保暖或降温措施,结果导致蜗牛的活动减弱,食欲减退,体质逐渐变弱,不易恢复正常。

4. 饲养密度过高

饲养密度过高,常使蜗牛缺乏正常活动和取食范围,结果相互挤爬,诱泌出许多黏液沾在贝壳上,容易诱发细菌污染。当食物缺乏时还会相互残食。

5. 饲料单一,投喂缺乏规律

饲养管理上,饲料的数量和质量缺乏计划和保证,有什么喂什么,营养单一。该喂时不喂,或大量饲喂劣质饲料,使蜗牛少食、偏食,经常处于饥饿和半饥饿状态。这些都会降低蜗牛对病虫害的抵抗能力,很容易使蜗牛染病。

6. 未及时清理残伤蜗牛

在饲养和运输过程中,未能采取适当的方法,由此常常引起蜗牛壳伤残,如不及时隔离饲养,蜗牛间相互挤爬,很容易染病死亡。

7. 种蜗牛带菌

有些饲养户从蜗牛经销商处引进了带病蜗牛,造成感染。即便刚刚发病的蜗牛,一旦与健康蜗牛接触,即迅速造成传播感染;出售的种蜗牛本身已病菌"缠身",引养到新的环境中,温、湿度等稍有变化,可致蜗牛发病。因此,饲养实践中可以看到这样的现象:刚买来的蜗牛样子很健康、活泼、壮硕,可没养几天就开始缩壳拒食、半死半活,每天会死亡几只,直至全部死光;或是蜗牛吃食活动正常、产卵很多,但孵化出来的幼蜗牛很快死去。

饲养户引进了染病种蜗牛,如果第一批蜗牛死掉后不加消毒、换土等处理,即使换购了健康蜗牛饲养,还是会出现蜗牛死亡。

8. 消毒不彻底

由于对饲养室、饲养箱(池)、饲养土和长期使用的装载蜗牛的包装物消毒不彻底,尤其在高温、高湿、通风不畅的环境中,而使病菌大量孳生,致使蜗牛感染,带菌生长。饲养员在喂养时又随手把病菌传染到未被污染的饲养箱(池)中,造成整个饲养室、饲养箱(池)内散布着病菌。有时随饲养员的出入还会把病菌带到其他饲养室或饲养户,形成交叉感染。

(二)健、病态蜗牛鉴别

1. 观察粪便

健壮蜗牛的粪便为土青色,呈蚯蚓状,无腥味,含泥沙,排泄量每天3克左右。多食青菜的,粪便呈绿色;多食山芋的,粪便呈白色。

病态或弱质蜗牛的粪便为酱褐色,稀泥状,有腥臭味,无泥沙,排泄量每天1.5克左右。粪便带血红色,为蜗牛消化道出血;粪便深墨绿色,近似黑色黏稠状,为蜗牛胆汁和肠道脱落组织细胞混合而成;粪便白色黏稠,为轻度肠炎。粪便稀薄,不成形,是因天气炎热时饮水量骤增,饲料中含盐过多,轻度大肠杆菌感染,饲料中含轻度有毒物质。

2. 观察体态

健康蜗牛的体态,螺壳坚硬、完整、无凹凸,色泽鲜艳、条纹清晰;肉质乳白或淡黄色,无破伤,无黄褐色,裙边奶黄色;腹足肥满,伸缩迅速有力,活泼好动,黏液多;内脏器官色泽正常,无病变,无异味,有轻度腥味。

病态蜗牛的体态表现如下:

僵蜗牛——螺壳厚、发白、皱疤、凹凸不平、无光泽,畸形矮小,腹足苍白,黏液少,永远长不大。

烂足病——腹足糜烂、残缺,无力缩入壳内。

结核病——腹足浮肿,呼吸困难,柔弱无力,行动呆滞,少食或拒食。

缩壳病——腹足缩入壳内,用水喷洒,懒洋洋地伸展出腹足,活动几下又缩回壳内,无黏液,拒食。

镰刀菌病——腹足麻痹,用手动它无反应,不能缩回壳内,拒食,不久死亡。

缺钙症——腹足肥满,螺壳完整、色泽鲜艳、条纹清晰,但螺壳薄、用力一碰即破。

不育症——螺壳完整,个体大,行动活泼,摄食好,内脏器官完好,只见交配但不见产卵。

判断蜗牛健康与否很重要。饲养过程中要及早发现病态蜗牛,分析原因,改进饲养管理措施,以增强蜗牛体质,预防疾病发生;对发病的要及时治疗。

十二、蜗牛天敌和病害防治

(一) 天敌防治

危害蜗牛的天敌有步行虫、萤火虫、蚂蚁、粉螨、蚤、蝇、线虫、扁平虫、青蛙、中华蟾蜍、蛇、老鼠、鸟类等。天敌数量的多少可直接影响蜗牛数量的增减。蜗牛天敌的危害作用和防治方法如下。

1. 步行虫

别名步甲、行夜、放屁虫。属昆虫纲,鞘翅目,步甲科。常见有大步甲、金星步甲、虎斑步甲。多栖居潮湿处、田间及石块下,夜间出来活动,捕食毛虫、蛞蝓等。分布于我国各地。

(1)危害作用:步行虫成虫和幼虫均食蜗牛。每年春、夏、秋季节在土缝、石块下和蜗牛饲养田里爬来爬去寻找食物。当捕捉到蜗牛后便立刻将胃里的消化液由上腭内沟注入蜗牛体内,使其麻痹死亡。不久,体内组织器官全被消化液中的类似胰蛋白酶所融化,步行虫就吸收肉汁作为食物。每只步行虫在 20 分钟内能吃掉 2 只体重 8～10 克的白玉蜗牛,留下空壳。

(2)防治方法:在步行虫盛发期及幼龄若虫群集危害时,用 50％敌敌畏乳油或 50％马拉硫黄乳油 1 000 倍液喷雾,或用 90％敌百虫 800～1 000 倍液喷雾,使成虫在地面爬行时触药死亡。

2. 萤火虫

属昆虫纲,鞘翅目,萤科。全世界已记录 2 000 多种,我国有 76 种。常见有黄萤、黄缘萤、台湾山窗萤、台湾窗萤、印度萤火虫。成虫多栖于水边的草丛中,昼伏夜出。能捕食蜗牛、小虫及钉螺蛳。我国各地均有分布。

(1)危害作用:萤火虫是捕食蜗牛的能手。在夏季夜间,萤火虫在蜗牛饲养草丛中爬行活动,当发现蜗牛时就爬到蜗牛身上,用大颚轻轻刺入蜗牛体内并分泌一种荧光毒素,致使蜗牛立即麻醉。这时,许多萤火虫幼虫便爬上来,各自从嘴里吐出消化酶液体,把蜗牛体内的器官组织融化成稀薄的肉汁,然后用管状口器吸入自己的体内。吃饱了,便在蜗牛壳内休息,饿了再取食,最后将蜗牛肉吃得一干二净,只剩下贝壳和一些无用的碎渣。初龄幼虫常有群体攻击蜗牛的情况,以增加成功机会,较大者常单独行动。据报道,一只大如蚕蛾的海南岛牛萤在 1～2 天内可吃掉 20 多只褐云玛瑙螺。

(2)防治方法:在夏天傍晚时间,用 4％鱼藤粉 500 克、中性皂 500 克加水 250 千克配成药液,在蜗牛饲养地里喷雾,萤火虫幼虫入药即死亡。此药液对蜗牛无药害,对植物也安全。

3. 蚂蚁

属昆虫纲,膜翅目,蚁科。全世界已知蚂蚁有 270 属 12 000～14 000 种。蚂蚁营群体生活,常筑巢于地下。广泛分布于我国各地。

(1)危害作用:多种蚂蚁都能对蜗牛造成危害。主要咬食幼蜗牛和卵粒,对成蜗牛的危害也很大。由于蜗牛本身有股腥味,特别是箱(池)内有了死蜗牛,腥味更浓。此外,饲喂的米糠、麦麸和甜味食物很容易招来大群的蚂蚁。大量蚂蚁聚集在蜗牛的螺口,咬食蜗牛的软体。开始当蜗牛遭到蚂蚁的骚扰时,会分泌出黏液进行自卫,但时间稍长些,蜗牛分泌的有限黏液无法抵御众多蚂蚁的攻击,很快就会死亡,最终成为蚂蚁的美食。幼蜗牛由于爬行慢,体重轻,则让蚂蚁给拖走;或蚂蚁直接从幼蜗牛口钻入体内,取食蜗肉。蜗牛的卵也被群集蚂蚁而蛀食或拖走。

(2)防治方法

① 放养蜗牛前,箱(池)内铺放的饲养土要进行沸水或火烤处理,以杀死蚂蚁等。

② 取硼砂50克、白糖400克、水800克,充分溶解后分装在小器皿内,并放在蚂蚁经常出没的地方,当蚂蚁闻到白糖味时,极喜前来吸吮白糖液而致中毒死亡。

③ 用2.5%敌杀死乳油10毫克兑水15千克喷杀。也适合用于消灭蜗牛饲菜地里的蚂蚁。

④ 用"红蚁净"药剂1克左右倒在蚂蚁活动的地方,蚂蚁即会自动搬入巢内食用,一日后开始死亡,数日内可全群灭绝。

⑤ 用樟脑丸50克、菜籽油50克、木屑250克混合在一起拌匀成药饵,撒在饲养室或饲养箱(池)四周,蚂蚁入药饵即被毒死。

4. 粉螨

别名粗脚粉螨、干酪虫、粉壁虱、壁蚤。属蛛形纲,蜱螨亚纲,真螨目,粉螨亚目,粉螨总科。据估计目前可能有50万种。粉螨类多为两性卵生繁殖,有些种类的螨属孤雌生殖。粉螨类繁殖迅速,一年少的2~3代,多的20~30代。食性很杂,能危害谷类、畜产加工品和包装铺垫材料等,并能刺咬人的皮肤,引起皮疹。广泛分布于农作物、畜产品、动物体上。

(1)危害作用:由于蜗牛生活在高湿高温的环境条件下,很容易孳生粉螨。粉螨繁殖很快,在适宜的温度下,不到半个月,就能繁殖遍及饲养箱(池)的每个角落。它能聚集在蜗牛贝壳和软体上爬行,骚扰生长蜗牛和成蜗牛的正常休息,处于半休眠状态的生长蜗牛和成蜗牛不能抵抗粉螨持续不断的骚扰、叮咬,最后抗病力下降甚至死亡。也有的粉螨寄生在蜗牛的各部位,使其逐渐瘦小以致死亡。同时,粉螨的身体内部带有的大量曲霉菌和其他霉菌的孢子,也会引起蜗牛发病。

（2）防治方法

① 利用蜗牛昼伏夜出的习性,白天在池面上放几块肉骨头的食料板,粉螨就爬到板上,每隔 2～4 小时清除一次,连续多次,效果甚好。

② 可用 30％三氯杀螨矾或 20％虫卵脂农药,以 1：400 的溶液掺拌在干饲养土中,0.33 平方米的饲养土用药 4 克,加水 1 000 毫升,调至适当湿度,然后将蜗牛放入饲养。药效期可达 40 天以上,气温在 35 ℃以上时,效果更为显著。

③ 可用"劲威"直接喷雾,杀死螨虫。用药时最好选择上午,当蜗牛大部分爬到顶上时,将蜗牛取出后再用药,药液不能喷到蜗牛身上,注意加强通风换气。

④ 在饲养箱（池）内,用马拉硫磷或皮蝇磷喷雾,每 8 平方米 1 千克,杀虫效果很好。重要的是,保证喷雾能将药液渗入螨的所有的隐蔽处,并定期实施喷雾。

5. 蚤、蝇

蚤、蝇属昆虫纲,双翅目,蚤蝇科。种类繁多,已知有 85 000 种。在 20 ℃左右温度下,一般 28～35 天繁殖一代。行动迅速,能行走,也能跳跃和飞翔,不易捕捉。广泛分布于我国各地。

（1）危害作用:蚤、蝇是室内蜗牛最常见的天敌,主要危害幼蜗牛。专门喜叮咬幼蜗牛,吮吸肉汁。凡幼蜗牛遭蚤、蝇叮咬后就出现病态,大量死亡。蚤、蝇甚至还把虫卵产于蜗牛卵中。饲养土中死蜗牛和腐烂残食是出现蚤、蝇的主要原因,故夏季高温和冬季加温的室内易出现大量蚤、蝇。

（2）防治方法

① 平时经常保持饲养箱（池）的清洁,发现死蜗牛和烂菜叶、残食等要及时拣出。

② 发现蚤、蝇后,在饲养室内用 80％敌敌畏乳剂 20 毫升加水 1 千克,稀释成乳液喷布,喷布时,饲养箱（池）的盖用塑料薄膜或废报纸遮盖住,以防药水喷入。此法杀灭蚤蝇有效率达 100％。

③ 可用喷杀蚊虫的"劲威"等低毒杀虫药喷雾。需注意,药液不要喷到蜗牛身上,喷后要通风换气。

6. 线虫

线虫属线形动物,线虫纲。种类较多,包括不少危害人类的寄生线虫,有损人们健康,有害于经济动、植物的生产,影响产量。如人蛔虫、蠕形住肠线虫、十二指肠钩口线虫、斑氏吴策线虫、小麦线虫、广州广眼线虫、旋毛虫等。行自由生活或寄生生活。蜗牛室内饲养时,饲养箱(池)中孳生的线虫是由所取的菜园土,投喂的各种蔬菜及谷物饲料携带线虫的幼虫"虫瘿"或"虫囊"所引起的。在潮湿的饲养土里,幼虫由吸水膨胀的"虫瘿"内移动出来,寻找并侵入蜗牛。一个"虫瘿"内有成虫 40 多条,幼虫可达 1 500 多条。雌虫可产卵 2 000~2 500 个。一个黄色的"虫囊"内有 1~5 条,囊的直径大小仅 52.5~140 微米。广泛分布于土壤、蔬菜、作物、谷物饲料、粪便等中。

(1) 危害作用:线虫主要危害幼蜗牛,喜欢吸吮幼蜗牛的肉汁,可造成大量幼蜗牛空壳。有的线虫寄生在蜗牛的内脏中,营寄生生活,当蜗牛体质下降、长时间不动不吃时,线虫开始取食蜗牛内脏作为营养,使蜗牛迅速死亡。线虫还吸食蜗牛卵内的汁液,造成空壳而孵化不出幼蜗牛。

(2) 防治方法

① 饲养土中发现大量线虫时,要及时更换新土。

② 用马拉乳剂 500 倍液喷洒;或用 $100×10^{-6}$(100 ppm)的碘液滴在线虫聚集处。

③ 在饲养土上撒上必速灭颗粒,用量每平方米 15 克。

④ 在饲料中添加 0.5% 的肠虫清投喂,效果很好。

7. 扁平虫

扁平虫为陆栖涡虫,属扁形动物门,涡虫纲。营自由生活,喜欢潮湿多雨的环境,生活在湿土中。夜出活动。肉食性。我国北到吉林,南至昆明均有分布。

(1) 危害作用:扁平虫幼小时能袭击并消灭最大的褐云玛瑙螺和其他种类蜗牛。它们顺着蜗牛的黏液踪迹滑过蜗牛外壳和躯体,进入呼吸孔和套膜腔,取食其肾、肺,有时还取食暴露部分的外套膜和足。

（2）防治方法：可用海涛林、血防－846、噻苯唑等药物研磨成粉，拌入饲料中饲喂，可收到很好的防治效果。

8. 青蛙

青蛙栖息在平原地区的池、水沟、小河或稻田内，常将身体悬浮于水中，仅头部露出水面，可经久不动，或在水旁的草丛中活动，夜晚和雨后异常活跃。食性广，主食蚯蚓、蜘蛛、蜻蜓等，喜食幼蜗牛，偶尔也食些谷物和杂草种子。分布于我国各地。

（1）危害作用：青蛙喜食幼蜗牛。江苏一家蜗牛饲养场，2007年7月在野外玉米田里放养20万只5克重的白玉蜗牛，到10月中旬采收时，只收到2万多只25～30克重的蜗牛，有18万只蜗牛被青蛙吃掉了。原因是没有除掉田里的青蛙。

（2）防治方法

① 室外围网饲养，要检查围网基部有无小洞，若发现围网有损坏，要及时修补，堵塞小洞。防止青蛙钻入网内吞食蜗牛。

② 平时巡视时，发现饲养地里有青蛙时，应立即捕捉或驱除。

9. 中华蟾蜍

别名癞瘩疱、癞蛤蟆、癞宝、疥蛤蟆。它们除生殖季节外，日间多隐匿在石块下、草丛中或土洞内。早晨、黄昏时和暴雨后，常出现在道旁或草地上。遇有不利即停止活动，如果被人抓住，常常装死。较厚的皮肤具有防止体内水分过度蒸发和散失的作用，所以能长久居住在陆地上而不到水里去生活。冬季，潜入水底烂草中或泥土内冬眠，翌春出来活动。发达的后跖突可以掘土，以适应其穴居习性。它身体笨拙，行动蹒跚，常爬行，不善游泳和跳跃，由于后肢较短，只能做小距离的、一般不超过20厘米的跳动。多以夜间活动的小动物为食，如蜗牛、蛞蝓、蚯蚓以及蚂蚁、蝗虫、螽斯和蟋蟀等。我国不少地区均有分布。

（1）危害作用：蟾蜍是夜出性动物，取食主要在晚上10时至第二天早晨7时，但白天也有捕食现象。通常用舌头捕食活的蜗牛。当蟾蜍发现爬行的蜗牛时，便朝蜗牛跳过去，在离蜗牛5～8厘米时，它便举头后仰并张开下颌，迅速伸出舌头一挥，便包住蜗牛，即迅缩回，把蜗牛带到口中吞进胃中。蟾蜍捕食量大，一个晚上可吃掉70

多只幼蜗牛。

（2）防治方法

① 夜间和雨后趁蟾蜍出来活动和捕食时用手电筒照明进行捕捉，将捕到的蟾蜍放入竹篓内带回处理。

② 室外饲养田四周的围网须筑高，防止蟾蜍越网而过。发现有蟾蜍要及时除掉。

10. 蛇

我国常见种类有火赤链、红点锦蛇和水游蛇等。我国蛇类有约160 种，其中 47 种为毒蛇。行动极为迅捷，常栖息于灌木丛中。通常白天出洞，有时也在夜间活动，主要以鼠类和蜥蜴为食。我国各地均有分布。

（1）危害作用：蛇在夜出时发现蜗牛，当即缩回前半部身体，突然伸出咬上一只，待 2~3 分钟蜗牛被击毙后，开始吞食，一般先从头部吞起，10 分钟左右便能吞下。一条蛇一个晚上能吞吃掉几十只30~50 克的白玉蜗牛。

（2）防治方法

① 发现蛇在地面上爬行时，可先从背后用木叉叉住它的颈部，再用胸口抵住叉柄，用绳索把蛇颈部绑在木叉上带回。

② 用一根长 1.5~2 米的竹竿，顶端绑一铁环，把长筒形的细目网张在铁环上缝牢。捕蛇时，用网迎头一兜，转动网柄，封住网口，再倒进蛇笼。此法适用捕捉水蛇。

③ 可带上皮手套，穿上高筒靴，戴上竹笠，进行徒手捕捉。

④ 取臭鸡（鸭）蛋若干，各打一小孔，沿养殖田周围每 20 米左右放一个，蛇一旦嗅到臭鸡蛋的气味后便会逃之夭夭，很少再入养殖田。若蛇类较多，用量可增大。

⑤ 取雄黄 100 克、杠板归 50 克、白酒 200 克，混合浸闷 48 小时后撒在养殖田四周，每 15 天撒 1 次，驱蛇效果较好。

⑥ 取硫黄 150 克、决明子全草粉 200 克、草烟油适量，混合拌匀，撒在养殖田周围，每隔 7~10 天撒一次，驱蛇效果较好。

11. 老鼠

老鼠属脊椎动物门，哺乳纲，啮齿目。据世界卫生组织资料记载,全世界鼠类有约 1 700 种,我国有鼠类约 170 种。从种类来看,除少数种类皮毛有利用价值外,绝大多数为害鼠。危害蜗牛的鼠类有小家鼠、褐家鼠、黑家鼠、黄胸鼠、红背鼯、棕背鼯、大仓鼠等。

喜居干旱地区,尤其喜处土壤疏松的地方,如耕地、菜园、山坡、墓地、荒地和灌木丛,也有少数栖居在住宅、仓库内。夜间活动,主食各类粮食、花生等,喜食蜗牛。广布于我国各地。

(1)危害作用:老鼠是蜗牛的最大天敌,它喜食蜗牛,一只老鼠一个晚上能啃食掉数百只甚至上千只蜗牛,吃不完就搬到洞里慢慢地吃掉。啃食时总要把螺壳咬破,连肉带内脏吃尽。常发现饲养蜗牛的木箱或塑料泡沫箱和装有冬眠蜗牛的箱子,一旦有老鼠钻入,一夜能啃食掉几十只蜗牛,甚至整箱蜗牛被吃掉。特别是大田围网饲养的蜗牛,网被老鼠咬破或打洞进入,则大量蜗牛被吃掉,造成歉收或无收,经济损失惨重;同时,老鼠还会大量偷食投喂的食物。因此,老鼠是饲养蜗牛的大祸害,必须严加防范。

(2)防治方法

① 自动笼关鼠:自动关鼠笼系用铁丝编织而成,边框选用 10 号铁丝,网用 18 号铁丝。制作规格:长 50 厘米、宽 20 厘米、高 20 厘米,网眼 1 厘米×1 厘米。

使用时,一手先提起横档,另一手把撑门压杆用力向后按,打开笼门,这时提横档的手即可松手,将食饵挂在笼门的饵钩上。鼠进笼后,一碰食饵,因压钩移动,松于撑门压杆、弹簧收缩使笼门紧闭,横档随即落下,即可将鼠关在笼中。此笼捕捉效率高,适合捕捉各种老鼠。

② 闸板笼关鼠:闸板笼的特点是,门能上下抽动。鼠笼高 20 厘米、宽 24 厘米、长 42 厘米。将鼠笼前门做成上下滑动的闸板式,闸门高 18 厘米。使用时,用一根细木棍穿入提梁下小铁环中,木棍的另一头和闸板连在一起,另一头栓细绳,细绳另一头栓铁环。鼠笼箱后留有一小孔,从孔中插进一根竹筷子,一头插上诱饵,另一头插入铁环,仅微别住铁环。当鼠偷吃食时,竹筷和铁环脱离,闸门失去控制即自动落下,将鼠关在笼内。此法不受季节控制,使用简便,适于野外和室内使用,鼠种不限。

③磷化锌毒鼠:磷化锌属急性灭鼠剂。也是国内普遍使用的一种灭鼠药物。此药系灰黑色细粉,对鼠和人、畜、禽的毒性都比较强,作用快。使用时特别要注意安全。磷化锌毒饵的配制比例:磷化锌1份、玉米面或小麦面粉17份、植物油(豆油、花生油之类)1份、食糖1份、加适量水和好,制成面丸或面块,立即使用,也可焙干后使用。老鼠食后能在24小时内死亡,个别1小时至5天死亡。使用磷化锌鼠毒,饵料要常换,使用不宜过频,每年使用一两次为好。它还会引起二次中毒,毒死的老鼠要及时集中深埋。

④敌鼠钠盐毒鼠:敌鼠钠盐是一种抗凝血杀鼠剂,属于缓效灭鼠剂。系淡黄色粉末,纯品无臭味,它的药理作用主要是破坏凝血酶原使其失去活力,损伤毛细血管壁,从而导致内脏、皮下器官等组织大量出血,使细胞缺氧而死亡。在一般情况下,多次投药效果较一次投药好,鼠中毒后1~2天即死亡,3~6天为死亡高峰。这种药的用量较少,毒饵容易被老鼠接受。由于不经皮肤吸收,对人和禽、畜均比较安全,特别适于室内使用。

毒饵的配制:最好用对鼠适口性好的稻谷、大米作饵料,用敌鼠钠盐1~5克,配置诱饵10千克。配制时一定要先将敌鼠钠盐研碎,溶于80~100℃的热水中,趁热将药液注入谷中拌匀,待药液被吸附着后,再晒干或晾干使用。

投毒饵的方法:一般选择晴天的下午进行。在老鼠经常出没的田基边、田缺口或鼠洞旁,用烂泥巴铺平后放毒饵成堆状,每堆放200粒左右,一般每隔4~5米放一堆。老鼠多的田块要多放几堆。每次毒鼠最好连片大面积进行。

⑤灭鼠宁毒鼠:灭鼠宁又名鼠克星或称S-6999,S-70610。系乳白色无臭粉末药物,不溶于水,能溶于稀盐酸。对褐家鼠、黄胸鼠毒力较强,对小家鼠、黑线姬鼠等毒性较差。对人及家畜毒性很低,故较安全。灭鼠宁不引起耐药性,也不会积蓄中毒。配制毒饵的方法:可用干面粉加0.5%~1%的灭鼠宁混匀,加适量水,以擀面的方法先擀成面皮,再切成小方块,每块重0.4克左右,放在锅内炒熟,再加5%食油烘焙片刻即可。可投放于鼠洞附近,每包2克,一般每间屋放2包。此药使血管收缩,老鼠服后15分钟即出现中毒症状,30

分钟左右死亡,灭鼠效率较高。

⑥ 养猫捕鼠:猫是老鼠的主要天敌,是天生的捕鼠能手。俗话说:"一猫安三邻"、"一猫镇千鼠。"由此可见猫的灭鼠威力。据有关资料统计,一只猫一天能捕鼠 3～5 只,一年吃鼠 200 多只。猫即使在吃饱的情况下,只要发现老鼠也要捕鼠。

⑦ 植物驱鼠:无情草,也称蝎子草、火麻。属多年生常绿或半常绿草本植物。种一次数十年不死。高 1 米左右,茎直立,多分枝;叶对生、掌状有深齿;全株茎布满不易觉察的银色柔毛,具有敏感的刺激性,只要将该草鲜株或干品放在室内或饲养田周围,老鼠见到定掉头转向,逃之夭夭,故该草有"植物猫"之称。

12. 鸟类

乌鸦、麻雀、鸽子、斑鸠等鸟类都会捕食蜗牛。鸡、鸭吃蜗牛是人们熟知的。可制作防鸟网、驱鸟剂、驱鸟仪等驱除鸟类。

(1)防鸟网:可在围栏网上覆盖一层网状物。最常用的是渔网或 20 毫米×20 毫米网眼的塑料网支撑在铁丝网上,该铁丝网借助于饲养围栏外部的柱子而被张开,高度约 2 米。

(2)驱鸟剂:目前有专门趋避鸟儿的药物。虽然名称不太一样,有的叫"雀逃",有的叫"驱鸟散"、"驱鸟剂"等,但效果和用法大同小异。兑水挂瓶使用或兑水喷施,散发一种影响禽鸟中枢系统的芳香气体,鸟雀闻后即会飞走,有效期一般能达到半月。不会伤害鸟类,对人、蜗牛无毒无害,使用方便,效果显著。

(3)驱鸟仪:目前市场上有驱鸟电子仪器产品,能自动调控时间和声音,将鸟儿驱飞。

(二)病害防治

1. 烂足病

(1)病因:烂足病是一种真菌性皮肤病,夏季容易发生,流行高峰期在 5～8 月。常发生于高密度饲养及长途运输中,因为此时易使蜗牛腹足受到外伤后,病菌乘机侵入,使腹足的伤口发炎腐烂。

(2)症状:蜗牛腹足受伤,病菌侵入机体,引起发炎腐烂,味发臭。病蜗牛大多呆滞,不摄食,长时间钻在饲养土表面或趴在物体上不活动,1 周后死亡。

(3) 治疗:可用 0.5～0.75 克/米³ 浓缩的威力碘溶液将病蜗牛浸泡 10～15 分钟,严重时用 20～50 克/米³ 的威力碘溶液浸泡 10～30 分钟,同时饲养箱(池)喷洒克毒灵 0.45 克/米³,一连两次,一般可彻底治愈此病。

2. 缩壳病

(1) 病因:致病菌为沙门菌菌体分解时产生的强烈内毒素会破坏蜗牛的消化系统,具有很强的传染性。是蜗牛最严重的疾病之一。

(2) 症状:蜗牛在正常的温度和湿度条件下饲养,表现少食渐至拒食,有时喷温水后或阳光下能出来活动,但吃食很少,很快又缩入壳内。钻砂土或壳口向上呈休眠状。后腹足颜色变深、变黑,逐渐萎缩、干瘦。最后尾腹足成卷舌状,变黑、变硬而死,死后有外套膜或气门排出部分腐臭液。剖检可发现肝脏及脾脏肿大,肠道内腐败食物蓄积大量臭气。生长线与真珠层之间因肌肉溃烂而脱离。病程 1～4周。

(3) 治疗

① 对饲养环境包括养殖箱(池)、用具、饲养土等彻底杀菌消毒。可选用百毒杀、84 消毒液、菌毒清或多功能型消毒液。消毒液间隔使用,要求消毒不留死角。

② 用甲醛和高锰酸钾对饲养室、饲养箱(池)等进行密闭熏蒸,以杀死沙门氏菌。

③ 用多功能型消毒液 1∶200 倍药液或速安康 100 克兑水 5 千克,早、晚蜗牛活动和摄食时进行活体喷雾,连续 3～4 天。

④ 将缩壳病种蜗牛放在用速安康或硫酸新霉素 100 克兑水 2.5千克药液中浸泡 15 分钟,深度缩壳的浸泡 2～3 次,即能治愈此病。

⑤ 用 20 克速安康或硫酸新霉素混同 1 千克精饲料饲喂所有病态种蜗牛和幼蜗牛。1 周为一疗程,3 周后停药,病蜗牛能恢复正常活动。

⑥ 5～9 月室内饲养发现缩壳病蜗牛可取置室外菜地饲养,此病很快就治愈。因为室外阳光中的紫外线能杀死致病菌,所以蜗牛不易得病。同时,室外饲养的蜗牛肠道里约有 90% 对健康有益的厚壁

菌类,能控制大肠杆菌和沙门菌等致病菌。

3. 结核病

(1)病因:本病系病原体结核分枝杆菌侵染所致。如果饲养温度和湿度过大或饲养土发生霉变,易使蜗牛染病。特别是冬季加温期间,由于室内高温高湿、通风不良,是蜗牛结核病的高发期。

(2)症状:蜗牛患此病后,行动呆滞,腹足浮肿,呼吸困难,进食极少,甚至不吃不动,整天柔弱无力,逐渐萎缩死亡。结核病系人和动物共患病,必须引起高度重视。

(3)治疗

① 应预防为主,平时要保持饲养室通风透气,保持一定的温、湿度,饲养土要松软,不能太湿。投喂的饲料也不能太湿,残食要及时清理。

② 如已发病,在500克饲料中可拌入1毫克人用的治疗肺结核病的雷米封或利福平药物,每天食服一次,连服5～7天。或将雷米封2片研碎,加水100毫克,连续5～7天喷洒饲养箱(池)和病蜗牛,可治愈或减轻症状。

4. 镰刀菌病

(1)病因:由饲料中生长的镰刀菌引起。当病菌感染到蜗牛体内,即分泌毒素,致蜗牛中毒。先感染肠子,然后发生败血症,引起蜗牛腹足麻痹而完全不能回缩到壳中去,不到两个月死亡率即可达到饲养蜗牛总数的70%。

(2)症状:蜗牛行动呆滞,不食或少食,腹足肿大、发亮,不能回缩壳内。卵被感染后发生败坏,呈浅褐的玫瑰色。

(3)治疗:

① 发现患病蜗牛应即捡出,另行处理。

② 可用消毒防霉剂1:(30～50)倍药液浸泡2分钟或喷雾。每天一次,3～4天可治愈。

5. 白点病

(1)病因:系细菌侵染所致。

(2)症状:蜗牛腹足受病菌感染后,腹足干瘪,足面上长出一层乳白色的黏膜层,气味发臭。螺体缩在壳内,用手触动时懒洋洋地伸出后又很快缩回,不吃食,最终因瘦弱而死亡。

（3）治疗

① 用 0.01％高锰酸钾溶液浸洗 10 分钟,每天 2 次。

② 用 0.02％硝酸亚汞溶液浸洗 2 分钟,每天 2 次,可治愈。

6. 脱壳顶病

（1）病因：在饲养过程中长期投喂单一饲料或无土饲养,造成缺乏生长所需的钙质及磷、钾等元素,以 2～3 月龄蜗牛得此病较多。

（2）症状：常见蜗牛壳顶脱落,严重时内脏暴露,整个贝壳薄脆,一触即破,终至死亡。

（3）治疗

① 平时应经常投喂含钙质较多的饲料和在饲料中添加一定比例的贝壳粉或蛋壳粉。

② 发现蜗牛脱壳顶现象时,应及时挖取肥沃的菜园土铺放在箱（池）内,以便蜗牛摄取土中的有机质。

③ 可取多年抹在房屋墙壁上的陈旧石灰敲碎成粉末,然后撒放在饲养土中,蜗牛能在几天内吃尽,使贝壳迅速增厚。

7. 破壳病

（1）病因：打开饲养网格时,因不小心使蜗牛受到惊吓掉在地面上;饲养网格挡的不严,蜗牛外逃从高处掉到地面上;装运不得要领,蜗牛伸出头颈造成空壳,易被挤压破碎等。

（2）症状：蜗牛失去保护贝壳,细菌乘虚而入,影响生长,甚至造成死亡。

（3）治疗

① 操作时用力不要过猛,要轻拿轻放。投喂饲料时要注意不要让蜗牛掉到地上。

② 对已经破壳的蜗牛,在破壳较轻的部分涂上红霉素软膏,并注意饲料中增加钙质,几天后就会复原。

③ 破壳较重的部分,先在温开水（35 ℃左右）中将蜗牛洗净,再用注射针筒汲取蒸馏水在破损贝壳处喷射消毒,最后用石膏和剪碎并经消毒的纱布,抹在破损贝壳处,1 周后拆除即可。

④ 无论破壳大小,都要隔离饲养。可在饲养容器的底部放两层

医用纱布,注意增加钙质饲料,直至蜗牛形成钙质结疤为止。

(三)使用中草药添加剂防病治病

1. 中草药添加剂的优势

(1)具有多种营养成分和生物活性,兼有营养物质和药物的两重性,既可防病治病,又可提高蜗牛的生产性能。

(2)不易在蜗牛体内形成残留,从而保证蜗牛产品的品质。

(3)蜗牛一般不会对中草药产生耐药性,不会出现因耐药性问题导致的"药效越来越低—用药量越来越大—残留越来越严重"的恶性循环现象。

(4)目前所采用的中草药添加剂中,从已分析清楚的中草药化学成分和化学结构来看,都不含苯环、硝基、亚硝酸盐之类的致癌物质,可避免一些西药引起的人类和蜗牛的"三致"(致癌、致畸、致突变)问题。

2. 中草药在蜗牛饲养中的应用

(1)防病治病:外向型蜗牛饲养场多为集约化饲养的现代化饲养场,饲养密度大,发病概率高,防病治病是提高存活率的关键。多年来,饲养场中常用土霉素、金霉素、莫能菌素、氯霉素、氯苯胍等抗菌、抗虫药物作为添加剂长期使用,虽然规定了一定的上市前停药期,但蜗牛肉中仍有一定量的药物残留和蜗牛产生耐药性。使用中草药添加剂防治蜗牛疾病,是克服这一弊端的有效措施。组方原则以清热、解毒、燥湿为主。针对大肠杆菌病、葡萄球菌病、曲霉菌病等细菌性疾病,常用中草药有黄芩、黄连、大黄、穿心莲、苦参和藿香等;针对呼吸道传染性疾病,可选用柴胡、蒲公英、山豆根、射干、桔梗、贝母和紫菀等止咳、平喘、化痰的中草药;防治沙门菌病,可选用黄连 6份、黄芩 6 份、黄檗 6 份、马齿苋 9 份混合,按 15％的量加入饲料中喂服,连服 5 天。由于中草药粗纤维含量较高,蜗牛对药物消化利用率较低,宜将中草药煎成汤剂添加在饲料中或饮水中使用。

(2)促进种蜗牛繁殖:根据补肾、益精、壮阳、催情、健脾益气的配方原则,可在投喂种蜗牛的精饲料中添加适量的党参、黄芪、阳起石、菟丝子、肉苁蓉、淫羊藿、益母草、熟地等中草药。

（3）促进产卵：蜗牛卵的形成，一方面依靠种蜗牛卵巢功能的正常，另一方面依靠种蜗牛摄入足够营养。用药原则主要是补肾安神、消食健脾，常用中草药有小茴香、酸枣仁、远志、黄芪、松针粉、桐叶等。

（4）抗热应激：夏季，由于蜗牛饲养密度大，饲养房舍隔热，通风条件差，往往导致蜗牛的采食量减少，产卵量下降，甚至出现死亡等热应激现象。使用中草药添加剂改善机体内环境，提高机体对热应激的感受能力，是抗热应激的有效措施。

根据热应激综合征的发病机制，中草药组方原则应考虑以下几个方面。

一是清热：清热降火可选用石膏、荷叶等；清热解毒可选用板蓝根、蒲公英、穿心莲和白花蛇舌草等；清热凉血可选用生地、白头翁等。

二是镇静、安神、抗惊厥：镇静、安神可选用延胡索、远志等；抗惊厥可选用钩藤、僵蚕、菖蒲和地龙等。

三是调节代谢和免疫功能：调节代谢可选用海藻、党参、五味子和麦冬等；调节免疫功能可选用黄芪、大枣、淫羊藿、补骨脂和女贞子等。

四是健胃消食：可选用山楂、麦芽和六曲等。

第六章　四大蜗牛饲养关键技术

一、褐云玛瑙螺

(一) 生活习性

褐云玛瑙螺适生于南北回归线之间潮湿、温热地带,喜欢栖息于杂草丛、农作物繁茂的山岗坡地、农田、菜园、果园、房前屋后的墙脚等隐蔽处,以及腐殖质较多的疏松土壤表层、枯草堆中、乱石块下。昼伏夜出,在阴湿和浓雾的白天也能外出活动、觅食。

褐云玛瑙螺幼蜗牛期以腐食性食物为主,生长期和成蜗牛期以食取绿色植物为主,对青草、杂草和带有刺激性的植物不喜食或不食,有时也取食猪粪、牛粪及植物的残屑烂叶,在饥饿时也会相互残食或食其他动物腐肉,但在一般情况下,对食物有一定的选择性。日食量为其体重的 4%~5%。

褐云玛瑙螺在气温 15~20 ℃能正常活动和觅食,最适宜生长温度为 23~30 ℃,生存温度为 0~39 ℃,低于 0 ℃或高于 39 ℃都有死亡的危险。致死温度为 −0.2 ℃和 41.2 ℃。平均气温低于 14 ℃时进入冬眠状态,蛰伏于土壤中;翌年当气温回升到 16 ℃时开始解除休眠,活动和觅食。要求空气相对湿度 75%~95%,地表湿度 40%以上,土壤 pH 5~7。若空气干燥、表土层湿度低于 20%,便钻入土内进行休眠。

(二) 室内饲养技术

1. 场地设施准备

(1) 场地设施与要求:利用空余房或新建房进行室内饲养。饲养室大小视饲养量而定,一般要求每一个饲养室面积 20～40 平方米,高度 2.5～2.8 米。要求饲养室通风、保湿,存放过农药、化肥,堆有腐烂发霉物品或释放有毒有害物的房屋不能作为饲养室。

（2）铺设保温板:先在饲养室墙四周铺上 4 厘米厚的泡沫板,顶上铺上 8 厘米厚的泡沫板,在其上再铺上一层塑料薄膜,起到冬天保温、夏天隔热的作用。

（3）安装火炉:在饲养室内合适的位置安装一套加温装置(带烟囱的大煤炉或地火龙或木屑炉均可),确保温度达到饲养要求。

（4）搭建架窝:制备小水泥板 200～500 块(75 厘米×50 厘米×2.5 厘米),备砖 1 200～3 000 块,像搭货架一样,按每层高度 20～25 厘米将水泥板层层连体架起,形成 5～6 层立体的饲养架窝。

（5）制作饲养箱:用 1.5 厘米厚的木板做成长 40 厘米、宽 30 厘米、深 20 厘米的木箱(或现成的不同规格木箱)50～60 只,可作饲养种蜗牛或孵化卵之用。

（6）搭建饲养架:饲养室内搭建饲养架,架高 2 米、宽 0.5 米,分 7～8 层搁置饲养箱,每层高 20～25 厘米,并能方便投食和打扫卫生。

（7）制备饲养土:取未污染的菜园土,经太阳暴晒 3～5 天消毒杀虫后过筛,然后加水使土壤湿度达 30%～40%、pH 7～7.5,便可铺设于饲养箱或饲养池内,铺设厚度 5 厘米。

2. 种蜗牛选择

选择野生或人工饲养的褐云玛瑙螺。要求贝壳完整,无伤残,无畸变,褐云色彩鲜艳,色泽光洁,螺壳条纹清晰,腹足饱满,行动敏感,体重 40 克以上,无病,受孕待产。

3. 日常管理

（1）饲养密度:种蜗牛放养密度为每平方米 100～120 只。

（2）温度与湿度调控:饲养室温度控制在 23～28 ℃,空气相对湿度控制 85%～90%,饲养土湿度 30%～40%,饲养格内湿度 25%～35%。

（3）光照:每天保持 10 小时光照时间,光照度 10～20 勒。

（4）投饲:青饲料与精饲料搭配合理,杜绝青料单一。投喂时要做到定点、定时、定量,饲料不要撒在蜗牛身上,最好在饲养箱、池内放一张塑料薄膜,饲料投喂在上面,这样不污染饲养土,卫生清洁,便于管理。投喂时间一般在每天傍晚,其他时间也可。投喂前少量喷水,使螺清醒后起来吃食,争抢食物。日投喂量为种蜗牛体重的 6%。投喂的饲料配比:精料 10%、青料 85%、粗料 5%。在混合精料中,钙质 30%、蛋白质 40%、碳水化合物 25%、其他 5%。

4. 产卵、收卵与孵化

(1) 产卵、收卵:种蜗牛第一次发情交配,一般从 4 月下旬至 5 月上旬开始,以后一直持续到整个产卵期。冬季温度保持 20～25℃,可继续交配产卵。交配一般在黄昏、夜间或黎明时进行,空气和土壤湿度较大时,白天也交配。首先可以看到一个蜗牛的腹足紧贴于另一个螺壳背面,彼此伸出阴茎进行摩擦运动,持续 10 分钟左右,然后将白色的阴茎插入对方的阴道中进行交配。每次交配 2～3 小时,有时可达 4 小时之久,彼此交换精液后即行分开。

种蜗牛交配后 10～15 天开始产卵。产卵时暂停摄食,头部钻进土下 2 厘米左右,隔一段时间后,头足部回缩至壳口,足部平坦地附在土面上,头部向右方,靠近生殖腔部分,与土面保持一定距离。这时,受精卵排出生殖孔,产在蜗牛自己事先已挖好的疏松泥窝中。产卵后用土把卵埋上,然后离去。偶尔卵也产在隐蔽处的表面。卵呈椭圆形,有石灰质外壳,乳白或淡青黄色,卵粒长 4.5～7.0 毫米、宽 4～5 毫米,比绿豆大些。

褐云玛瑙螺一年可产卵 3～5 次,冬季温室饲养可产卵 2 次,每次产卵 150～250 粒。第一次成熟产卵量较少,只有 60～70 粒,以后逐渐增加。第一年平均每次产卵 150 粒左右,第二年在 200 粒以上。

在种蜗牛产卵期,要及时收集卵粒。一般每隔 1～2 天收集一次。用木箱饲养的可在每天晚上清扫和换饲料时收集。收集时依次将穴口的泥土拨开,然后用调羹轻轻地将卵粒全部取出并置于盆内。收卵结束后,应将原产卵洞穴用泥土填满,以便种蜗牛继续在箱内挖穴产卵。收集的卵如当天来不及孵化,可连泥带卵一起盛放在盆或桶里,在表面盖一块湿布,放在阴暗处,千万不能放在阳光下暴晒或用火烤。

(2) 孵化:可采用泥土孵化法和套袋孵化法。

①　泥土孵化法：预先准备一个孵化箱（大小不限），箱底铺一层 3 厘米厚的菜园土。然后将收集的卵放在泥土的表面，卵上面盖一层纱布，每天视其湿度，将水喷洒在纱布上，以保持纱布和泥土的湿润，经 10～15 天，幼蜗牛就破壳而出。用此法每平方米可孵卵 15 万～16 万粒。缺点是，湿度不易掌握，卵易霉烂，孵化率只有 80% 左右。

②　套袋孵化法：用一个塑料盒，内装湿度为 30% 的细沙土，细沙土铺匀。将收集的卵埋在沙中，堆卵的厚度不超过 2 厘米，上面再覆盖 1 厘米的细沙。然后用大塑料袋包好，保持湿润，一般 28 ℃时 5 天即可孵化出幼蜗牛。

5. 孵化期管理

（1）温度、湿度：孵化温度保持在 25～28 ℃，孵化箱内的空气相对湿度保持 60%～70%。温度对孵化起决定作用，温度不同，所需孵化时间也不同。

表 6-1　不同温度下孵化所需天数

温度（℃）	17～18	20～25	26～28	34～35
孵化所需时间（天）	30	12	7	2

因此，在孵化期间，应随时掌握好孵化箱内的温度、湿度及通气状况。一般来说，箱内温度应控制在 25～28 ℃，这样 10 天左右或更短时间即可孵出幼蜗牛。在温度较低时，里面可放置热水袋或热水瓶子，或在箱外悬挂功率较大的电灯一只，以提高箱内孵化温度，缩短孵化时间。箱内空气相对湿度最高不能超过 60%，一般见卵粒表面干燥时，可少量洒水一次，以保持湿润。

此外，孵化期间要保持孵化箱内的空气流通，一般采用箱盖上安装塑料纱网，空气流通供氧，充分提高孵化率。还有，受精卵壁很薄、易碎，在孵化期间不要轻易翻动，以免影响孵化率。

（2）管理要点：孵化出的幼蜗牛不得即刻移入饲养箱和投喂饲料。3 天后投喂鲜嫩的菜叶，更不可投喂精饲料，7 天后才可翻箱。

6. 幼蜗牛管理

刚孵化出的幼蜗牛有 2 个半螺层，螺壳半透明，可见到心脏跳动。一般先藏在松软的饲养土中，几天后才开始活动。这时可将幼蜗牛从孵化箱转移到饲养箱内饲养,转移时,不能用手拿或镊子夹取,只能用菜叶或湿布盖在土表,待幼蜗牛爬上后将菜叶或湿布一起移至幼蜗牛箱内,以免碰伤或损坏幼蜗牛。待长至壳高 10 毫米时,应控制饲养密度,逐渐分箱饲养。一般每平方米的饲养密度为:0～30 日龄幼蜗牛 1.0 万～1.5 万只,30～60 日龄的 3 000～5 000 只;大于 60 日龄的 600～800 只。

幼蜗牛期是一个关键时期,一定要注意温度和湿度的控制。室内温度最好控制在 25～30 ℃,饲养土湿度为 30%～40%,空气相对湿度为 80%～90%。要求恒温恒湿,昼夜温差不能太大。

幼蜗牛阶段,所投喂的饲料要搭配好,饲料要求鲜嫩多汁,营养丰富。可投喂一些鲜嫩多汁的菜叶、瓜果,辅以一些麦麸、奶粉、钙粉或鸡蛋壳等。精料要炒熟并用开水烫软后,沾在青菜上或均匀地撒在土面上,每天喂食一次,投料量为幼蜗牛总体重量的 3%,以不剩下为好。吃剩的饲料一定要及时清除干净。

7. 生长蜗牛管理

幼蜗牛经过 2 个月的饲养,即从壳高 2 毫米饲养 5 个月后壳高达到 6 厘米,此期的蜗牛称为生长蜗牛。

生长阶段是褐云玛瑙螺生长发育最迅速的时期,日食量很大,投喂量为体重的 1/10。除饲喂青绿饲料外,要添加适量的米糠、麦麸、豆饼粉、鱼粉、禽用生长素和全价配合饲料,还要饲喂一定量的贝壳粉或鸡蛋壳粉等钙质饲料。

在 25～30 ℃的饲养环境下,生长蜗牛摄食旺盛,壳、肉生长并重。因此,要抓住适温季节,促进生长蜗牛生长,达到稳产、高产的目的。

生长蜗牛对湿度的要求:空气相对湿度 85%左右,饲养土湿度40%。饲养期间,要经常观察生长蜗牛的活动情况,如发现螺壳泛白,则是湿度过低;反之,如螺壳湿淋淋的,则是湿度过高。螺口出现黏液膜,为缺水所致;如蜗牛群集在池壁上,夜间也不爬下来觅食,则是饲养土太湿或积水所致。为此,一般每天喷水一次,夏天喷洒 1～2 次。

生长蜗牛管理还要特别注意饲养密度,原则上应随着螺体的长大而不断变更。一般每平方米的饲养密度为：2 月龄蜗牛，1 000～2 000 只；3 月龄蜗牛，600～800 只；4 月龄蜗牛，400～500 只；5 月龄蜗牛，200～250 只。

8. 成蜗牛管理

孵化出的幼蜗牛经 5～7 个月的饲养，体重达到 50 克以上，此时的蜗牛称成蜗牛。成蜗牛不但自身需要不断长大，而且还要大量繁殖后代，需要从饲料中获取大量的能量和蛋白质。因此，成蜗牛的饲料要合理搭配，力求使各种营养得到平衡。投喂的青绿饲料要鲜嫩多汁，如聚合草、山芋藤叶、南瓜、水果皮渣等；精料中要适当增加蛋白质饲料，其蛋白质含量不得低于 1％；还要添喂适量的矿物质饲料。

成蜗牛的饲养土要求有较好的疏松度，饲土厚度为 5 厘米，并掺有 30％的黄沙，以便作穴产卵。每隔 1～1.5 个月更换一次饲养土。

成蜗牛在温度 17 ℃以上生活正常，最适生长、繁殖温度为 20～30 ℃。但其最大的缺点是不耐低温，当温度降到 15 ℃以下，则分泌膜厣，蛰伏不动；接近 10 ℃时，即潜入土中休眠过冬；温度骤降到 10 ℃时，受冻死亡。因此，饲养过程中必须严格掌握温度的变化。

成蜗牛生长最适宜的空气相对湿度为 80％～90％，饲养土湿度为 30％～40％。一般空气干燥时，每天喷水 1～2 次，保持饲养池（箱）内潮湿、阴凉。如果过湿，如空气相对湿度超过 60％时，应停止喷水，并更换饲养土。

成蜗牛除产卵外，并不喜欢在饲土上栖息，而是爬到池壁顶上栖息。正因为这样，成蜗牛的放养密度不宜过大，以每平方米放养 100 只为宜。

9. 越冬管理

褐云玛瑙螺属喜温动物。从我国气候条件来看，长江以南一般在 10 月中下旬温度开始下降，室温逐渐降到 18 ℃以下；长江以北在 10 月上旬寒季已到，室温降到 15 ℃以下，这时应在加温条件下饲养。只要饲养室温度控制在 22～30 ℃、空气相对湿度 80％～90％，供给充足的饲料，蜗牛就可安全越冬且能促进其在冬季里生长、繁殖。

（1）温度调控：为使蜗牛安全越冬，饲养室温度必须控制在 22～30 ℃。加温方法常用的有以下两种。

① 木屑炉加温：参见本章六中的越冬保温方法——木屑炉加温越冬法。

② 炕灶式升温：在饲养室的一端适当位置挖坑建灶，灶建在室内，灶门开向室外，烧水时由室外灶门加燃料（煤或秸秆）。灶上安放一口大锅，内放大半锅水，烧至一定温度时，热水挥发的蒸汽即可增温加湿。锅的边缘要糊严密，以免漏烟。灶侧（对着灶门）建一个排烟管道（用铁管或砖均可）通往室外，一是可将烟引出室外，二是热量通过管壁散发于室内，提高室温。此法设备简单、效果好，适于小规模饲养。

一般来说，冬季饲养室加温后，上层温度高些，下层温度低些；近炉子热些，远炉子冷些，一般有 3～5 ℃的温差。因此，饲养室内蜗牛箱子放置的层次要恰当。蜗牛卵孵化要求 28 ℃左右，可把孵化箱放在较上层或近炉子旁。成蜗牛在适宜温度下易交配产卵，可把饲养箱放在中层。1～4 月龄蜗牛生长期较长，可放在下层养。同时，也要做到每隔一段时间要上下左右调换一下位置，以利促进蜗牛生长发育均衡。

（2）湿度调控：冬季室内空气相对湿度 85％～90％，饲养土含水 30％～40％，蜗牛可生活正常。采用人工加温后，空气湿度和饲养土容易干燥，若 2～3 天不洒水，蜗牛则分泌膜厣，蛰伏不动。因此，必须要做好保湿工作。为增加室内空气湿度，每天在地面上洒水 1～2 次，并每天至少对饲土和螺体洒水一次，以保持饲土和螺体的润湿。洒水时，要用 25 ℃的温水。也可采用在煤球炉或木屑炉上烧水的方法来增加室内湿度。

（3）空气调节：越冬期间，室内要经常通风换气，以保证室内有充足的氧气。喂食时，要将池、箱内的残渣与粪便清除干净。有条件的话，室内最好安装一台电离式空气清新器或换气扇，使室内空气经常保持清鲜。

（4）合理投料：越冬期间，饲料应以富含营养且不易腐败的精料为主，一般可投喂米糠、麸皮、鱼肝油乳剂、鱼粉、贝壳粉或干酵母粉，搭喂一些鲜嫩菜叶。投放量应根据越冬的温度和蜗牛的摄食情况灵活掌握，不宜过多，可以隔日投喂。喂食时要注意清洁，最好把饲料放在盆内或塑料纸上。

（5）日常观察：经常观察蜗牛的活动情况,如发现蜗牛活动有不正常现象或有病或有天敌侵袭等,要及时采取措施。

（三）室外饲养技术

1. 场地选择

选择背风、潮湿、阴暗、土壤疏松、有机质含量丰富的山脚、坡地或菜地及荒地作为饲养场,但须排水良好。如是干旱的田地,必须要有供水设备,如空中旋转喷水器或用人工浇湿法调节田地水分。也可利用灌溉法湿润土地,经济有效。对于土壤稍差的地块,可在其上面覆盖一层有机质丰富的腐殖土或砂土。

2. 防逃

在饲养地四周用尼龙网设置 60 厘米高的防逃网,并在网脚开条小水沟,使蜗牛望水而止。也可在饲养场四周沿地面用裸露的导线做成围栏,导线两端接 6 伏交流电源或 15 伏脉冲发生器,防止蜗牛逃跑。在饲养场四周用生石灰粉撒一条 10 厘米的阻隔带,也有较好的防逃效果。注意石灰遭雨水淋洗后要及时补撒。

3. 遮阳

饲养场四周种上树木或向日葵之类的高秆作物,或种植搭棚的南瓜、丝瓜、豆角等,也可用柴草或遮阳网搭设遮阳棚。

4. 分垄畦

视饲养地大小分成数垄畦,以便饲养操作和采收。每畦以150～180 厘米宽为宜。畦边留有空地,不要铺盖低架,以供放置饲料之用。

5. 饲料投喂

可在饲养场地内种植蒲公英、苦荬菜、菊苣、胡萝卜、红薯等,让蜗牛自行采食。也可以米糠、麦麸、豆饼粉、豆腐渣、贝壳粉混合后用清水调和成糊状,撒于蜗牛架棚旁,供其食用。饲料最好在黄昏日落时刻施放。

6. 放养时间

5 克以上的幼蜗牛放在室外饲养地内饲养,一般在每年的 5 月上旬至 7 月中旬分 2 次放养。经 3 个月的饲养,只重达到 25～30 克可分批采收上市。每 667 平方米可放养 20 000 只幼螺。

7. 日常管理

平时要注意保持养殖地潮湿,但不能积水。在空闲地面盖上柴草,以保持地面湿润;雨季要注意及时排水。另外,应注意防止天敌侵害。

8. 适时采收

当饲养密度过大时,要适时采收个体较大的蜗牛。在冬季来临前,当温度降至 15 ℃时,要及时采收全部蜗牛。蜗牛大小要分开,较小的蜗牛在室内加温饲养或集中越冬。采收完毕后,还可在饲养地种一茬蔬菜或油菜。

(四) 天敌和病害防治

1. 天敌防治

(1) 老鼠:咬食蜗牛的头部和内脏,造成大量死亡和减产。一旦有老鼠钻入饲养池(箱)或饲养地内,一夜便能啃嚼几十只蜗牛。

防治方法:饲养箱(池)加盖或用金属网罩,防止老鼠进入;也可养猫捕食老鼠;还可使用驱鼠器、鼠夹、鼠笼捕捉和使用杀鼠剂灭鼠。

(2) 蚤、蝇:尤其对幼蜗牛威胁性大,专门叮咬幼蜗牛软体部分致使大量死亡。

防治方法:保持饲养池(箱)清洁,及时拣出死幼蜗牛和烂菜叶等。饲养室内用 80% 敌敌畏乳剂 20 毫升加水 1 千克稀释成乳液喷布,或用“克害威”喷布,有效率达 100%。

(3) 壁虱(粉螨):壁虱在高温高湿环境中繁殖快,不到半月便能蔓延至饲养池(箱)的每个角落。寄生在蜗牛的各部,使其逐渐瘦小以至死亡。

防治方法:白天在池面上放几块有肉骨头的食料板,壁虱就爬到板上,每隔 2～4 小时清除一次,连续多次,效果甚好。更换池泥,将表层 1～2 厘米的池泥刮出,调换新池泥。用“克害威”对池、箱内外四周进行喷布,可杀灭壁虱;或用 30% 三氯杀螨矾或 20% 虫卵脂农药,以 1∶400 的溶液掺拌在干燥池泥中,0.33 立方米的池泥用药

4克,加水1 000毫升,调至适当湿度,然后将蜗牛放入饲养,药效期可达40天以上,温度35 ℃以上时效果更显著。

(4)线虫:专门吮吸幼蜗牛的肉汁,致使大批幼蜗牛死亡。

防治方法:保持饲养环境及饲养土清洁,饲养土的湿度不要太大。线虫过多时,将蜗牛在温水中冲洗一下,更换饲养土。用"克害威"杀灭。

2. 病害防治

(1)结核病:由于高温高湿和饲养土发生腐败,易使蜗牛患结核病。病蜗牛行动呆滞,吃食甚微,甚至不吃,全身柔软无力,逐渐萎缩死亡。

防治方法:用链霉素100万单位加入1 000克饲料喂服,连服3～5天。在500克饲料中可拌入1毫克雷米封药物,连服5～7天;或把2片雷米封砸碎加水100毫克,连续对病蜗牛喷洒5～7天,一般可治愈或减轻症状。

(2)缩壳病:由沙门菌引起。病蜗牛体缩入壳内,成休眠状态,少食渐至拒食,有时喷温水后或阳光下能出来活动,但吃食很少,很快又缩入壳内。病程1～4周。

防治方法:饲养环境、养殖池(箱)、用具、饲养土等彻底杀菌消毒或密闭熏蒸。用20克速安康药物或硫酸新霉素药物混同1千克精饲料饲喂所有饲养的病态种蜗牛和幼蜗牛。连喂3周,可治愈。

二、白 玉 蜗 牛

白玉蜗牛是褐云玛瑙螺的变异种,经多代人工养殖、筛选,遗传性能稳定,其特征特性与褐云玛瑙螺基本相似,饲养管理与天敌病害防治等也相似。

(一) 生活习性

白玉蜗牛适生于热带、亚热带。一般幼蜗牛喜欢钻土栖息,成蜗牛有时也钻土栖息。这是因为生理上的需要,便于取食土壤中的有机质、矿物质等,以及躲避地上的不良环境,选择产卵场所。对土壤

pH 有一定要求,适于生活在 pH 5～7 的表土层中。

白玉蜗牛属杂食性动物,幼蜗牛多喜食土中的腐殖质,成蜗牛以取绿色多汁植物为主,食性较广。它又具有一定的偏食性,如不喜食酸碱度较高或刺激味较浓的植物,但在饥饿情况下也取食废纸、猪粪、牛粪、植物残屑等。

白玉蜗牛生长适宜温度为 18～32 ℃。当气温降到 18 ℃以下时,活动开始减弱,进食量大为减弱;15 ℃以下时便钻入土表层,分泌出一种黏液将螺口严严实实的封闭,不食不动,进入冬眠;温度降到 8 ℃以下,会因遭冻害而死亡。而当温度在 19～20 ℃取食正常;23～30 ℃时活动、取食旺盛,产卵也最多;室温达 34～36 ℃时,活动减弱,食量减少;超过 37 ℃,呈半休眠状态;超过 39 ℃时,有被热死的危险。

(二)室内饲养技术

1. 木箱制作

必须考虑操作方便,大小、高低应当一致。可用杉木边皮、水杉、废旧木板等为材料制作木箱,不必太密缝,留必要的通风道。种蜗牛箱底要做平,不漏卵粒。上盖要留有一些缝,幼蜗牛箱须做得紧密些,上面可用尼龙纱布做盖,一边可以连箱固定,一面开即可。种蜗牛箱规格为 48 厘米×32 厘米×17 厘米,幼蜗牛箱 48 厘米×20 厘米×13 厘米。

2. 壁池制作

全部用预制板制作或砖砌预制板作底面,门用杉木边皮或竹片,规格 70 厘米长、45 厘米宽、22 厘米高,可建 6 层左右。

3. 饲养土制作

采用较疏松、肥沃的土,敲细、晒干,放入 5%～10%陈石灰,加水,隔天翻土观察土壤湿度,湿度适宜即可。

4. 陈石灰制备

将新鲜的石灰浇水发散半个月后经常翻晒、雨淋,经 3 个月后可用。还要注意石灰的陈度,石灰气味较强的预先放入田里可以用,拌入饲料也可以用,其他不可用;有少量石灰气味时,用量要少,幼蜗牛不能用。

5. 种蜗牛选择

选择 15～20 克以上、贝壳色泽光洁、条纹清晰、肉色白、健壮的蜗牛。

6. 日常管理

（1）木箱饲养土更换：箱中的饲养土多少（厚度）根据蜗牛大小而定。开始不需要放得过多,幼蜗牛能盖满箱底（1 厘米左右）即可,成蜗牛 2～3 厘米厚,种蜗牛 4～5 厘米厚。一般 20 天左右换土 1 次,最多不超过 30 天。平时根据土质情况而定,土质脏、杂虫多时,应及时换土。

（2）温度与湿度调控：保温饲养的,以温度 23～25 ℃为宜;空气相对湿度 70％～95％,土壤湿度 35％～50％为宜。

判别空气湿度的要领：以螺壳表面湿润为标准（螺壳湿而不滴水、不发白）,如附在壳上的泥土发白,说明空气湿度过低;反之,若螺壳表面水淋淋的,壳顶在慢慢滴水,说明湿度过高。判别土壤湿度,以用手捏紧成团,再用手指捏能散开为准。

（3）饲料投喂：在投喂饲料时,若发现上次喂的食料有剩,说明喂得太多,可以少喂或不喂。当然,如剩料变质,必须拣掉。精饲料一般用禽用精饲料或全价饲料,也可用米糠、麦粉等。青料与精料搭配,将青料切碎,泼少量水,并拌入精料中,青料与精料比为 25：2。

7. 产卵、收卵与孵化

在正常生长情况下,白玉蜗牛于 40 克左右产第一窝卵,150 粒左右,第二窝产卵 200 粒以上,以后随蜗牛个体增大,产卵量增加。一般钻入土中作穴产卵,大多会留下穴迹,可以用手指伸入触摸是否有卵粒,或扒开土观察,发现卵粒应及时收取。收集卵粒时,用调羹把卵粒和少量泥土一起捞取,放入孵化箱。由于卵粒怕干燥,应及时保湿。

孵化箱（可用脸盆、木箱等）根据每天产卵的多少而选用。收取卵粒放入孵化箱。在箱内垫上一层薄膜,上放少量湿土,把卵粒放在湿土上,卵粒厚度不得超过 1.5 厘米,再盖上少量湿土（不能盖得太厚,盖好为准）,然后再在湿土上面盖上一层薄膜,以便保持湿度。孵化时,要注意孵化箱的干湿度,当天放入第二天要观察一遍,如比原先湿度升高,可拉开或取掉上面的薄膜,隔日再盖上。一般不需要喷水,数日后幼蜗牛就能吃壳而出。孵化所需时间因温度不同而异,18～20 ℃时需 25～30 天,23～25 ℃时需 10～13 天,26～30 ℃时需 7～8 天,30～35 ℃时 4～5 天即可完成孵化。

8. 幼蜗牛管理

将幼蜗牛放入小木箱内饲养,幼蜗牛对湿度要求相对较高,必须每天喷水一次保湿,可在箱上加盖湿布或在布上喷水等,刚出壳的幼蜗牛不需要喂食,靠吃陈石灰和新鲜泥土,3 天后投喂鲜嫩多汁的青饲料,食量不大须少喂,一星期后添加精饲料。

9. 越冬管理

(1)温室改建:可利用闲置的猪舍、柴房或楼房层空间,打扫干净,用石灰粉刷一层,墙壁贴一层薄膜,用竹竿或木条固定在薄膜外面,隔 80 厘米一条,再用中膜贴一层,上下端可用石灰粘贴固定,中膜与墙壁薄膜间形成一层空气层,保温性强。温室高度 2 米左右。温室顶必须做平灰顶,在灰顶上面堆些乱柴增强保温。墙外也要密封。温室门开在进炉灶处为宜,门要做得密封,炉灶边墙下放一根室内进气管,在温室离炉灶最远平顶上装一根竹管做排气管,排气管直径 8～10 厘米,进气管比排气管小一半以上,室内平时靠气管通气,以便保持室内空气新鲜。在比较冷的天气下,室内温度下降,进气管可以堵住,到春季温室内温度、湿度过高时可开门缝。

(2)加温方法:加温用可用木屑,成本低、温度高,炉灶采用地火灶。炉灶应设置在靠北侧,也就是平时温度最低的地方,在墙面上开个孔,墙里墙外挖个坑,深 50 厘米以上,大小 100 厘米左右,只要里面能砌炉灶,外面能放木屑炉为宜。以墙做灶门口,炉灶上端开个火道连接烟道。烟道在室内地面四周转一圈再通出室外。烟道可用满砖砌成,水泥粉刷,这样它的散热就比较快。如为了热量充分利用,后面烟道可用铁皮做,炉灶用砖砌、石灰粉,有保温作用。炉灶门口出烟,加高烟囱高度。

(三)室外饲养技术

1. 场地选择

选择屋前屋后的空地、进出水方便的田块。这些田块种植各种植物,生长时间长、叶片多、长势旺盛,可合理利用茬口种养结合,获得高效益。如苦荬菜、大麦田套种南瓜,割去大麦后放入蜗牛饲养;再如种植西瓜、冬瓜、丝瓜等夏季生长旺盛、能遮阳的田块也都可以放养蜗牛,蜗牛放入前应施足肥,放入后不能随便施用尿素。

2. 防逃设施

(1) 尼龙围网栏:在饲养田(地)周围用 1.5 米高的尼龙网围起,防止蜗牛外逃和闲人进入。如饲养面积大,应分小块围起,以 300 平方米左右为一块为宜。

(2) 电网:用 40~50 厘米高的尼龙网布,上端 5 厘米以下编上 2 根导线(可用铜线或 18 号铁丝),2 根相距 3 厘米左右,注意不能相碰。围好网布连接起来,原导线与原导线连接,抽出 2 根头接通充电器,输出线头。输出电压在 6~8 伏直流电,用 6~8 伏电瓶充电器就可以。输入电后,蜗牛爬上网碰到第二根导线就立即缩回来,不会爬出,防逃效果很好。停电时可用电瓶输入。注意充电器使用安全,要选用不会漏电的充电器。

3. 放养

(1) 放养前的准备:开好进、出水沟,做到雨后不积水,天气干燥时可灌"跑马"水;做好遮阳躲藏物体,可在防逃网四周挖好浅沟,上面横放桑枝或杂树枝,上面再盖草,在田地空处放些稻草、麦秆、杂草等,便于蜗牛钻入休息。

饲养田(地)放入熟陈石灰,可采用条放式或堆放式。条放式,条与条相距 1 米左右;堆放式,一般间隔 1~3 米放一堆。如果放入的石灰不够熟陈,还带有很强的气味,应隔一星期后再放入蜗牛;或用杂草盖好石灰,可提前 2 天放入蜗牛。在田里增加石灰时,也必须使用很陈的石灰,且中午投放较安全。也可在饲料中添加石灰。

(2) 放养时间和数量

室外放养时间一般在 5 月上旬至 10 月上旬,也就是外界气温 15℃以上。每 667 平方米放养单只重 5 克左右的蜗牛 2 万只左右,低于 2 克的蜗牛应在田地中小块圈养后再放养。一般在饲料充足的情况下,单只重 5 克以上的蜗牛放养 50 天就能达到 35 克,就可以收获出售;然后再放入第二批。也可以不同规格的蜗牛混放饲养,生长快的先出售。

（3）放养后管理：蜗牛放入一星期内不必投喂饲料，一星期后开始喂少量精料，并根据蜗牛生长逐渐增加投料量。精料隔日投喂，青料每天投喂，如饲养田里青料充足可以不喂。天气干燥时每天傍晚喷一次水，可在沟里灌满水泼浇，有条件的可用高压泵喷水，或灌跑马水，以保持土壤湿度。每天傍晚喂食，早上观察蜗牛是否打堆或逃出，如有打堆应及时捉开。如有蜗牛不能钻入遮阳处，应增加杂草遮盖。

（四）天敌和病害防治

1. 天敌防治

（1）蚤蝇：又叫黑飞虱、紫蚤。虫数量过多影响蜗牛睡眠与觅食。

防治方法：一是换土，由于蚤蝇繁殖周期约 15 天，如在 15 天内换一次土，就可以减少虫的发展。二是用菊酯类农药喷洒杀虫。

（2）线虫：虫量过多会黏贴在蜗牛壳和饲养箱盖上，危害蜗牛。

防治方法：发现饲养箱内有线虫，应及时换土、更换或消毒饲养箱、清洗蜗牛。饲养箱消毒可用石灰水浸泡几分钟，清洗蜗牛可用杀菌灵。

2. 病害防治

（1）脱壳病：长期温度过高、怀卵蜗牛体质差等易引起该病发生。

① 症状：壳与肉之间脱离，严重时暴露内脏，最终死亡。

② 防治方法：室内保温饲养，温度控制在 26 ℃ 以下，湿度也要控制好。发现有蜗牛缩壳时及时捉出隔离饲养，用畜禽用金霉素添加剂混合在饲料中，全面投喂，治病防病。用量参照说明书，一般治病用量是防病用量的 2 倍。

（2）肠炎：高温高湿、阴性细菌干扰是蜗牛肠道发炎的主要原因。此病是蜗牛危害最大也是死亡率最高的传染病之一。

① 症状：蜗牛消瘦，蜗体缩进壳内不食，喷水后蜗体才出来，活动能力差，进食也少，进食后又缩进壳内，几天内不食，最终死亡。

② 防治方法：注意消毒防疫，如每次换土时消毒一次；饲养箱清洗消毒，当然在太阳下晒干也可；室内建有固定池，用抗生素喷施消毒。治疗可用强力霉素、金霉素或其他能治肠炎的药物，每天投喂一次。用量参照说明书，一般治病用量是防病用量的 2 倍。

三、散 大 蜗 牛

（一）生活习性

散大蜗牛系温带种类。喜栖息于含钙较丰富的土壤环境里，多隐栖在灌木丛、草丛中或石块下、枯草和树叶堆下或洞穴、岩石缝隙中。

散大蜗牛几乎取食所有绿色植物，尤喜食蒲公英叶、卷心菜、生菜、大理菊、莴苣叶、油菜、胡萝卜、葡萄叶、金雀花等，以及菊科、禾本科、莎草科、真蓟科等野生植物。幼蜗牛多摄食腐殖质及其他鲜嫩植物。

散大蜗牛昼伏夜出，一般当傍晚光照度 5～30 勒时，便外出活动、觅食。其活动还受湿度控制，适宜的空气相对湿度为 60%～85%，土表湿度为 35% 左右。它能以休眠的方式度过干旱季节，潮湿的环境到来时，又立刻出来活动。因此，生长季节的休眠是浅休眠。

散大蜗牛抗逆性强，能在严寒的地区生活、繁殖，其适温范围为 4.5～21.5 ℃，最适温度为 18～20 ℃。10～15 ℃温度范围内能活动、觅食；8 ℃以下活动缓慢，并会把身体缩入壳内，开始冬眠，可钻入 3～6 厘米土壤深处；温度下降至 0 ℃以下就会死亡；而当温度升至 32 ℃以上时，有被热死的可能。

散大蜗牛雌雄同体，异体交配时间为 3～6 小时，交配后 5～8 天开始产卵。卵通常产在疏松潮湿的土壤中，每次产卵 30～120 粒不等，平均 86 粒，一般 14 天后孵出幼螺。在自然界中散大蜗牛在夏末初秋产卵、繁殖，以卵形式越冬，春末孵化、生长。

（二）饲养技术

1. 饲养方式

（1）木箱饲养：用 1 厘米厚的木板，做成 40 厘米×50 厘米×15

厘米的木箱,箱盖用玻璃盖住,以防蜗牛逃跑。木箱饲养多见于我国北方地区。

（2）网箱饲养：网箱饲养就是把木箱放大,一般规格为长4.5米、宽1.2米,中间放上若干隔板,以增加蜗牛活动面积,防止蜗牛拥挤扎堆。网箱的两边可以用木板、砖、塑料布做成,高26～30厘米,上面用塑料纱网罩住,防止蜗牛逃跑。网箱饲养成本低廉,便于操作,通风透气好,蜗牛活动面大,生长比在木箱、塑料盆里快。网箱饲养多见于我国北方地区。

（3）地下室饲养：在地下室建多层水泥台板,中间留下门形通道便于操作。台板长100厘米、宽50厘米,每层间隔40～50厘米,台板两头用砖垒起。地下室冬暖夏凉,温、湿度容易控制,但要保持通风换气,空气新鲜和一定的光照度。

（4）大棚饲养：选择背风向阳处,将长25米、宽6米的地面犁耙2～3遍,将土整细、地面整平,中间留一条50厘米的通道便于管理,再在四周砌围沟或做"T"形大棚。这种大棚可在地面放养2月龄幼蜗牛20万只。

2. 饲养土制备

饲养散大蜗牛的饲养土要求疏松、湿润、肥沃,呈中性或微酸性,不能含害虫卵和病菌,切忌受化肥、农药等有害物质污染。除易结块的黏土不宜选用外,砂土、壤土都可以尤以富含腐殖质、疏松、湿润的菜园土为宜。用作饲养土时必须经过消毒处理,才能确保饲养效果。

菜园土消毒方法：将菜园土经太阳暴晒后,取敲碎的细土逐层放入桶内,用沸水烫泡,再加盖封闷一夜,以杀灭在土中的虫卵、蚂蚁等,然后把汤泡过的土倒出来,搓碎过筛,筛掉一些杂质,掺入沙子,土沙比为2∶1,以增强疏松性,即可用作饲养土,铺垫在饲养箱内。

3. 种蜗牛管理

（1）饲养管理

① 引进种蜗牛后的头一个月里,要增加营养,使其体质健壮、活跃,为其产卵打好基础。种蜗牛除喂瓜菜、甘薯叶、苦荬菜、菊苣等青绿饲料外,还应投喂一些麦麸、米糠、玉米粉、豆粉等精饲料,也可掺喂一些干酵母粉、钙粉和微量元素。特别要注意增加钙粉的投喂。

散大蜗牛种蜗牛常用精饲料配方：玉米粉 50％、麦麸 20％、黄豆粉 20％、奶粉 2％、蛋壳粉(或贝壳粉)5％、酵母片 1％、葡萄糖 2％。青、精料比 9：1。

② 要有合理的密度，40 厘米×50 厘米×15 厘米的木箱 3 只饲养 200 只种蜗牛，有利于蜗牛交配，使蜗牛合理采食、体质健壮。

③ 种蜗牛对湿度要求高，室内空气相对湿度应控制在 70％～85％。饲养土湿度保持 30％～40％，如湿度低于 30％时，要及时淋水，提高湿度。春秋季节气候较冷，每天喷水一次；夏季气温较高，早、中、晚可各淋水一次，遇更炎热的天气时淋水更多一些，并多喂些青菜、瓜果皮等多汁饲料。

(2) 种蜗牛繁殖

① 产卵、收卵：种蜗牛交配分开后，10 天左右开始产卵，产卵前停止采食，先选择产卵地点，选好地点后先趴在土层上不动，打洞造穴。产卵之前不能惊扰，产卵需 1～2 天时间。

种蜗牛产卵时，卵粒一般在土下 2～4 厘米，将上面的池土分开，用匙勺等工具将整个卵团盛起，用罐头瓶装上一半消过毒的湿沙土，放入 4～6 个卵团后，用无毒透明薄膜蒙住上口，用火柴棒扎 10 个洞流通空气，上盖不滴水的湿布，就可孵化出高质量的幼蜗牛。

专业饲养户(500 只种蜗牛以上)收卵使用罐头瓶太多，为节省罐头瓶，可钉一些 10 厘米高、30 厘米长、20 厘米宽的木箱，放入 5 厘米厚消过毒的沙土(湿度 30％～40％)，空气相对湿度保持 60％～70％，孵化箱上用玻璃和湿布盖好，这样的孵化箱可装入 40 窝卵粒，但必须在卵上盖上 0.5～1 厘米厚的沙土，防止先出来的蜗牛吃未孵化出来的卵。

② 孵化：卵的孵化时间的长短是与温度成正比的。一般盛入卵的木箱或罐头瓶放在阴暗潮湿的室内(不宜放在阳光直晒的地方)，在温度 12～14 ℃时，25 天才能孵化出幼蜗牛；15～29 ℃时，12 天即可孵出幼蜗牛。一般孵化第 10～12 天时卵粒发黄变成灰色，第 12～15 天内全部受精卵都成为幼蜗牛。

4. 幼蜗牛管理

幼蜗牛主要指从卵孵化到 30 日龄的蜗牛。这一阶段的蜗牛壳特别薄、体质娇嫩、对外界环境的适应能力很差,管理上应做好以下工作。

（1）提前准备好饲养箱：幼蜗牛饲养箱的高度应比种蜗牛饲养箱矮,一般为 10 厘米,饲养土厚 2～5 厘米,留空间 5 厘米。

（2）蜗牛孵出 2～5 天后,应将其转入饲养箱。转移幼蜗牛时不能直接用手抓取,以免捏碎或碰伤;可以用菜叶或湿布盖在孵化箱内的沙土上,待幼蜗牛爬到上面后取出,放入饲养箱内,或用鸡羽毛掸掸到饲养箱内。

（3）放养密度以每平方米饲养 2 000～3 000 只为宜,并且应随着个体的增长而适时分箱。

（4）要控制好温度、湿度。温度一般控制在 12～28 ℃,昼夜温差不宜过大;一般饲养箱土含水量以 30％～40％为宜,即手握饲养土能成团,松开手后触之即散。

幼蜗牛经过近 1 个月的饲养后进入快速生长阶段。

5. 生长蜗牛管理

幼蜗牛生长到近 1 月龄时,贝壳出现明显的色素（即色带生长）,这一特征的出现,标志着蜗牛生长发育的旺盛期已经到来。这一阶段蜗牛采食量最大、新陈代谢旺盛、体重增加迅速。管理上应注意以下 3 点。

（1）注意合理的密度,生长蜗牛增重迅速,要随时分箱管理。

（2）按合理比例投喂饲料,不能因其生长旺盛而粗放管理和投喂过量的精料。因为精料投喂过多,造成蜗牛发育迅速,个体很小就达到性成熟,失去经济价值;或因螺壳太硬,造成僵蜗牛。

（3）注意通风换气,可在饲养箱内饲养土平面处箱内壁开孔,使箱内空气对流。经过一段时间的饲养,商品蜗牛达到 8 克以上就可出售了。

（三）天敌和病害防治

1. 天敌防治

天敌有螨类等。日常管理中及时清除粪便、霉烂食物等,及时更换饲养土。发现螨后,及时用药物杀灭。

2. 病害防治

散大蜗牛常见病害有白点病、烂足病、结核病和壳顶脱落病等。

（1）白点病

① 症状：腹足感染病菌，足面长出块块白斑，味发臭。

② 防治方法：用0.4％食盐和0.5％的苏打溶液合剂冲洗（每天浸泡两次），也可用10克氯霉素或土霉素拌入500克饲料连续喂几天即可。

（2）烂足病

① 症状：腹足受伤，病菌侵入肌体，引起发炎腐烂，有黄色脓液，味发臭。

② 防治方法：同白点病。

（3）结核病

① 症状：行动呆滞，腹足浮肿，呼吸困难，进食极少，柔弱无力而死亡。

② 防治方法：可将1毫克利福平药物拌入精饲料中，每天饲喂一次，连喂5～7天，可治愈此病。

（4）壳顶脱落病

① 症状：常见壳顶脱落，严重时外壳薄脆。

② 防治方法：将熟石灰1％掺入饲料中，或在饲料中加适量贝壳粉、骨粉即可。

四、亮 大 蜗 牛

（一）生活习性

亮大蜗牛是杂食性动物，平时以青绿饲料为主，如莴苣叶、小白菜叶、油菜叶、包菜、丝瓜叶、菜瓜叶、佛手瓜叶、角瓜叶、葡萄叶等，也喜食各种瓜果皮、剩米剩饭、谷糠麸皮等，泥土中的一些矿物质、腐殖质以及腐烂的木头、纸张、硬纸皮也吃。它虽以食素为主，但个别情况下也吃些蛞蝓之类，甚至同类的尸体腐肉。如果能因地制宜在当地当时利用最便宜的青菜叶（推荐莴苣科植物）晒干或烤干后磨碎成粉状，储备起来，可供蜗牛整年食用。

亮大蜗牛一般适应生长温度为 6～32 ℃,以 19～24 ℃为佳。低于 0 ℃和高于 32 ℃时均有被冻死或热死的可能。

亮大蜗牛对水分需要量大,当体内脱水 30％时就会死亡。它要求空气相对湿度 85％～95％,表土湿度 25％～35％。

(二)室内饲养技术

室内饲养可采用箱式、盆式、池式等,把箱(盆)一层一层架起来或叠起来,充分利用空间,这样饲养数量就可增加好几倍。

1. 箱(盆)饲养土铺放与更换

箱(盆)清洗干净后,先在里面铺放 2～10 厘米厚的菜园土(这些土最好提前在阳光下晒干,以杀灭土中病虫害,长期储存备用),然后调节土中水分至含水量适宜(表土湿度 25％～35％)。饲养土一般 10 天或半个月更换一次。

2. 放养量

根据饲养箱(池)的大小来投放蜗牛的只数,规格为 10 厘米×30 厘米×50 厘米的饲养箱的投放量为:1 月龄内 600～200 只(出生 10 天内 600 只,之后每 10 天减少 1/3);2 月龄 150 只。规格为 15 厘米×30 厘米×50 厘米的饲养箱可饲养 3 月龄以上生长蜗牛 50～100 只。规格为 20 厘米×30 厘米×50 厘米的饲养箱可饲养成蜗牛 25 只左右。

3. 投喂饲料

(1)投喂时间:亮大蜗牛白天休息,休息时间很长,一般达 16 小时以上。所以,它们 24 小时内只摄食一次即可。不管是室内还是露天饲养,多以夜间投喂饲料为主,尤其是露天饲养。最好采用傍晚开始喷水,喷水后投放饲料。但在气温较低情况下,可以早些时间饲喂;气温偏高时,可待温度下降时再饲喂。如果是室内饲养,气温低时可在中午或下午气温较高时饲喂。

(2)饲料投放量:一般情况下,蜗牛的日食量是它体重的 5％,所以平常每天给蜗牛喂食只能准确掌握大、中、小蜗牛以及每只饲养箱蜗牛数量的多少,恰如其分地投喂它们所需要的饲料量。

4. 幼蜗牛管理

刚孵化出壳的幼蜗牛重 0.02～0.04 克,它有一个薄得几乎透明的外壳。它趴在土里吸取土中的水分,并吃掉它的卵壳,两天后开始摄取土壤中的腐殖质及微量元素,且有明显长大,在 3～4 天后才能食取清脆的绿色菜叶(如小白菜、油菜叶、莴苣叶、甘蓝菜外叶、佛手瓜叶、丝瓜叶等),半个月后或 20 天后即可添加极少量的谷糠类。在幼蜗牛阶段,饲养土最好是用腐殖质多而疏松的菜园土或地瓜田的土。

1 月龄内幼蜗牛的最适生长要求为:温度 20～25 ℃,表土湿度 25%左右,空气相对湿度 90%～95%。表土湿度过大或叶面有水珠停留,往往会把初生的幼蜗牛浸泡死。而饲养箱(盆)内壁、盖子等均要清洗清洁并保持一定湿度,以免幼蜗牛因过于干燥而处于休眠状态,影响它的生长速度。这时的幼蜗牛外壳极薄,不可用手去抓它。每天清理饲养箱(盆)里的残菜叶及粪便时,最好用毛笔或柔软的物体把幼蜗牛轻轻地刷在新的饲养土上,以免将其外壳弄破或捏死。

5. 生长蜗牛管理

饲养 1 个月后的幼蜗牛摄食量逐日增大,直至 5 个月后,这是它的生长阶段的最佳时期。在这个时期,饲养土可增添些钙、磷等矿物质和微量元素。每隔半个月或 20 天左右更换一次新土更佳。这时它的食物可以从新鲜叶子改为晒干(烤干更佳)叶粉加上 20%左右的谷糠、麸皮之类的精饲料。

生长蜗牛适宜温度范围较大,只要饲养箱(池)密度不大、空气流通、氧气充足,在 12～26 ℃范围内均可迅速、正常生长发育,当然最适宜温度为 19～24 ℃。

6. 成蜗牛管理和繁殖

5 月龄后的亮大蜗牛生长开始逐渐放缓,并开始逐渐成熟。一般管理得当,从出壳到成熟只需 6 个月时间;如果在整个生长发育过程中出现过一段时间生长停滞,只要它的个体重量能长到 10 克以上,它就能成熟、交配、产卵。但生长不良的成蜗牛的性成熟可能要延长到 7～9 个月,甚至更长时间才能交配。正常情况下,雄性先成熟,半个月后雌性才成熟。个体比较小的成蜗牛,它的后代只要有良好的环境条件,其个体仍然可长到 25 克,甚至 35 克以上,只是产卵数相对会少些。一般亮大蜗牛每只每次产卵 70～100 粒,少则 30～

50 粒,多达 150～200 粒。

　　成蜗牛的饲养箱(池)要求:高度 17～20 厘米,宽不少于 30 厘米。投放只数以稀为好,密度太大会严重影响交配。一般 20 厘米×40 厘米×50 厘米的饲养箱(池)里投放成蜗牛 20～30 只为宜。

　　饲养箱(池)的土要加厚到 8～10 厘米,因为成蜗牛在产卵时要钻到 6 厘米以下挖洞产卵。成蜗牛适应温度 17～25 ℃,但以 19～23 ℃时交配、产卵率最高。多数成蜗牛并非交配一次即可产卵,往往要交配 2～3 次,交配后的成蜗牛一般经 10～15 天即可产卵。产卵前它们钻进土里,在 6～8 厘米深处挖一个直径 3～4 厘米的圆洞,并吐出黏液把洞内沾上一层"壁",以防止洞内水分蒸发。因此,成蜗牛饲养箱(池)里的土平时要保持含水量 25%～35%,切不可偏湿或偏干。

　　人工饲养时,发现成蜗牛开始产卵,一般间隔 3 天就要挖卵 1 次。挖卵时,先用汤匙把外面的土轻轻扒开,遇到土里有硬块状的土丘,多是产卵洞。这时要把这硬状土壁扒开,就可发现里面有葡萄串一样的一团卵子,小心地把卵堆整堆挖出来,放到已准备好的孵化箱里孵化。

　　此外,完全发育成熟后的成蜗牛,其交配繁殖需要有一定的光照度,且光线中一定要有红外线。

(三) 露天饲养技术

1. 场地选择

　　选择土壤疏松、腐殖质较多(比如菜园、地瓜田、葡萄园等)、土壤酸碱度中性或略偏酸、略偏碱(pH 6.5～7.5)的地块作为饲养场地。

2. 遮阳植物种植

　　亮大蜗牛最害怕阳光的直接照射,强烈的直射阳光(或红外线)可使蜗牛在几分钟内死去。所以,要人为地在露天饲养场内种植一些遮阳的绿色植物,如爬藤植物或低矮的灌木类植物,以达到遮阳的目的。亮大蜗牛属温带型动物,喜欢较低的温度,更应注意让它生活在阴凉湿润的环境里,才能正常生长发育。一般的阴雨天气对蜗牛是适宜的,但阴雨天气过久,环境过于潮湿,就要加强通风;特别是下大雨,更要注意饲养场地的及时排水问题,千万不可让场内积水,最好要备有塑料薄膜之类的遮雨设施。

露天饲养因受大自然季节气候变化的影响而有很大的局限性，故在我国北方地区春季和秋季进行露天饲养较为适宜。就饲养效率而言，露天饲养不及室内饲养效率高。一般露天饲养，每平方米的空间（要千方百计让空间立体化）可投放成蜗牛100只左右。

（四）天敌与病虫害防治

1. 天敌防治

（1）老鼠：老鼠最喜欢吃亮大蜗牛，一只老鼠一个晚上可以吃掉数百只甚至上千只蜗牛，吃不完就搬到洞里慢慢吃。

防治方法：要采取各种有效办法杀死老鼠，平时把饲养箱（池）的盖子盖紧、盖牢固是第一措施。在饲养场所养只猫，防鼠效果很好。

（2）螨虫：在气温高于25℃时，饲养箱里常常会出现大量的螨虫。它们常会爬进蜗牛体内，使蜗牛不敢伸出活动（特别是幼小阶段），以致逐渐饥饿而死。

防治方法：一要适时清除干净箱中的粪便及饲料残渣，把箱（池）壁擦洗干净。二要经常更换饲养土，最好让饲养土经强烈阳光暴晒后使用。

（3）食肉蝇（沼蝇）：这种幼小的双翅昆虫对柔弱和病态的蜗牛特别敏感，一旦嗅到就飞到蜗牛身上，把其幼虫产于蜗牛肉上，使蜗牛马上死亡、腐烂。

防治方法：每天把饲养场所及饲养箱打扫干净，用药物杀灭。

2. 病害防治

饲养过程中比较常见这样一种现象：蜗牛受原生动物感染，首先感染肠子，然后产生败血症，引起蜗牛麻痹而不能完全缩回到贝壳中去。这种现象比较严重，如果不及时处理，不到2个月死亡率可达到70%。对于该病害的防治，至今还没有什么特效药物。现通常的做法：用十万分之一的高锰酸钾溶液浸泡已被感传染的蜗牛1～2分钟，过3～4小时后再用土霉素或氯霉素、四环素药物，按千分之一浓度浸泡1分钟，第二天后重复处理一次；对感染了此病的饲养土全部倒掉,更换新土;饲养箱须清洗干净,手也要用高锰酸钾液洗干净。

　　还有一种较常见的病害是白壳病。1月龄内的幼蜗牛易发此病,较常发生于初春季节。出现此病时,一翻开饲养箱的盖子,蜗牛外壳在数秒内马上变成灰白色。患白壳病的蜗牛虽不易死亡,但总是养不大,且生长不良。

第七章　蜗牛的收购与包装运输

一、收　　购

(一) 采收

蜗牛经 4~5 个月的饲养(从卵孵化后算起),即可采收上市或自行加工成速冻蜗牛肉上市。一般根据其个体大小和肥瘦而定,以未达到性成熟的个体作为商品蜗牛最为合适。

1. 采收时间

(1) 室外饲养的蜗牛:一般在 7 月至 10 月上旬,个体达 30 克左右即可分批采大留小上市。10 月中旬当气温降至 15 ℃时,要及时将饲养田里的蜗牛全部采收,个体大的上市,个体小的进入温室集中饲养。特别是室外饲养的褐云玛瑙螺或白玉蜗牛,它们抵御不住 15 ℃以下低温的侵袭,若迟迟不采收,将导致逐日批量死亡。

(2) 室内饲养的蜗牛:采收简便,只要达到上市规格要求,不受季节、气温影响,全年(包括冬季加温饲养)随时都可采收上市。

2. 采收要求

(1) 采收时应注意尽量不要将螺壳弄破,小心轻放。

(2) 按上市规格要求采收,不要随意采收而将不合格的蜗牛混入其中,以免以后为拣出不合格蜗牛而浪费人力、时间或影响上市销售。

(3) 采收的蜗牛要外形完整,无伤残、破壳、黏液多,无臭味,腹足肥满、活动自如。病、僵、死蜗牛要随手拣出,集中处置。

3. 采收方法

一般采用人工捕获方法进行采收。

（1）室外饲养蜗牛的采收

① 白天采收：可入养殖田里，翻开菜丛、草堆，见蜗牛即随捉随放入桶或箱内。此法比较费力费时，不小心易踩死地上的蜗牛。

② 傍晚采收：根据蜗牛昼伏夜出取食的特性，可在傍晚天黑时持手电筒照亮，用手轻轻捕捉。

③ 诱引采收：因蜗牛夜间活动，取食后喜欢钻入草堆、菜堆中隐蔽栖息，可在日落前将树叶、杂草、菜叶等堆在饲养田间，并撒上一些炒熟的米糠，蜗牛闻到香味就会群集摄食。每隔 3～5 米放置一堆，于清晨翻开草堆集中捕捉。

（2）室内饲养蜗牛的采收：可伸手入池、箱中采收个体适中、健康、活跃的蜗牛装入筐或箱内，然后一并称重。个体小的蜗牛不要采收，让其留在池、箱内继续生长；或将挑余下的少量个体小的蜗牛集中在一起，重新放入池、箱中饲养。采收时，若发现个别死蜗牛要随手拣出，并处置掉。

（3）催肥采收：如果采收的蜗牛达不到商品规格，仍可将其放回原处，继续饲养。或单独进行短期暂养催肥。催肥方法：把蜗牛放入潮湿的草棚里，投喂以新鲜蔬菜、小麦粉、糠麸、玉米粉和食糖等，饲养到所需要的上市规格时，停止喂食，转而喂水 24 小时，即可从棚内取出上市。

（二）收购标准

目前，我国人工饲养的蜗牛多为分散的农户饲养，集中规模化饲养的比较少。因此，饲养的数量有限，需要定时、定期收购。

我国已制定了适用于室内外环境中养成的无公害商品白玉蜗牛、褐云玛瑙螺、散大蜗牛、亮大蜗牛标准。蜗牛市场经销商、生产加工企业应严格按标准收购蜗牛。

1. 鲜活蜗牛收购标准

（1）感官要求：以白玉蜗牛为例，要求如下。

螺壳外形：螺壳完整、螺旋形、无凹凸、无破碎、色泽鲜艳、条纹清晰。

肉质外观：乳白色或淡黄色、无破伤、无黄褐色、裙边奶黄色。

肉质活力：腹足肥满、伸缩迅速有力、活泼好动、黏液多。

内脏质量：内脏器官色泽正常、无病变、无黄水、无异味、有轻度腥味。

（2）个体重量要求：鲜活褐云玛瑙螺 35～50 克,白玉蜗牛 30～40 克,散大蜗牛 8～15 克,亮大蜗牛 20～30 克。

（3）安全指标限量：汞≤1.0 毫克/千克,砷≤0.5 毫克/千克,铅≤0.5 毫克/千克;镉≤1.0 毫克/千克,麻痹性贝类毒素≤80 毫克/千克,腹泻性贝类毒素不得检出,土霉素、四环素、金霉素、呋喃唑酮为 0。

（4）称重要求

① 破壳蜗牛不得超过 5%,超过部分折算重量予以扣除,超过 20%拒收。

② 每只蜗牛体重在规定标准内不得超过 10%。超过 10%者,超出部分以半价收购。

③ 没经洗净蜗牛。掺杂大量的泥沙、杂物、水分要扣除总重量的 5%～10%。

2. 速冻蜗牛肉收购标准

为防止、控制和消除食品污染以及食品中有害因素对人体的危害,保证食品安全,保障公众生命安全和身体健康,收购蜗牛饲养户或养殖饲养场自行加工的速冻蜗牛肉,收购者必须严格按照中华人民共和国《食品安全法》法规执行。

（1）包装要求：1.0 千克×10 袋/箱;外包装为双瓦楞箱,内包装为低密度聚乙烯袋。

（2）品质要求

① 色泽：白玉蜗牛肉色为自然的乳白色（淡黄色）,色泽均匀。褐云玛瑙螺肉色为黑褐色,色泽均匀。散大蜗牛肉色为浅灰白色,色泽均匀。亮大蜗牛肉色为浅灰白色,色泽均匀。

若肉色发红,则为变质蜗牛肉;肉色发黑,则为老化蜗牛或加工技术不到位;肉色雪白,异常（尤白玉蜗牛肉色）则疑加工时使用了违禁添加剂过氧乙酸或甲醛次硫酸氢钠。

② 形态：头和触角内缩,形态完整。

③ 气味：具有蜗牛肉正常气味，无异味，无霉变味，无腐败味。若有酸味，则为添加柠檬酸超量。

④ 组织：肉质紧密，有坚实鲜嫩感，冷冻良好。若肉质疏松，干瘪，无弹性，则为冷藏期超过的蜗牛肉，视不合格产品。

⑤ 密度：白玉蜗牛单位批量密度150～170粒/千克。褐云玛瑙螺单位批量密度84～143粒/千克。散大蜗牛单位批量密度667～770粒/千克。亮大蜗牛单位批量密度320～500粒/千克。

（3）净含量要求：化开冻肉，沥水后称重，若与标示净重量不符，应按实际重量计价。

（4）检验检测：蜗牛冻肉出售者必须向冻肉收购者提交蜗牛冻肉理化指标和微生物指标检验报告单，以便查看检验报告单所检测的指标是否符合蜗牛冻肉所规定的指标。

① 理化指标：挥发性盐基氮≤16毫克/千克，汞≤0.1毫克/千克，砷≤0.3毫克/千克，铅≤0.5毫克/千克，六六六、滴滴涕≤0.2毫克/千克。

② 微生物指标：细菌总数≤500 000个/克，大肠菌群≤4 500个/100克，沙门菌、金黄色葡萄球菌不得检出。

二、包 装 运 输

（一）运输季节

随着我国交通运输业的飞速发展，高速公路四通八达，高速列车快速发展，飞机航班骤增，大大缩短了货物的运载时间，助推了商品蜗牛常年无季节性的收运，只要保暖降温措施和装运工具跟上，蜗牛一年四季都能长途运输。蜗牛在途中的时间最好不超过24小时。当然，从发运至收货地，途中时间越短越安全，蜗牛损耗率小。

（二）运输前的准备

1. 办好托运手续

预先（或电话预定）到长途汽车客运站、民航机场、火车站或快递公司货物托运处办理好蜗牛托运手续，以确定托运数量、件数、包装物(木箱或塑料泡沫箱)、单价、装运日期。托运手续办妥后,即可开始准备托运的蜗牛货源。一般提前2小时将蜗牛运到托运处。

2. 落实自运车辆

若运载蜗牛数量较多,超过4吨以上,途程在5小时以上,自己有卡车或租用卡车运输。自行运输比托运方便、省钱,但车上要准备好绳子、遮雨布等装载工具。

3. 备好装载工具

备好装载蜗牛的木箱或塑料泡沫箱或箩筐、黏胶纸、打包带、塑料编织袋、铁钉、铁丝、榔头、钳子、剪刀、磅秤等工具。

4. 清理蜗牛

托运装箱前,最好将待运的蜗牛用水冲洗干净,检掉破壳、缩壳、病态蜗牛和泥块、污泥、杂物等。

5. 装箱托运

根据托运蜗牛数量多少,提前1天或数小时,组织人力将已清理过的蜗牛装入筐或箱内。不要装得满满的,留1/3空间,盖上筐盖或箱盖,用铁丝扎牢或用钉子钉牢,即可装车起运。若把蜗牛装入塑料泡沫箱托运,蜗牛装箱后,盖上箱盖,用黏胶纸(封箱纸)将箱盖四周封住,并用打包带打成"艹"形,便于搬运,以防箱子在途中颠簸破碎。同时,视气温高低,在箱子四周和箱盖上戳洞数个,以利透气。

6. 传真托运单

蜗牛托运后,要及时把托运单传真给收货人,以便于收货人按时到车站货运处提取蜗牛。收货人提货时要带好身份证和托运单,因持此二证才能提到蜗牛。但由于各地货运部门规定不一,有的只需凭身份证也可提取蜗牛。

(三) 包装运输方法

运输蜗牛的工具要求内壁光滑、干净、无污染、透气性好、坚固、耐挤压、体积小、搬运方便。一般常用的包装运输工具有木箱、柳条筐、竹筐、竹篮、塑料泡沫箱、塑料筐等。

1. 筐运输

用筐运输蜗牛是目前最常用的一种方法。其优点是透气性好,运输途中管理方便,装运密度大,成活率高,适于专车长途运输。

筐一般用荆条、柳条或竹篾编制而成,有圆筒形、扁圆形和元宝形等,每筐可装25千克左右。装运时,将蜗牛装满筐后淋水,加盖筐盖,然后用铁丝扎牢,即可起运。如长途颠簸,避免途中挤压破损,还可在筐内壁四周上下衬上双层塑料编织袋片,用水喷湿,然后将蜗牛装入筐中,体积占整个筐的2/3左右,加盖封筐后用铁丝扎牢,即可装车。装车时,筐与筐间要紧密相靠。上下重叠时,中间必须隔以木板,防止震动叠压造成损坏。同时,加盖遮雨布,并用绳子扎牢,即可起运。此法适用于夏天高温季节大量运输,不适用于寒冷季节运输。若由长途客车或飞机托运,必须在筐外套一个塑料薄膜袋,以防黏液和水分流出。

2. 木箱运输

一般木箱规格为,长35厘米、宽28厘米、高25厘米,容量15千克左右。装运时,将木箱内壁喷湿,然后装满蜗牛,加盖,用铁钉钉牢,并用铁丝扎牢,即可起运。此法适用于长途运输,破损率小。

3. 竹篮运输

对少量引购或方便随身携带时,宜采用竹篮(家用菜篮子)提运,容量为5~7.5千克。提运时,将蜗牛装入篮子内,淋水后用纱布或旧棉布盖住篮口,并用绳子围篮口边把纱布或旧棉布边缘扎牢,即可提运。此法适用于夏天高温季节,在寒冷季节用此法一定要用塑料薄膜将竹篮包裹好。

4. 塑料泡沫箱运输

用塑料泡沫箱装运蜗牛,既保温、保湿,又不容易损伤蜗牛,是目前普遍采用的包装运输工具。箱的大小不限,原则上以轻松搬上搬下为宜,容量为10~25千克。此箱适宜于一年四季装运蜗牛。缺点是,透气性差,不耐压,易破损。在装运过程中要在箱的四周和箱盖上戳透气洞,以增加透气性。箱底部不要戳洞,以免蜗牛溢出的黏液和水流淌到行李车厢底部,沾湿其他物品。若由飞机运输,泡沫箱外还要套一个塑料编织袋包裹,以防塑料泡沫箱搬运时摔坏,蜗牛逃逸到机舱内。

5. 冬眠蜗牛的包装运输

先在木箱或塑料泡沫箱底部铺上一层3~5厘米厚的柔软干稻

草,然后放入冬眠蜗牛,放一层蜗牛,盖上一层柔软的稻草,蜗牛要求尽量排紧。这样一层蜗牛、一层柔软的稻草层层放入,直至放满为止。如放不满,上层可填稻草或海绵稍压紧,钉好或扎牢盖后,用塑料薄膜将整个木箱或塑料泡沫箱包裹好,以防途中受冻死亡,即可起运。

另外,也可用草纸包裹冬眠蜗牛的方法来装运。买来草纸,每张分割成一半,然后用半张草纸包裹一只蜗牛,小心不要损坏膜厣。包好一只放入泡沫塑料箱内,依次整齐排放。装满箱后,盖上箱盖,用黏胶纸封住盖板四周,即可装车起运。

6. 速冻蜗牛肉的包装运输

速冻蜗牛肉成批量运输,可用冷藏车装运。小批量几十至几百千克可由长途客车或飞机托运。通常将冻肉装入塑料泡沫箱内,用黏胶纸将箱盖四周封住,不让漏气,并用打包带打成"卄"形,箱的四周不要戳透洞。一般途程 24 小时之内,箱内的冻肉不会融化。夏季最好在箱内放入冰块,以防气温过高而很快融化冻肉。

(四)运输途中注意事项

(1)蜗牛在整个采收、包装和运输过程中,均应切实做到轻拿、轻放、轻搬、轻装。宜采取快件方式托运和提运。

(2)运输容器内切忌放入绿色植物、藤叶、糠麸之类的饲料,也不能用稻草、草包、砂砾、枝条、粗木屑等做填充料。

(3)运输前如温度很高,对采收的蜗牛最好停食 1～2 天,使其粪便和污泥浊物排尽。因蜗牛在运输中排出的粪便和污泥浊物极易在高温下腐烂发臭,致使蜗牛大量死亡。

(4)在高温季节,夜间比较凉爽,装运蜗牛最好安排在晚上 8 时左右,第二天清晨到达目的地,以避开白天灼热的阳光照射。

(5)专车长途运输蜗牛,尤其是用箩筐装运蜗牛时,车上要盖好遮雨布,并用绳子扎牢,以防刮风下雨和日晒。夏季运输途中最好每隔 5～6 小时用清水喷洒一次,以免蜗牛大量失水。在冬季必须严格做好防冻保暖措施,以免蜗牛受冷挨冻。

(6)到达目的地后,要立即将蜗牛取出,用清水冲洗干净,并将破壳、死螺剔除,其余投入池(箱)中饲养。如果作为商品或供加工之用,可立即进行销售和加工。在到达目的地后,最好进行短期养育肥壮,以提高蜗牛肉质量和等级。

第八章　蜗牛养殖业发展探讨

一、蜗牛养殖业标准化模式

蜗牛养殖的现代化应是生产条件现代化、生产手段科技化、管理服务社会化、功能目标多元化和资源配置市场化。

1. 着力转变增长方式

（1）建立规模化生产基地：随着我国蜗牛消费市场需求量的逐年攀升，必须摒弃放种回收、再放种再回收和加工方法过时的生产经营方式，着力向规模化、区域化、专业化发展。各地蜗牛企业应根据自身的经济实力、市场销量现状，在所在地区或周边区域内采取自费、联合、合股、招商等形式，建立具有带动作用、用地 13.33～66.67 公顷（200～1 000 亩）、年产 1 000～2 000 吨商品蜗牛的生产基地。同时，也可采取建立蜗牛养殖专业村、蜗牛养殖专业合作社、蜗牛养殖小区、农户公司等，组建至少年产 500 吨蜗牛的生产基地。这样既能迅速增加农民收入，又能保证市场的有效供给量。

（2）实施高产高效养殖技术：改变传统养殖方式，实施高产高效养殖模式。传统的蜗牛养殖方式采用木箱、盆、塑料泡沫箱，既费工、费力，又产量低下、收益不高。高产高效养殖技术包括：大田围网自动喷水、自然生态养殖蜗牛、温室大棚放牧养殖蜗牛和室内多层立体养殖蜗牛，自动控温控湿卵孵化方式和冬季电器自控保温养殖，可确保一只蜗牛一个生物年度生产 8 千克商品蜗牛和饲养 7 个月每 667 平方米（1 亩）产 4～6 吨商品蜗牛，实现高产高效。

（3）发展产品加工龙头企业：实施加工龙头带动战略，积极发展蜗牛产品精深加工和综合开发利用，以加工促发展带基地，实现蜗牛养殖业增值增效。按照"扶优、扶强、做大"的原则,重点扶持一批加工龙头企业,促其迅速扩张生产经营规模,尽快成为竞争优势明显、辐射带动能力强的大型企业集团。

2. 建立健全市场体系

蜗牛只有进入市场,蜗牛养殖业才能实现价值,因而要将培育建设市场置于推进现代蜗牛养殖业的重要位置。

(1)发挥专业市场效应:自 20 世纪 90 年代起,鲜活蜗牛直接进入上海、北京、广州、沈阳等大城市的水产品批发市场或农贸市场进行批发、零售。十多年来,市场销势逐年见旺,年销售量在 1 000 吨以上。今后几年内应大力推广在全国各地中等城市的水产品批发市场或农贸市场中建立鲜活蜗牛专卖摊位或门店。通过市场,各地蜗牛生产基地和养殖户可以快捷地接受供需信息,及时供货上市交易,有力地促进蜗牛养殖业的发展。

(2)充分利用餐饮资源:综观世界各国食用蜗牛的发展历程,首先蜗牛登上饭店、酒馆的高级餐桌,列入菜谱,然后才慢慢进入百姓家庭的餐桌。从我国各地已将蜗牛列入菜谱的宾馆、饭店来看,每月至少要吃掉 250 千克蜗牛,若全国大中城市的中、西饭店都用上蜗牛烹饪美味佳肴,那么蜗牛的消费量非常大。因此,充分利用好餐饮资源,与餐饮企业建立稳定的供销关系,从而达到蜗牛生产企业规模化养殖的目的。

(3)多渠道开拓市场:规模化发展蜗牛产业,应充分考虑提高产业的市场竞争力,应积极培育和发展专业合作社、行业协会、营销经纪人等中介组织和各种类型的专业大户,形成行业协会+龙头企业+合作经济组织+养殖户等多种形式和养、加、销联产,贸、工、农一体化的经营体制。建立健全多种形式的信息传播网络体系,完善蜗牛生产、销售和消费信息的收集和发布制度。建立专职销售队伍,跑市场和利用电子商务和数字证书,进行网上交易,并通过龙头企业的扶持,将产业的发展与大市场联结起来。同时与大专院校联系,寻求新的与产业发展相关的技术,为产业的发展开拓更多的销售市场。

(4)发布市场价格指数:随着我国市场经济不断发展,以及经济全球化、国际产业转移和资源全球化配制的发展趋势,使我国的蜗牛交易成为世界范围内的营销渠道。必须对我国整个蜗牛产业状况、生产成本、资源成本和市场需求、国际贸易变化的综合反映等，通过科学处理，形成多元的、综合的和系统的市场信息，每周或每月发布我国蜗牛市场价格指数，使其成为我国蜗牛生产企业和国内外采购商的重要参考依据。引导国内外市场供需调节，调整利益关系，打破国内外少数几家蜗牛巨头掌控"价格"和"谈判"话语权的局面。

（5）实现产品市场多元化：经济条件的改善使得消费者更加关注健康食品，而一些特殊的疾病，如心脏病、高血压、糖尿病、性功能减退等大多与脂肪、热量、盐等的摄食过多有关，亟需防治这类疾病的食品和药品。同时，随着快餐业的崛起和旅游业的发展，必将需要直接或进行简单加热即可食用的，集营养、功能、时尚、方便于一体的各种各样的小包装食品，如蜗牛香菇饼、蜗牛脯、蜗牛肉松等。为适应市场需求，应充分利用新技术和新工艺，发展深精加工，开发多品种、差别化、多风味的小包装蜗牛产品和科技含量高、疗效显著的蜗牛保健功能食品和药品，力争创特色、创品牌。

（6）打造市场品牌效应：在食品安全、质量受到特别关注的今天，实施品牌战略将提升蜗牛生产企业的技术水平和素质水平。好的品牌不仅具有推动企业经济和规范市场中的良好效应，而且还可拉动产品的消费增长。因此，在坚持实施标准化饲养蜗牛的同时，应注重做好蜗牛产品的地理标志保护和商标注册工作，生产出无公害、高品质、可放心消费的蜗牛产品，以形成优质品牌。优质品牌还需要有完善的包装，好的包装也是促进产品销售的重要因素。为便于储存和销售、保证食品卫生，蜗牛产品的外包装要求独特、色彩吸引人、规格与众不同，可以保障产品从装箱运输到上架零售整个过程中包装完好无损。此外，蜗牛产品包装须根据食品安全管理体系（HACCP），实行全封闭、自动化灭菌工艺生产，以改善产品质量和包装水平，延长货架期，有效刺激消费者的购买欲望。

（7）壮大市场竞争主体：培育壮大市场竞争主体，是推动现代蜗牛养殖业发展的重要载体。当今市场竞争日趋激烈，竞争的形式也越来越多，蜗牛生产企业应从商品质量、品种、品牌、产销、商情、服务态度、服务环境、聘用能人等多方面、多角度、多层面去竞争，摆脱同质化竞争的局面,形成高端竞争和差异化竞争的新格局,抢占世界蜗牛产业价格链的高端,使企业在市场的竞争中立于不败之地。

（8）拓展国际蜗牛市场：为顺应国际蜗牛市场与日俱增的需求,应与欧洲、美洲和日、韩等国家的蜗牛产业同行进行广泛交流与合作,建立全球化战略联盟,签定长期稳定的供货关系。财力雄厚的企业可到蜗牛消费量大的欧洲、美洲国家设立办事处,或开办蜗牛贸易公司,或兼并收购或入股国外蜗牛公司,直接把我国生产的蜗牛及其产品运到国外市场销售。

（9）规范种源市场：良种是养殖标准化的基础,是规模效益的前提。多年来,全国蜗牛种源市场较为混乱、缺乏监管,劣质、带病、不产卵、僵化、价高价低的所谓"蜗牛良种"充斥市场,严重制约了我国蜗牛养殖业的健康快速发展。对此,必须加强对现有蜗牛企业的社会责任教育,开展蜗牛种源专项整治工作,实行蜗牛良种生产许可证制度。首先由蜗牛行业协会组织专家,按照种源标准,对蜗牛企业进行审定,审定意见报告当地政府畜牧水产主管部门签发"蜗牛种苗生产许可证"。对未经审核批准种蜗牛生产的企业和个人,应予取缔或明文规定其只准生产商品蜗牛,不准进入种蜗牛市场,违者依法追究法律责任,并列入"黑名单",全国通报,使蜗牛种源市场呈现有序、健康的发展状态。

3. 推进养殖技术的进步

要实现由传统蜗牛养殖方式向现代蜗牛养殖模式的根本转变,需要科学技术的支撑。虽然我国蜗牛饲养技术处于世界领先水平,但不尽完善的地方还很多。时下,要加快蜗牛养殖先进实用技术的推广普及,重点推广蜗牛养殖专业村、饲养小区规模生产技术、大田围网生态养殖技术、温室大棚放牧养殖技术、僵化蜗牛养殖技术、高效育幼螺技术、无抗养殖技术、高产繁育与规范化养殖技术、高温季节亮大蜗牛和散大蜗牛饲养技术等。

要加快蜗牛高端产品技术的研究和推广。鼓励和支持科研单位、大专院校、食品医药企业的科研人员与蜗牛生产企业开展蜗牛产品开发研制技术的服务和合作。

加强对蜗牛饲养从业人员的技术培训,要把提高入住小区饲养户、专业合作社社员、公司带养户、入协会会员的文化素质和科技素质作为基础性工作抓紧抓好。积极推行科技入户工程,把技术推广与培养人才结合起来,培养一大批职业化蜗牛饲养户和科技饲养带头人。进一步组织吸纳和培养科技推广骨干队伍,派遣到各地技术力量相对薄弱的企业,帮助指导科学饲养蜗牛。不断完善技术推广体系,改善技术推广环境,使科技对蜗牛养殖业的贡献率达到80%以上。

4. 依法促进蜗牛养殖业发展

深入学习宣传、贯彻、实施《畜牧法》《农产品质量安全法》《动物防疫法》《食品安全法》《农民专业合作社法》等法律法规,加大对蜗牛生产经营、种源市场、防疫的监督管理。加大普法力度,提高生产经营者的法律意识。严肃查处各种违法乱纪行为,不断提高依法执政能力和水平。

二、蜗牛养殖产业化发展模式

我国蜗牛产业化虽起步晚,但发展较快,产业化模式在不断演变,主要有以下模式。

1. 公司＋农户模式

以当地骨干公司为龙头,围绕一种重点蜗牛品种的生产、加工和销售,在互利的基础上通过合同与广大农户结成产加销一体化的经济实体。

2. 中介组织＋农户模式

以中介组织为依托,创办各类蜗牛产品生产、加工、服务、营销企业,组织农民进入市场。

3. 专业批发市场＋农户模式

以兴建蜗牛产品专业批发市场为龙头,通过蜗牛产品市场,农户可快捷地接受市场信息,灵敏地作出决策,从而达到一个蜗牛产品专业批发市场带动一个区域发展支柱产业的目的。

4. "4+2"模式

"4"即"公司＋农户＋基地＋市场",2 即"研发中心＋培训中心"。公司、农户、基地、市场、研发中心、培训中心是一个有机整体,缺一不可。在这个模式中,市场是导向,农户是关键,基地是基础,公司是桥梁,培训是手段,研发是核心。

5. 专业协会模式

这是一个由社会团体牵头,把分散的饲养场或农户通过市场开拓和技术、信息服务等环节联结起来,形成利益结合、互相依赖的社会化生产和销售服务体系。

6. 合作社模式

主要有蜗牛饲养合作、产品加工销售合作、经营管理和技术信息咨询合作,以及信贷保险合作等。合作社大多由中、小农户自愿加入,社务由全体社员协商,一人一票,民主决议。其成员在生产、交易中统一行动,实行资金融通方面的合作,减少中间商环节,共享加工增值的效益,其收入一般是在扣留必要的公共积累后,按社员投入多少进行分配。

7. 合同制模式

合同制是指专业销售公司通过与饲养场主签订合同,在明确双方经济责任的基础上,以直接的业务往来向饲养场主提供服务的一种经营方式。场主与农民合作社之间、与私人公司之间、与各种行业管理委员会之间都可以采取合同方式明确双方的权利和义务,保证产品的销路或收购。按合同制组成的联合企业,普遍采用的形式,一般由工商公司与养殖场主签订协作合同,将产供销(或产加销)联合为一个有机整体。

8. 农户公司模式

它是一种以农户家庭经营为主体,以独户、联户为组织形式,具有独立企业法人资格和市场行为为主体,就近就地依法从事各种生产经营活动的经济组织,农民在公司中从事生产,由农户公司组织安排生产,进行合理的社会分工,让农民共享信息、技术、价格、市场等资源,促进产业的快速发展。

三、蜗牛养殖标准化生产模式

蜗牛标准化养殖和蜗牛产品的标准化生产是蜗牛产品质量安全

管理的治本之策。全面推行蜗牛养殖标准化生产已成为我国蜗牛养殖的主攻方面。标准的实施推广模式种类繁多,形式各异,效果各不相同,总体上有8种模式和类型。

1. 基地示范型

特征是以政府推动为主,以项目实施的方式进行标准化的推广普及和标准的实施示范。主要的做法包括:一是政府制订规划,政府部门根据国家政策和各地优势及市场环境,选择1~2个或2~3个蜗牛产品作为主导产品,在一定的范围内有目的地培育主导产业。二是科学选定标准。三是广泛进行培训。四是积极创办样板,以点带面,使基地内所有生产者均能自觉按标准组织生产。基地示范型比较适合由政府部门牵头实施的商品蜗牛基地建设,优势蜗牛产品产业带开发,无公害蜗牛产品生产基地建设。农业部、国家标准委和地方农业部门所创建的标准化生产示范区(基地),大多属于这种类型。

2. 市场准入型

特征是涉及安全、卫生方面的标准必须强制执行。在标准实施结果考核上,必须经过一定的程序证明符合标准要求,达到法律、法规规定的最低准入条件。对蜗牛产品的生产而言,主要是农药残留、兽药残留方面的规定和市场准入要求。为了确保标准的实施和实施效果,对强制性标准的实施和违规,国家大多有明确规定。对操作性的强制性标准,如果出现违规,将责令停止违规行为,限期改进;对质量安全限量强制标准,一旦确认不合格或不达标,将作强制性处罚。

3. 认证促进型

特征是通过专门的机构,按照相应的程序办法,促进标准的使用者严格实施和推行标准,并通过对各个环节的贯标情况检查,作出科学评价,颁发证明贯标和达标行为的证书和标志。这是国家积极倡导和推行的一种贯标制度,通过认证措施促进标准实施推广,其标准实施率和实施效果的到位率接近100%。认证促进型是世界各国普遍推崇的标准实施推广模式,特别是对一些推荐性标准,采用认证的方式可极大地推动标准的实施与推广。

4. 龙头企业带动型

特征是蜗牛产品加工、流通龙头企业,利用资金和品牌,通过标准化手段,将企业的加工、贸易行为和周边的散户农民生产有机地结合起来,通过合约的方式,形成生产、技术、品牌、资金相融的利益共同体。龙头企业带动型适合于商品化、产业化程度比较高的地区和行业,特别适合于出口基地、菜篮子产品生产基地。

5. 行业自律型

特征是行业协会通过标准将产销有机地衔接起来,运用协会的技术与组织资源,将生产规模做大,将品牌做响,将市场做活。协会拥有自己的品牌和标志,所有签约农户生产的产品,统一使用协会提供的带有协会标志的包装、封存材料,经协会逐户验收合格后统一由协会对外销售,确保市场和价格的稳定,也有利于维护签约农户的利益。

6. 品牌创建型

特征是围绕知名品牌和产品,通过标准化的手段和统一的标准实施推广,将品牌产品规模做大,质量做强,效益做高。主要措施包括:一是挖掘和打造品牌;二是配套制定标准;三是加强培训和技术指导;四是统一包装上市和销售。

7. 产销对接型

特征是产销双方根据生产实际和市场需求,签订产销合作协议。在产销合作协议中明确产品质量安全水平以及共同遵循的技术标准和双方的权利和义务。这种类型是最为成功有效的标准实施推广模式,通过消费拉动生产,通过市场需求推进蜗牛产品生产标准化。主要措施包括:第一步是签订合同;第二步是互查互认;第三步是共同确认上市标识,经过产销双方互相认可的基地和产品,大多辅以特殊的标识,便于免检入市销售;第四步是加强监督和信息反馈。

8. 饲养大户型

这是最具推广价值的一种标准实施推广模式,符合我国国情,也是解决千家万户蜗牛产品生产者质量安全管理的最有效办法。饲养大户型主要做法,一是选准市场;二是选定标准;三是过程控制;四是分级销售。

蜗牛产品品种繁多,生产条件各异,标准化的生产技术和模式也在不断变化和发展。对蜗牛养殖和蜗牛产品生产而言,标准实施推广模式的总结和推行,要不断予以丰富和发展。

四、蜗牛养殖专业村建设模式

1. 发展蜗牛养殖专业村的意义

市场经济的大潮,推动着全国蜗牛养殖业向纵深发展,传统的个体饲养已不能满足市场和增收的需要。走发展蜗牛养殖专业村之路,是对现行生产关系的变革和生产力发展的创举,对于提高农民组织程度和市场主体地位,发展蜗牛饲养专业化、规模化、区域化、标准化生产,提高市场竞争力,加快现代农业发展步伐,建设社会主义新农村,具有十分重要的意义。

发展蜗牛养殖专业村可将一家一户分散的庭院经济纳入现代商品生产的轨道,集体经济组织能得到充分的发挥,实现农村充分结合双层经营体制框架的构成。蜗牛养殖专业村的建立,真正体现了以农民投资为主体,以市场为导向,以追求利润最大化为目标的市场经济运行规则,达到较高农村经济发展的目的。建立蜗牛养殖专业村,最大优势是能持续、稳定、批量的向市场提供真正符合标准的蜗牛产品。

2. 发展蜗牛养殖专业村的条件

(1)以自然村为单位,由村委会和农民自愿投资相结合建立蜗牛养殖专业村。

(2)蜗牛养殖专业村饲养蜗牛种群量5万只,年产量达到400吨。

(3)蜗牛养殖专业村发展单位必须具备4个条件:有优良的种源;成熟的饲养技术;稳定可信的蜗牛商品市场;充足的收购资本。不具备这4条,任何单位不能发展蜗牛养殖专业村。

3. 蜗牛养殖专业村的实施

为确保蜗牛养殖专业村工作顺利进行,要切实加强专业村的领导和管理,明确方向,建立相应的配套措施,搞好规范化建设、生产指导体系建设、技术服务体系建设和市场销售体系建设工作。

（1）成立专业村管理委员会：由村长、会计、场长、发展单位经理或副经理等成员组成领导班子，并派1人专职负责专业村的日常工作。定期或不定期召开生产会议等。

（2）专业村组织形式：可采用农户公司形式、饲养小区形式或分派到村户家里饲养。

（3）专业村建设力求规范化：建设蜗牛养殖专业村，要统一规划，合理布局，建立育种场、蔬菜种植区和大田饲养区。饲养区与村庄保持一定距离，远离其他养殖场、化工厂、农药厂和人群活动区，尽量做到环境清静、无污染。

（4）做好基础设施工作：育种场和饲养区的水、电、抽水机、喷管、道路等基础设施要齐备，给蜗牛生长创造一个保湿、保温、通风、光照、充足饲料等良好的生态环境。

（5）加强品种管理：选择饲养适销对路的高产、优质的蜗牛种源，强化蜗牛良种繁育和选育，淘汰生产性能差、种质低劣、发病率和死亡率高的蜗牛，使蜗牛逐代得到更好的发展，以确保蜗牛产量的提升。

（6）饲养技术必须到位：蜗牛专业村的成败取决于饲养技术，技术成熟与否决定了蜗牛的产卵率、孵化率、成活率、生长率的多少，即决定了蜗牛生产量和经济收益的多少。因此，必须调派1~2名专职技术员参与蜗牛饲养，负责蜗牛饲养全过程的技术工作。同时，强化饲养人员的技术培训，提高饲养技能，并积极引进创新、适用的蜗牛饲养技术，以实现蜗牛生产量和经济效益的同步增长。

（7）强化标准化生产：一定要按照无公害蜗牛饲养技术规程组织蜗牛生产，从出壳幼蜗牛饲养到成蜗牛，以及饲养过程中药物、饲料的使用必须按规定执行。大田放养蜗牛务必做到围网饲养，喷灌清洁水，以防蜗牛逃逸危害农作物和传带寄生虫。

（8）做好标志、标识工作：蜗牛饲养发展到一定规模时，要做好绿色蜗牛产品的地理标志保护、证明商标和集体商标工作，以形成品牌蜗牛，提高市场的信誉度和认知度。

（9）适时上市销售：蜗牛按计划生产，可每3个月采收一次，一年采收 4 次。螺体重量达到可食用和加工规格时,应即时采收上市销售,以收到最高的生产效率。

(10) 搞好财务管理:建立健全财务管理和会计核算制度,做好业务经营财务收支、盈余分配等统计报表制度和监督审计工作,实行村务公开和财务公开,切实保护专业村组织及其成员的利益不受侵犯。

蜗牛养殖专业村只要按照提高管理水平、提高经营水平、提高经济效益的要求,在抓措落实和工作重点的同时,突出与农民建立利益联结的运行机制,一定能起到"兴一方产业、活一方经济、富一方百姓"的作用。

五、蜗牛养殖小区建设模式

1. 建立蜗牛养殖小区的意义

蜗牛养殖小区是一种新型的蜗牛业生产组织形式,是按照标准化饲养要求建立的,有一定生产规模的,实行统一管理的蜗牛饲养园区。

蜗牛养殖小区便于政府部门宏观调控;便于技术推广,疫病防治和产品安全管理;有利于科学饲养管理,规范化操作,产业化经营;有利于改善生态环境,是蜗牛养殖业发展的方向和趋势。蜗牛养殖小区建设好了,将会增加农民收入,减少环境污染,促进生态向良性循环转化,最终将有力促进农村面貌的改观,为推动社会新农村建设,打下坚实的基础。同时,也为蜗牛的健康、产品质量和数量的提高,以及人类食品安全创造良好条件。

2. 组织形式

蜗牛养殖小区的组织形式实行"五统两分",即统一规划、统一建设、统一防疫、统一苗种和饲料、统一集中销售,分户饲养、分户核算,以保障生产经营的顺利进行。

蜗牛养殖小区模式是由农户分散小规模饲养到规模化饲养的过渡形式。采取企业+农户的生产方式。以企业为产业化龙头带动一群饲养户。

3. 建立蜗牛养殖小区的思路与探讨

（1）建立蜗牛养殖小区的标准

① 有规模：蜗牛养殖小区用地量 33.3～100 公顷（500～1 500 亩），入区农户饲养规模要达到 40 户以上。实施生产量达到 1 000 吨以上。

② 有主导产业：小区内饲养的必须是同一种类的蜗牛，以生产商品蜗牛为主。

③ 有经济指标：蜗牛产品达到绿色无公害食品。

④ 有组织机构：有一套完善协调的管理组织机构。

⑤ 有管理制度：土地、房舍、饲料、财务、分配等一系列配套的管理制度。

⑥ 有技术力量：有自己的专职技术骨干队伍。

⑦ 有经济效益：生产的蜗牛收入可观。

（2）蜗牛养殖小区的目标、任务

① 目标：以先进适用的蜗牛养殖技术开发及示范作用为切入点，以组织管理和运行机制创新为动力，采用政府引导，企业和养户结合为主体，广泛调动园区内外的各种力量，建立 21 世纪农业发展趋势的区域经济农业科技创新基地，形成蜗牛产业、管理、经营现代化和产业发展模式，实现蜗牛饲养结构优化、农村和农民经济升级与跨越，以及区域农业资源和环境的可持续发展，同时辐射带动周边地区蜗牛饲养和农村经济的全面可持续发展。

② 任务：一是构建核心区，示范区，辐射带动等不同层次的发展体系。二是构建起技术开发、技术推广和技术培训的科技创新体系。三是构建起先进科学生产管理服务体系。四是构建起蜗牛养殖小区经营管理新机制体系。

4. 蜗牛养殖小区的保障措施

（1）科学规划：科学规划是小区工作的保证。小区建设最好按照政府的统一规划，合理布局，安排规模，选择合适位置，考虑长远的发展，避免反复搬迁。重点考虑饲养规模、饲料来源、喷灌和排水、道路进出、自然环境和综合利用等问题。

（2）科学选址：蜗牛养殖小区要远离人口密集的村镇，公路（尤其是交通干线),要建在有自然隔离条件(如山丘、河流、树林、庄稼)的地方,最好建在荒地、荒滩、未曾污染过非耕地上,或租建在闲置的农场、饲养场里。切忌建在曾种植过葡萄等果树和没有河流的地方。小区要有封闭式围墙或自然隔离带。小区的主要入口要设置消毒池、门卫值班室、车辆进出消毒池。生活区、办公室、生产区各功能区之间要有明显的隔离带。种蜗牛、幼蜗牛、孵化房舍,屠宰加工车间,冷库和饲养大棚,饲养大田等布局要合理、标准化。

(3)投资兴建:蜗牛养殖小区由企业投资兴建,可本着全面规划逐步实施的原则。一是基础设施(水、电、路)一次到位;二是房屋基建(办公室、住宿、食堂、饲养房、冷库、屠宰加工和饲料车间)等逐步实施;三是高级设施(温室、塑料大棚、大田围网、地下喷管等)一次到位。

(4)项目扶持:蜗牛养殖小区基础设施投资大,周期长,短期内收效低和引进新技术、技术人员等,所有各级政府涉农部门(科技、农业、产业办、水、电、税务、金融等)都应大力支持,在国家计划项目方面进行经济扶持和贷款,正确引导,确保蜗牛养殖小区逐步走向健康持续发展的轨道。

(5)签约入户:入区农户可与业主签约租赁,分户饲养、分户核算,业主提供100平方米的蜗牛饲养房舍,0.67～1公顷(10～15亩)大田和5个塑料大棚。并统一供应种苗,精饲料、防疫、技术、收购等。这样降低了饲养户应对市场、饲养成败的风险,可保障饲养户的利益。

(6)封闭管理:对小区内人员实行封闭式管理,在小区内吃住,专设食堂,不轻易离开生产区。也可实行严格的工厂化式的上下班制度。

(7)技术培训:为保证入区农户掌握蜗牛饲养技术,须经过为期3天的技术培训,方可上岗。并严格规定按无公害蜗牛饲养技术规程进行蜗牛生产。

(8)配备技术人员:小区要配备3～5名饲养技术过硬的技术员,负责全区的蜗牛日常饲养管理工作和疫病的防治工作。

(9)严格免疫:小区内实行全年程序化科学免疫和消毒,尤其是作为一家一户组织起来的饲养小区,更应该把防疫工作放在一切工作的首位。采取一切有效措施防止疫病的发生。蜗牛用药要统一供应管理。冬季室内饲养蜗牛尽量采取火道、暖气、电器自动控温等方式保温,以净化室内空气,减少蜗牛呼吸道疫病的发生。

(10)实施无公害生产:为实现生产的蜗牛高产、优质、绿色无公害,要实施大田围网,自动滴灌,自然生态饲养和标准化温室大棚放牧饲养。达到饲养 7 个月每 667 平方米产 2~3 吨商品蜗牛。

(11)饲料自种自给:饲喂蜗牛的青绿饲料,入区的农户按不同的季节种植蜗牛喜欢吃的饲菜,如苦荬菜、蒲公英、莴苣、冬瓜、南瓜、大白菜、胡萝卜等;精饲料,由业主建立蜗牛专用饲料加工厂,自行采购玉米、黄豆、麦麸等配上药物,微量元素加工成全价饲料,统一配给入区的农户饲喂蜗牛。

(12)按时收购上市:待蜗牛饲养到一定上市规格时,由业主统一收购上市或按市场需求情况,分批分户的收购上市,或加工成冻肉上市。货款由业主与农户结算。

(13)市场保证:蜗牛养殖小区的建立,首要的要有长期稳定的销售市场;要有一定的销售网络和销售队伍;绝对不能零打碎敲,生产多少能销掉多少。后续能有自主创新,具有市场竞争力的蜗牛产品推向市场和拓展外销市场,只有这样,才能使蜗牛养殖小区持续健康发展下去,越办越好,越办越大。

以上是建设蜗牛养殖小区、管理小区的原则要求,各地区在实际建设过程中,如遇具体问题,还应请当地政府农业部门、蜗牛协会和有关专家咨询指导。

六、蜗牛养殖专业合作社建设模式

在各级政府的大力支持下,蜗牛养殖专业合作社得到快速发展,为现代蜗牛养殖业发展增添了新的动力,对促进农业增效、农民增收起到了重要作用。

1. 模式类型

按照蜗牛饲养种类,合作社的建设模式大致可分为三类。

（1）公司＋合作社＋农户型：大多以蜗牛冻肉、休闲食品加工企业为龙头，实行产加销一体化，带动能力强，社员基本利益有保障，市场风险较低，社员素质高，发展后劲强，符合合作社发展方向。但目前该类合作社数量较少。

（2）规模饲养场＋合作社＋农户型：大多以较大的蜗牛饲养场为基础，技术上能相互交流，信息上互通，带动能力强，可维护合作社的基本运作。但防范和化解风险能力低，当不确定因素发生时，很可能出现合作社解体。该类合作社数量较多。

（3）合作社＋农户型：大多是乡镇或行政村或某一农户领办，成员之间关系松散，在饲养管理、养殖技术、疾病防治等方面缺乏交流，没有稳定的基础，销售市场不一，带动能力低，管理难度大。目前该类合作社数量最多。

2. 建设要求

发展蜗牛养殖专业合作社要做到规范和提高。

（1）规范：所谓规范，就是坚持依法办社，按照法律的要求来建立健全合作社的各项规章制度，用法律来保护合作社和全体社员的利益，用规章制度来约束社员的行为，使社员履行法律赋予的权利和义务。具体来说，就是要做到以下"三个一"。

有一个完备的章程。要按照《农民专业合作社法》和《农民专业合作社登记管理条例》，结合自身实际来制定规范的合作社章程，建立健全合作社岗位职责、生产管理、收购营销、财务会计、档案会计、档案管理、民主管理及监督等切实可行的制度。

有一个良好的运行机制。按照"理事牵头、代表牵线、分层管理"的方式，建立健全合作社社员（代表）大会、理事会、监事会等组织机构，并按章程和各自职责认真履行；加强民主决策、民主管理和民主监督，重大事项应由合作社社员（代表）大会讨论决定，不管社员出资多寡，在决策中都实行"一人一票"的原则，使社员平等地享受决策权。坚持召开一年一度的成员代表大会，理事会和监事会要向成员代表大会书面报告当年度组织发展、业务经营、财务收支、盈余分配和监督审计等情况。

有一套严格的管理制度。按照"合作社统筹、民主管理、股份运作,行业自律"的办法,建立健全组织活动制度、民主管理制度、信息服务制度、资金积累制度、风险保障制度、民主监督制度等。特别是对合作社企业的工作人员要实行聘任制,经理应根据其生产服务经营需要,可由社员出任,也可聘请专门的职业经理人担任。同时根据实际经营情况,建立经常性向有关咨询机构和专家的咨询制度,开设合作社股份交易市场等,从而既保证社员对合作社的民主管理,又实现对企业的高水平经营与管理。

(2)提高:所谓提高,就是全面提升合作社竞争力、服务能力和抗市场风险能力。提高合作社发展的立足点要放在拓展服务领域,整合现有产业提升产品竞争力上,实现小农户与大市场的联结。具体如下。

一是建设蜗牛基地,形成蜗牛生产的规模效应。有规模,才有市场主动权。合作社要紧密结合新农村建设和"一村一品"产业发展,切实把壮大优势产业和特色产品,作为建设合作社的重要环节来抓。在发展基地过程中,要打破区域界限,打破行业局限,整合资源优势,积极推进合作社间的强强联合,合作社与龙头企业的合作、与社会服务机构的合作,走专业化、集约化的路子,从而扩大生产规模,赢得产品进入市场的规模优势,增强抵御市场风险的能力。

二是统一生产标准,打造产品的品牌优势。有质量、有品牌,才有市场竞争力。围绕提高蜗牛市场竞争力,坚持标准化生产入手,重点在生产技术和市场准入两个方面制定生产技术规程、强化自律管理,在合作社内部实行同一种源的采购和供应,统一生产质量安全标准、统一收购、统一品牌、包装和销售,并严格按照"绿色"、"无公害"生产标准组织生产。同时,合作社要加大蜗牛产品商标注册力度,积极开展产品的认证、评估,在做大规模的同时做响品牌。

三是拓展服务领域,提升服务功能。合作社要突破单纯的技术服务或销售服务,积极发展金融服务、农产品加工服务等高端服务。在注重生产的同时注重产品的精深加工,品牌的整合,不断拓展合作社的功能和产业发展空间,解决产品的加工增值和市场出路问题,实现产业发展与自身壮大的良性互动;在金融服务方面,合作社可建立互助基金,用来帮助家庭困难、缺乏资金的农户发展生产,同时还可以向因意外造成损失的农户提供适当补偿,不断提高农民的合作意愿,提高组织化程度,促进农民发展蜗牛养殖的积极性。

七、申报蜗牛产业化龙头企业标准

第一,具有独立的企业法人资格,经营期两年以上。

第二,经营业绩良好,连续两年盈利,具有良好的发展前景。

第三,具有一定的经营规模和经济实力,有较强的自筹资金能力。年固定资产净值 500 万元以上,净资产 300 万元以上,且不低于申请财政补助资金总额的 3 倍。

第四,近两年资产负债率低于 65%,银行信用等级 A 级以上(含 A 级,未向银行贷款的除外)。

第五,财务规范,管理严格,资产优良,不欠税,不欠工资,不欠社会保险金。

第六,建立了符合市场经济要求的经营管理机制,能保证项目按计划建成和财政资金规范、安全、有效运行。

第七,与农民以多种形式,形成联结紧密、科学合理的利益共同体。

第八,蜗牛养殖基地(场)应具备下列条件。

(1) 符合国家产业政策,行业发展规划和法律法规。

(2) 辐射带动能力强,项目直接带动农户 300 户以上。

(3) 资源优势突出,区域特色明显,竞争力强。

(4) 规范生产,品质优良,技术先进,符合农产品质量安全要求。

(5) 产加销各环节联系紧密,产品 80% 以上有销售合同。

(6) 项目用地手续合法,符合规划,合理节约。

(7) 符合环境保护和可持续发展要求。

(8) 投资估算合理,自筹资金来源有保障,筹资方案可行。

(9) 加工项目向农户采购的原料占所需原料的 70% 以上,流通项目涉及的原料,80% 以上来自当地农户。

(10) 预期效益好,有较强的抗风险能力。

八、蜗牛出口贸易的基本程序

如今,许多蜗牛企业正在拓展国际市场。一般出口贸易分 5 个步骤进行,即:前期准备、对外联系、组织货源、出口发货和后续工作。以下就出口贸易基本程序和注意事项做简要介绍。

1. 前期准备

(1)办理工商登记:在工商执照里列明出口的经营范围,注册纳税人登记号等,如资料齐全,从审批到发执照在 60 人工日内可以完成。

(2)出口资格审批:现在国家放宽了出口限制,注册资金在 50 万元人民币的公司或企业就能申请从事出口业务。具体手续可在当地经济管理委员会办理。

(3)海关备案:在出口地海关进行登记备案。如果公司设在武汉,出口口岸拟定在上海和广州两地。该公司应在三地的海关同时办理手续,以便通关。

(4)外汇:出口除了要在银行有人民币账户外,还必须有一个外汇账户,同时还有一个"汇路"(即国外客户汇款的往来行和账户等资料),以便客户付款结汇后,银行按当日的汇率换算人民币进公司的账户。这可在商业银行的国际业务部咨询和办理。

(5)出口单据:公司的商业发票、装箱单,出口货物明细单等可在外委托印就;原产地证和商检证由商检公司或商检局出具;保险单在专业公司办理;报关单可在专业报关行购买;外汇核销单在外汇管理局领取。另外,还需刻制中英文公司章、法人的私人印章和报关专用章等。

(6)其他:货物如需商检,还必须在商检局办理申报手续,委托商检或进行法定检验。

2. 对外联系

找客户、商谈贸易条款等环节都要涉及对外联系,现在信息发达,常见联系渠道如下。

(1)参加专业展销会(如广州出口商品交易会等)。

（2）上知名的商业网站，上面有大量求购信息，以捕捉商机。

（3）自己组团出国推销或找朋友介绍。

（4）利用视频、网上传递等方式与客户接洽。

一旦与国外客户接洽上，双方应就品种、规格、数量、单价、包装、支付条件（是电汇，还是通过信用证）、出口口岸、装运期等进行商讨，达成一致后，签订出口合同。

3. 组织货源

在收到国外客户信用证通知书或首批预付款的情况下，就可以在国内组织相应的货源或安排生产。组织货源的原则：一是质量可靠，二是价格便宜，三是发货便利。

4. 出口发货

货物按要求备好后，公司应及时向航运公司提供全套的出口单据以报关、订舱。如需商检，则必须在装船期前进行。如产品来自不同的产地，应集中到离港口最近的工厂统一装箱。装完箱后，可以用数码相机将现场拍摄成图片传给客户。

5. 后续工作

（1）运输公司传来提单后，应进行审核，以便使其出具符合要求的正式提单。自备的单据或从别处来的单证都要认真复核，及时更正错误。因为在信用证付款的条件下，任何错误都有可能成为客户不付款的理由，造成不必要的损失。

（2）将发票和缴款书连同其他资料提交给税务局，申请出口退税。

（3）及时向外汇管理局退回核销单副联办理核销手续。

（4）因近期人民币在不断升值，计算成本时，要把升值的幅度预估进去，否则实际结汇会产生汇兑损失。

（5）全部出口程序完成后，仍不能认为万事大吉。遇客户问题，要认真对待，谁的责任谁负责。如推诿搪塞，很有可能做成"一锤子买卖"。

主要参考文献

［1］周卫川. 非洲大蜗牛及其检疫. 北京：中国农业出版社,2003

［2］龚泉福. 光亮大蜗牛、散大蜗牛、白玉蜗牛. 上海：上海科学技术文献出版社,2000

［3］龚泉福. 怎样养蜗牛. 郑州：河南科学技术出版社,1991

［4］龚泉福. 食用蜗牛饲养指南. 上海：上海科学技术文献出版社,1990

［5］龚泉福. 养蜗牛. 郑州：河南科学技术出版社,1985

［6］江苏新医学院. 中药大辞典. 上海：上海科学技术出版社,1985

［7］陈德牛,高家祥. 中国农区贝类. 北京：农业出版社,1984

［8］龚泉福. 食用蜗牛-褐云玛瑙螺. 上海：上海科学技术文献出版社,1983

［9］蔡英亚,张英,魏若飞. 贝类学概论. 上海：上海科学技术出版社,1979

［10］南京土壤研究所. 土壤知识. 上海：上海人民出版社,1976

［11］H. H. 卡拉布霍夫. 动物的休眠. 北京：科学出版社,1959

附录　蜗牛养殖相关标准与规程

（一）鲜活蜗牛技术标准

1　范围

本标准规定了蜗牛产品要求、试验方法、检验规则和标志、包装、运输、贮存。

本标准适用于鲜活白玉蜗牛，其他种类鲜活蜗牛可参照使用。

2　规范性引用文件

下列文件的条款通过本标准的引用而成为本标准的条款。凡是注日期的引用文件，其随后所有的修改单（不包括勘误的内容）或修订版不适用于本标准。然而，鼓励根据本标准达成协议的各方研究是否可使用这些文件的最新版本。凡是不注日期的引用文件，其最新版本适用于本标准。

GB/T 5009.11 - 2003　食品中总砷及无机砷的测定

GB/T 5009.12 - 2003　食品中铅的测定

GB/T 5009.17 - 2003　食品中总汞及有机汞的测定

GB/T 5009.19 - 2003　食品中六六六、滴滴涕残留量的测定

GB/T 5009.116 - 2003　畜禽肉中土霉素、四环素、金霉素残留量的测定。（高效液相色谱法）

GB/T 5009.108 - 2003　畜禽肉中乙烯雌酚的测定

GB/T 16869 - 2000　鲜、冻禽产品

3　技术要求

3.1　感官要求

感官要求应符合表1的规定。

表 1　感观要求

项目	要　　求
贝壳外观	表面光滑、无破碎、无畸形、表面无泥污
贝壳色泽	褐色或浅褐色或玛瑙色、条纹清晰
肉质外观	白或乳白色、无污染、无破伤
肉质活力	经触碰后，伸缩迅速有力，有时有液体排出
气味	无异味

3.2　安全指标限量

安全指标应符合表 2 的规定。

表 2　安全指标限量

项目	指标值	项目	指标值
汞(Hg)	≤0.1毫克/千克	土霉素	不得检出
铅(Pb)	≤0.5毫克/千克	四环素	不得检出
砷(As)	≤0.5毫克/千克	金霉素	不得检出
乙烯雌酚	不得检出		

4　试验方法

4.1　感官检验

将试样放在白色塑料盘或搪瓷盘中，在光线充足、无异味的环境中，用温水对试样喷雾后经 1～2 分钟，对样品按 3.1 进行检验。

4.2　样品制备

停喂饲料净养 3 天，清洗、去除贝壳，取腹足、头背部及外套膜等可食部分，弃掉内脏后，粉碎、混匀。

4.3　砷

按 GB/T 5009.11 规定的方法测定。

4.4　铅

按 GB/T 5009.12 规定的方法测定。

4.5　汞

按 GB/T 5009.17 规定的方法测定。

4.6　土霉素、四环素、金霉素

按 GB/T 5009.116 规定的方法测定。

4.7 乙烯雌酚

按 GB/T 5009.108 规定的方法测定。

5 检验规则

5.1 组批

以同一来源、同一时间收获的,为同一检验批次。

5.2 抽样方法

同一检验批次的蜗牛以 10 000 只为一批,每批按 1‰随机抽取样品。不足 10 000 只,每批抽取样品 100 只。

5.3 检验分类

产品检验分为出厂检验和型式检验。

5.3.1 出厂检验

每批产品应进行出厂检验。出厂检验由生产单位质量检验部门执行,检验项目为感官检验,产品检验合格后方可出厂。

5.3.2 型式检验

有下列情况之一时应进行型式检验。检验项目为本标准中规定的全部项目。

(1)蜗牛养殖环境发生变化,可能影响产品质量时;

(2)国家质量监督机构提出进行型式检验要求时;

(3)出厂检验与上次型式检验有较大差异时;

(4)正常生产,每年至少一次的周期性检验。

6 标签、包装、运输、贮存及保质期

6.1 标签

标注产品名称、产地、生产厂家、生产日期。

6.2 包装

用塑料周转箱、泡沫周转箱等洁净、无毒的包装器具。

6.3 运输

蜗牛运输过程应避免日晒及风吹或寒冷气候。长途运输时应注意保持湿度,以保证蜗牛的鲜活程度。

6.4 贮存

蜗牛可在温暖、潮湿、光线较暗的场所贮存。

6.5 保质期

产品在上述运输贮存条件下,保质期为 15 天。

（二）冷冻蜗牛肉技术标准

1　范围

本标准规定了冷冻蜗牛肉的技术要求、试验方法、检验规则和标志、包装、运输、贮存。

本标准适用于鲜活白玉蜗牛经加工制成的冷冻蜗牛肉。其他种类鲜活褐云玛瑙螺、亮大蜗牛、散大蜗牛加工成冷冻蜗牛肉可参照使用。

2　规范性引用文件

下列文件中的条款通过本标准的引用而成为本标准的条款。凡是注日期的引用文件，其随后所有的修改单（不包括勘误的内容）或修订版均不适用于本标准。然而，鼓励根据本标准达成协议的各方研究是否可使用这些文件的最新版本。凡是不注日期的引用文件，其最新版本适用于本标准。

GB/T 4789.2 - 2003　食品卫生微生物学检验　菌落总数测定

GB/T 4789.3 - 2003　食品卫生微生物学检验　大肠菌群测定

GB/T 4789.4 - 2003　食品卫生微生物学检验　沙门氏菌测定

GB/T 5009.11 - 2003　食品中总砷及无机砷的测定

GB/T 5009.12 - 2003　食品中铅的测定

GB/T 5009.17 - 2003　食品中总汞及有机汞的测定

GB/T 5009.19 - 2003　食品中六六六、滴滴涕残留量的测定

GB/T 5009.44 - 2003　肉与肉制品卫生标准的分析方法

GB/T 5009.116 - 2003　畜禽肉中土霉素、四环素、金霉素残留量的测定（高效液相色谱法）

GB/T 5009.108 - 2003　畜禽肉中乙烯雌酚的测定

GN 5749 - 1985　生活饮用水卫生标准

GB/T 16869 - 2000　鲜、冻禽产品

GB 7718 - 1985　食品标签通用标准

GB 9687 - 1988　食品包装用聚乙烯成型品卫生标准

《定量包装商品计量监督管理办法规定》国家技术监督局第 75 号令（2005）

3　技术要求

3.1　原料

本产品采用个体大小适中、新鲜活跃的商品白玉蜗牛加工制成。

3.2　加工用水

加工用水应符合 GB 5749 规定。

3.3 感官要求

应符合附录表 1 规定。

表 1 感官要求

项目	要　　　求
色泽	肉色、玉白至黄褐色,色泽均匀
气味	具有蜗牛肉正常气味、无异味
形态	头和触角内缩,形态完整
组织	肉质紧密,有坚实鲜嫩感,冷冻良好

3.4 分级规定

见表 2。

表 2 分级规定

分级	要求(只/千克)
一等品	70~140
二等品	≥140　　<70
等外品	不缩头、不完整、色泽差

3.5 理化指标

应符合表 3 规定。

表 3 理化指标

项目	指标值	项目	指标值
挥发性盐基氮	≤16 毫克/100 克	六六六、滴滴涕	≤0.2 毫克/千克
汞(以 Hg 计)	≤0.1 毫克/千克	乙烯雌酚	不得检出
铅(以 Pb 计)	≤0.5 毫克/千克	土霉素	不得检出
砷(以 As 计)	≤0.3 毫克/千克	四环素	不得检出
铜(以 Cu 计)	≤18 毫克/千克		

3.6 微生物指标

应符合表 4 规定。

表 4 微生物指标

项目	指标值
菌落总数	≤5 000 cfu/毫升
大肠菌群	≤4 500 MPN/100 毫升
沙门氏菌	不得检出

3.7 定量包装净含量偏差

应符合《定量包装商品计量监督管理办法规定》。

4 试验方法

4.1 感官检验

以目测、手触、嗅觉检验。

4.2 分级检验

以目测计数。

4.3 理化检验

4.3.1 挥发性盐基氮

按 GB/T 5009.44 规定的方法测定。

4.3.2 汞

按 GB/T 5009.17 规定的方法测定。

4.3.3 铅

按 GB/T 5009.12 规定的方法测定。

4.3.4 砷

按 GB/T 5009.11 规定的方法测定。

4.3.5 铜

按 GB/T 5009.13 规定的方法测定。

4.3.6 六六六、滴滴涕

按 GB/T 5009.19 规定的方法测定。

4.3.7 土霉素、四环素、金霉素

按 GB/T 5009.116 规定的方法测定。

4.3.8 乙烯雌酚

按 GB/T 5009.108 规定的方法测定。

4.4 微生物检验

4.4.1 菌落总数

按 GB/T 4789.2 规定的方法测定。

4.4.2 大肠菌群

按 GB/T 4789.3 规定的方法测定。

4.4.3 沙门氏菌

按 GB/T 4789.4 规定的方法测定。

5. 净含量检验

用衡器进行秤量检验。所用衡器的最大允许误差应当小于被检验的定量包装净含量允许最大偏差的三分之一。

6. 检验规则

6.1 组批

以同一等级、规格,同一生产同期内的 1 000 千克产品为一个检验批。

6.2 抽样

在整批成品产品中随机抽取 5 千克,不足 1 000 千克的检验批抽样数量不得少于 3 kg。打开抽取的包装,混匀,再从中抽取检验所需的样品。

6.3 检验分类

检验分为出厂检验和型式检验。出厂检验项目为本标准 3.3 条、3.4 条、3.7 条规定的技术要求,型式检验为本标准 3.3 条、3.4 条、3.5 条、3.6 条、3.7 条规定的技术要求。

6.3.1 每批产品需经企业质检部门的出厂检验合格,并出具质量检验合格证明,方可出厂。

6.3.2 在下列情况下,应进行型式检验。

(1) 原料产地、生产工艺有较大变化时;

(2) 停产半年以上恢复生产时;

(3) 国家质量监督抽查时;

(4) 正常情况下,每年应不少于一次。

6.4 判定规则

当产品检验中发现本标准 3.5 条中有一项不符合要求时,则判整批产品为不合格品;其他若有一项指标不符合要求,可加倍抽样进行复检,复检仍不符合标准要求,则判整批产品为不合格。

7 标志、包装、运输和贮存

7.1 标志

产品应按 GB 7718 规定进行标识标注。具体包括:

(1) 产品名称:冷冻蜗牛肉;

(2) 配料:蜗牛肉;

（3）质量等级；

（4）净含量；

（5）产品执行标准；

（6）生产企业厂名、厂址；

（7）保质期：十八个月；

（8）生产日期；

（9）贮存条件：≤－18 ℃。

7.2　包装

产品应用符合 GB 9687 的聚乙烯薄膜进行密封内包装，也可按用户要求包装，但包装材料应符合国家有关卫生要求。

7.3　运输

产品应采用专用食品冷藏车运输，不可与其他非食品类货物混装、混运。搬运时应防止包装破损，防止产品污染。

7.4　贮存

冷藏贮存，贮存温度不高于－18 ℃。

（三）无公害商品白玉蜗牛标准

1　范围

本标准规定了无公害商品白玉蜗牛的技术要求、检验方法、检验规则、标志、包装、运输与贮存。

本标准适用于室内、外环境中养成的无公害商品白玉蜗牛。

2　规范性引用文件

下列文件中的条款通过本标准的引用而成为本标准的条款。凡是注日期的引用文件，其随后所有的修改单（不包括勘误的内容）或修订版均不适用于本标准。然而，鼓励根据本标准达成协议的各方研究是否可使用这些文件的最新版本。凡是不注日期的引用文件，其最新版本适用于本标准。

NY 5070－2002　无公害食品水产品中渔药残留限量

NY 5073－2001　无公害食品水产品中有毒有害物质限量

GB/T 5009.17－2003　食品中总汞及有机汞的测定

GB/T 5009.11－2003　食品中总砷及无机砷的测定

GB/T 5009.12－2003　食品中铅的测定

GB/T 5009.15－2003　食品中镉的测定

SN 0352　麻痹性贝类毒素的测定

SN 0294　腹泻性贝类毒素的测定

GB/T 5009.116－2003　畜禽肉中土霉素、四环素、金霉素残留量的测定

3　技术要求

3.1　感官要求应符合表1的规定。

表1　无公害白玉蜗牛活体感官要求

项目	要　　求
健康状况	体质健康,头伸缩活泼、敏捷
形态	贝壳螺旋形,无凹凸,色泽鲜艳,褐云条纹清晰
体色	乳白色,无黄褐色
裙边	奶黄色
内脏质量	内部器官色泽正常,无病变,无黄水,轻度腥味

3.2　安全卫生指标

3.2.1　有毒有害物质限量

无公害白玉蜗牛中有毒有害物质汞、砷、铅、镉、麻痹性贝类毒素、腹泻性贝类毒素限量应符合表2的规定。

表2　无公害白玉蜗牛有毒有害物质限量

项目	单位	指标值
汞	毫克/千克	≤1.0
砷	毫克/千克	≤0.5
铅	毫克/千克	≤1.0
镉	毫克/千克	≤1.0
麻痹性贝类毒素	微克/千克	≤80
腹泻性贝类毒素	微克/千克	不得检出

3.2.2　药物残留量

无公害白玉蜗牛中药物残留土霉素、氯霉素、呋喃唑酮、磺胺类限量应符合表3的规定。

表 3 无公害白玉蜗牛药物残留限量(微克/千克)

项目	指标值	项目	指标值
土霉素	100	呋喃唑酮	不得检出
氯霉素	不得检出	磺胺类	不得检出

4 检验方法

4.1 感官检验

贝壳完整,色泽光洁,腹足肥满,活泼好动,无伤残,无腥臭,黏液多,只重达到标准。

4.2 有毒有害物质检验

4.2.1 汞

按 GB/T 5009.17 规定的方法测定。

4.2.2 砷

按 GB/T 5009.11 规定的方法测定。

4.2.3 铅

按 GB/T 5009.12 规定的方法测定。

4.2.4 镉

按 GB/T 5009.15 规定的方法测定。

4.2.5 麻痹性贝类毒素

按 SN 0352 规定的方法测定。

4.2.6 腹泻性贝类毒素

按 SN 0294 规定的方法测定。

4.3 药物残留检验

4.3.1 氯霉素

按 NY 5070 规定的方法测定。

4.3.2 呋喃唑酮

按 NY 5070 规定的方法测定。

4.3.3 磺胺类

按 NY 5070 规定的方法测定。

4.3.4 土霉素

按 NY 5070 规定的方法测定。

5 检验规则

5.1 检验要求

（1）产品应由质检部门检验合格后方可销售，并附有合格证方可销售。

（2）每 100 个饲养箱或室外每 667 平方米饲养地为一检验批。

（3）在每批商品蜗牛中，随机抽取 30 只进行感官检测，然后再从 30 只中随意抽取 10 只进行安全卫生指标检测。

5.2　判定规则

（1）每只白玉蜗牛若感官有两项不合格或有严重病状的，则该只为不合格，每批感官检验的合格率低于 90%，则判该批产品为不合格。

（2）安全卫生指标检验结果有一项不合格时，可重新自同批产品中加倍抽样进行复检，仍不合格的，则判该批为不合格产品。

5.3　仲裁检验

供需双方对质量发生争议时，以本标准为依据，送法定质量检验机构进行仲裁检验。

6　标志

外包装上应表明：产品名称、商标、产品标准、编号、月龄、养殖场（公司、户）名称和地址。

7　包装

用塑料周转箱或塑料泡沫箱等洁净、无毒的包装容器。

将活蜗牛按箱的 2/3 容量装载，加上顶盖，箱的空间部分保持空气流通，待运售的蜗牛，每隔 5～6 小时喷水一次，以防脱水。

8　运输

活蜗牛运输过程中应避免日晒、风吹和寒冷气候。长途运输应注意保持湿度，防止破箱，以免蜗牛壳破碎，或死亡或逃逸。

9　储存

活蜗牛包装后应贮存于阴凉处，贮运过程中应轻放轻运，避免挤压与碰撞，贮存过程中应严防曝晒，并不得脱水。

（四）蜗牛冻肉的验收标准

1　品管人员参考标准

1.1　感官指标

（1）具有蜗牛自然的乳白（淡黄）色，色泽均匀；

（2）无杂质、无霉变、无腐败味及其他气味；

（3）质感鲜嫩、有弹性。

1.2　理化指标

(1) 单粒重量：5.5～6.5 克/粒(90%在此范围内)。

(2) 挥发性盐基氮：≤16 毫克/100 克。

(3) 汞：≤0.1 毫克/千克,按 GB 2762 执行。

(4) 六六六、滴滴涕：≤0.2 毫克/千克,按 GB 2762 执行。

(5) 无机砷：≤0.3 毫克/千克,按 GB 2762 执行。

分析方法依据 GB/T 5009 - 2003。

1.3 微生物指标

(1) 细菌总数：≤500 000 cfu/毫升。

(2) 大肠菌群：≤4 500 MPN/100 毫升。

(3) 沙门氏菌：不得检出。

分析方法依据 GB 4789 - 2003

2 本标准适用于：加工中心生产的黄油蜗牛的原则——蜗牛冻肉

2.1 产品描述

蜗牛冻肉是以 30～35 克重的白玉蜗牛为原料,经烧煮后结合特定的生产工艺块冻加工而成。

2.2 运输车辆检查

(1) 参照冷冻生产品运输车辆技术标准。

(2) 产品码放：产品包装无散箱,无破损,无污染。

2.3 包装检查

(1) 外包装箱标识：外包装箱上应标有：产品名称、包装规格、生产厂商、厂址、联系电话、生产日期和保质期限等。

(2) 外观

① 外包装箱不得有大面积受潮、发霉的现象；

② 外包装箱不得有严重破损、开裂,特别是造成产品散开的现象；

③ 外包装箱不得有被污染和大面积污迹的现象；

④ 外包装箱不应有湿透、疲软或带有冰霜；

⑤ 外包装箱材质：双瓦楞纸箱；

⑥ 内包装代材质：低密度聚乙烯。

2.4 产品检查

2.4.1 抽查比例

100 箱以上按 3%开箱检查；不足 100 箱至少检查 1 箱。

2.4.2 拆箱检查

拆开外箱检查里面的货品、包装规格和数量是否正确,每袋毛重：1.5 千克±50 克/袋。

2.4.3 净含量及解冻验重标准

(1) 净含量：1.0 千克±50 克/袋。

(2) 将一袋样品放入网箱中，浸入 20±2 ℃的水中，水的用量至少为样品的 10 倍，解冻 30 分钟，解冻后，提起网箱沥水 3 分钟后验秤。

2.4.4 水煮后重量标准

在沸水中以小火煮 20 分钟，达到 28±3 g/粒。单位批量密度：155～165 粒/kg。

2.4.5 检查内包装袋

(1) 内包装袋表面清洁，无明显冰霜；箱内不能混有不洁有害夹杂物，如碎玻璃、金属性物质(铁钉、铁丝等)。

(2) 内包装袋不得有任何形式的开裂，以及产品实物撒落。

2.4.6 内包装袋标识

内包装袋上应标注产品名称，净重，生产厂商，生产日期，保质期限等。

2.4.7 产品温度检查

参见冷冻产品温度检查标准。

2.5 保质期限

保质期限两年(－18 ℃)。

(五) 出口冻煮蜗牛肉检验标准

1 范围

本标准规定了出口冻煮蜗牛肉的抽样方法和包装与标志、温度、品质、杂质、规格、重量以及寄生虫与微生物检验方法。

本标准适用于经去壳去内脏，加工制成的出口冻煮褐云玛瑙螺肉的检验。

2 规范性引用文件

下列文件中的条款通过本标准的引用而成为本标准的条款。凡是注日期的引用文件，其随后所有的修改单(不包括勘误的内容)或修订版均不适用本标准。然而，鼓励根据本标准达成协议的各方研究是否可使用这些文件的最新版本。凡是不注日期的引用文件，其最新版本适用于本标准。

ZBB 50001 出口水产品检验抽样方法

ZBB 50003 出口冷冻水产品重量检验方法

ZBB 50004 出口冷冻水产品解冻方法

SN 0168　出口食品平板菌落计数

SN 0169　出口食品大肠菌群、粪大肠菌群和大肠杆菌检验方法

SN 0170　出口食品中沙门氏菌属(包括亚利桑那菌)检验方法

SN 0172　出口食品中金黄色葡萄球菌检验方法
3　检验场所、设备及试剂

3.1　检验场所

3.1.1　感官物理检验场所

自然光线充足,无强光直接照射,温度适宜,通风良好,无异味、清洁卫生。

3.1.2　无菌室

室内封闭,六面光亮平整,无杂物,清洁卫生,日光灯照适宜。紫外灯照消毒后无异味,符合接种要求。

3.2　设备

3.2.1　感官物理检验设备

感官物理检验操作台、不锈钢或白瓷砖操作台,高度适宜,面平,清洁易洗、易消毒并耐腐蚀。

3.2.2　无菌室操作台

台面为不锈钢或白瓷砖,高度适宜,面平,清洁易洗。能耐高温消毒,且耐酸耐碱、耐腐蚀。室内经有效紫外线照射 30 min 消毒后使用。

3.2.3　捣肉机

3.2.4　电动搅拌机

3.2.5　解剖显微镜

3.2.6　衡器:最大称量值不大于被衡样品量的 5 倍,检验前需校准。

3.2.7　温度计:±50 ℃水银温度计,分度为 0.5 ℃。

3.2.8　解冻设备:按 ZB B50 004 规定。

3.3　试剂

3.3.1　盐酸(浓度约 1.19 克/毫升)

3.3.2　胃蛋白酶

3.3.3　生理盐水

3.4　微生物检验设备、培养剂及试剂:菌落检验按 SN 0168、大肠菌群和粪大肠菌群以及大肠杆菌按 SN 0169、金黄色葡萄球菌按 SN 0172、沙门氏菌属按 SN 0170 之规定。

4　抽样

4.1　冻前半成品抽样

随机抽样,按班组日加工量分批分规格进行,样品数量不少于总数量的5%。

4.2 冻后成品抽样

4.2.1 不解冻检验抽样

按报验批抽样,每批在500箱以内(含500箱)的,抽取样品3箱,500箱以上的,每增加500箱增抽1箱,不足500箱的也增抽1箱。

4.2.2 解冻检验抽样

按 ZBB 50001 规定进行。

5 检验

5.1 包装与标志检验

5.1.1 包装检验

对所抽取的样品首先检查外包装,然后检验样品的内包装,看其是否清洁、完整、坚固,适合长途运输。

5.1.2 标志检验

检验外包装上商品名称、牌号、规格、重量、厂代号、批号及生产日期等文字图案是否同内容物相符,标志是否清晰齐全,唛头是否与合同、信用证相一致。

5.2 温度检验

5.2.1 冷藏库的温度检验

检查冷藏库温度自动记录。或直接用温度计测定,将温度计放入冷库门边,关闭库门,待温度计指示不再下降时读数。

5.2.2 冻品中心温度检验

在被抽验的样品中任取二块,置于不高于 20 ℃ 的场所,用钻头钻至冻品的几何中心后取出钻头,立即插入温度计,待温度计指示不再下降时读数。

5.3 品质检验

5.3.1 冻前半成品检验

感官检验产品色泽、气味和肉质组织。色泽应呈黑褐色。具有特殊香味,无异味。内脏去除干净。肉质结实,手感柔润有弹性,无黏液。

5.3.2 成品检验

检查冻块。冰衣应平整,盖没肉体,清洁卫生,能看到外层蜗牛肉,大小一致。色泽正常,无风干、氧化等现象。冻块无断裂现象。需解冻检验者按 ZB B50 004 规定解冻,解冻后按 5.3.1 检验。

5.3.3 水煮检验

将 1 000 毫升水放入一洁净的容器内,煮沸,放入 500 克的样品加盖,再煮沸 5 min 后停止加热并立即开盖,用手扇动气体,嗅其有无异味。然后捞出肉粒控水 3 min 后尝其味道,应具有该品种特有的轻度清香味,肉质有弹性;再看其汤汁是否混浊。

5.3.4 煮熟度测定

(1) 测定方法:按 5.3.3 进行水煮后,样品控水 3 分钟,称量。

(2) 计算

$$煮熟度(\%) = \frac{W_2}{W_1} \times 100$$

式中,W_1——煮前样品重量(千克);W_2——水煮后样品重量(千克)。

5.4 杂质检验

把解冻后的样品置于洁净的瓷盘中,拣出所有杂质,计量。

5.5 规格检验

准确称取单位 1 千克质量样品,看其大小是否均匀。再检出差异大的串规格的肉粒,数其个数是否与标签规格相符。

5.6 重量检验

解冻后的样品重量按 ZBB 50003 规定检验。

5.7 寄生虫检验

取解冻后的蜗牛肉 20 克,加入 993 毫升生理盐水、7 毫升盐酸和 5 克蛋白酶,用捣肉机搅碎,移至锥形瓶中,在 37 ℃恒温箱内用电动搅拌机搅拌 5 小时,待消化完全,以双层纱布过滤,用解剖显微镜观察有无绦虫、线虫、吸虫。

5.8 微生物检验

5.8.1 菌落计数

按 SN 0168 规定检验。

5.8.2 大肠菌群、粪大肠菌群和大肠杆菌

按 SN 0169 规定检验。

5.8.3 金黄色葡萄球菌

按 SN 0172 规定检验。

5.8.4 沙门氏菌

按 SN 0170 规定检验。

6 结果评定

将检验结果与标准或合同要求进行综合判断,评定合格与否。

（六）蜗牛用水水质卫生标准

1 范围

本标准规定了蜗牛用水水质的指标,水质分级,标准限量,水质检验。

本标准适用于蜗牛日常喷洒用水,及蜗牛产品加工用水。

2 规范性引用文件

下列文件中的条款通过本标准的引用而成为本标准的条款。凡是注日期的引用文件,其随后所有的修改单(不包括勘误的内容)或修订版均不适用本标准。然而,鼓励根据本标准达成协议的各方研究是否可使用这些文件的最新版本。凡是不注日期的引用文件,其最新版本适用于本标准。

GN 5749 生活饮用水卫生标准

GN 8161 生活饮用水源铍卫生标准

GN 11729 水源水中百菌清卫生标准

GN 5750 生活饮用水标准检验法

3 技术要求

3.1 蜗牛用水水源水质分级

水源水质分两级,各级水质标准限值见表1。

表1 水质标准限值

项目	标准限值	
	一级	二级
色	色度不超过 15 度,并不得呈现其他异色	不应有明显的其他异色
混浊度(度)	≤3	
嗅和味	不得有异臭、异味	不得有明显的异臭、异味
pH	6.5～8.5	6.5～8.5
总硬度(以碳酸钙计)(毫克/升)	≤350	≤450
溶解铁(毫克/升)	≤0.3	≤0.5
锰(毫克/升)	≤0.1	≤0.1
铜(毫克/升)	≤1.0	≤1.0
锌(毫克/升)	≤1.0	≤1.0

项目	标准限值	
	一级	二级
挥发酚(以苯酚计)(毫克/升)	≤0.002	≤0.004
阴离子合成洗涤剂(毫克/升)	≤0.3	≤0.3
硫酸盐(毫克/升)	≤250	≤250
氯化物(毫克/升)	≤250	≤250
溶解性总固体(毫克/升)	≤1 000	≤1 000
氟化物(毫克/升)	≤1.0	≤1.0
氰化物(毫克/升)	≤0.05	≤0.05
砷(毫克/升)	≤0.05	≤0.05
硒(毫克/升)	≤0.01	≤0.01
汞(毫克/升)	≤0.001	≤0.001
镉(毫克/升)	≤0.01	≤0.01
铬(六价)(毫克/升)	≤0.05	≤0.05
铅(毫克/升)	≤0.05	≤0.07
银(毫克/升)	≤0.05	≤0.05
铍(毫克/升)	≤0.000 2	≤0.000 2
氨氢(以氮计)(毫克/升)	≤0.5	≤1.0
硝酸盐(以氮计)(毫克/升)	≤10	≤20
耗氧量($KMnO_4$法)(毫克/升)	≤3	≤6
苯并(a)芘(微克/升)	≤0.01	≤0.01
滴滴涕(微克/升)	≤1	≤1
六六六(微克/升)	≤5	≤5
百菌清(毫克/升)	≤0.01	≤0.01
总大肠菌群(个/升)	≤1 000	≤10 000
总 α 放射性(Bq/升)	≤0.1	≤0.1
总 β 放射性(Bq/升)	≤1	≤1

3.2 一级水源水

水质良好。

3.3 二级水源水

水质受轻度污染。需规范净化处理,(如絮凝沉淀过滤、消毒等)后,达到
GB 5749 规定,才可作为蜗牛的用水。

4 标准限值

4.1 蜗牛用水水质

不应超过表 1 所规定的限值。

4.2 其他

水源水质中如含有表 1 中未列入的有害物质时,应按有关规定执行。

5 水质检验

5.1 水质检验方法

按 GB 5750 执行。铍的检验方法按 GB 8161 执行。百菌清的检验按
GB 11729 执行。

5.2 已使用水源或新水源的检验

已使用的水源或选择新水源时,最少 3 个月采样一次作全面分析检验。

(七) 无公害白玉蜗牛养殖技术规程

1 范围

本规程规定了无公害白玉蜗牛出壳幼蜗牛饲养至成蜗牛,以及饲养过程
中药物、饲料的使用规则。本规程适用于人工饲养中无公害白玉蜗牛的
饲养。

2 规范性应用文件

下列文件中的条款通过本规程的引用而成为本规程的条款。凡是注日
期的引用文件,其随后所有的修改单(不包括勘误的内容)或修订版均不适用
于本规程。然而,鼓励根据本规程达成协议的各方研究是否可使用这些文件
的最新版本。凡是不注日期的引用文件,其最近版本适用于本规程。

NY 5051 - 2001 无公害食品淡水养殖用水水质

GB 15618 - 1995 土壤环境质量标准

NY 5071 - 2002 无公害食品渔用药物使用准则

NY 5073 - 2001 无公害食品水产品中有毒有害物质限量

3 室内养殖

3.1 饲养前的准备

3.1.1 环境质量要求

（1）土质：无公害白玉蜗牛室内饲养所用的饲养土质量应符合表1要求。

表1 无公害白玉蜗牛饲养土的要求

项目	标准值（毫克/千克）	项目	标准值（毫克/千克）
铅	≤0.1	砷	≤0.1
汞	≤0.1	铅	≤0.2

（2）水质：无公害白玉蜗牛饲养室内所用的水应符合 NY 5051 要求。

3.1.2 饲养室条件

选择通风保温干净的空房，室内搭建饲养棚，做好饲养架、饲养箱，并安装照明、保温、保湿设施。配制的饲养土施入箱内，厚度 3～5 cm，铺设后，用 0.1% 的高锰酸钾溶液将饲养室地面、墙壁、饲养架等一切用具喷洒两遍，做到全面彻底的消毒灭菌。

3.2 放养

3.2.1 放养时间

刚孵化出的幼蜗牛，经过一周后再移入饲养箱内饲养。

3.2.2 开食

孵化出的幼蜗牛待 3 天后投食，即取新鲜绿的苦荬菜嫩叶，摘菜心下第二、第四叶片，用清水洗净，将菜叶切成两半，并添加 5% 的蒸熟米糠加以投喂，每天傍晚投喂一次。

3.2.3 放养密度

放养密度与蜗牛的月龄、养殖面积和气温有密切关系，室内具体的放养密度参见表2。

表2 室内白玉蜗牛放养密度

月龄	个体重（克）	饲养箱规格（厘米）	放养数量（只）	密度范围（只/米²）
1	0.4～0.8	45×35×20	800	4 000～5 000
2	3～5	45×35×20	400	1 200～2 000
3	7～9	45×55×20	200	800～1 000
4	12～15	45×55×20	120	400～600
5	20～25	45×55×20	70	240～300
6	30～35	50×60×25	40	120～140

4 室外饲养

4.1 饲养前的准备

4.1.1 环境质量要求

（1）土质：室外饲养的土壤质量应符合表1要求。

（2）水质：室外饲养养殖所用的水应符合 NY 5051 要求。

4.1.2 室外饲养条件

将室外饲养养殖地犁耙两遍，使土地疏松平整，并筑成一畦一沟，畦一般2米宽，畦内埋入有机肥，每 667 平方米施 2 000～3 000 千克。同时，在畦的周围种植苦荬菜、鸡毛菜及藤本作物等，以利蜗牛遮阳及保证青绿饲料供应。

4.1.3 防逃方法

可采用 1 米宽的尼龙网或塑料纱网，在饲养场周围打上木桩作撑架，拦网高 50 厘米，上面弯成"┐"形。

4.2 放养

4.2.1 放养时间

孵化出的幼蜗牛，在室内饲养箱内饲养到 5 月份，当室外温度达 20 ℃以上时，即可将室内的蜗牛放到室外大田饲养。

4.2.2 放养密度

室外一般每 667 平方米放养 2 万～4 万只为宜，规格应在 5 克以上。同时，在畦面上覆盖稻草等遮阳物。

5 饲养管理

5.1 饲料

喂养蜗牛的青饲料和精饲料要合理搭配，青料占 85%，粗料占 5%，精料占 10%。在混合精料中钙质料占 10%，蛋白质占 50%，碳水化合物占 30%，其他 5%，并增加育肥微量元素和氨基酸添加剂。饲料应符合国家有关安全、卫生要求。

5.1.1 投放位置

室内一般投放在箱的中间，不得撒在蜗牛身上。室外饲养采取多点投喂。

5.1.2 投饲量

日投饲量为其体重的 5%。

5.1.3 日投次数

投饲要做到定点、定量，每天 17:00～18:00 时投喂。

5.1.4 清除残饵

每日打扫一次箱具,清除残饵和粪便。

5.2 饲养土管理

土质要求符合表 1 的规定,饲养土须保持疏松,多腐殖质和含有一定有机质。饲养土上的残饵和蜗牛粪便应每天清除一次,因积水而发霉时应及时更换新土,保持其 pH 7～7.5、湿度 30％～40％。

5.3 通风设备

为保持饲养箱内空气流通、氧气充足,在饲养室前后墙距地面 30 厘米处应安装一台换气扇,每天投喂饲料时,同时开启 5～10 分钟。冬季保温期内,换气扇应加上防护外罩,以保持室内温度。

5.4 病害防治

5.4.1 防治原则

坚持“全面预防、积极治疗”的方针,贯彻“防重于治、防治结合”的原则。

5.4.2 药物防治

药物使用必须严格按照国务院和农业部有关规定。严禁使用未经取得生产许可证、批准文号、产品执行标准号的药物。

5.4.3 生物防治

推广使用高效、低毒、低残留药物,提倡生态综合防治和使用生物制品进行防治。

5.4.4 常用药物用法、用量

蜗牛常见病的防治药物用法、用量应符合表 3 规定,其中土霉素停药期需 30 天(包括 30 天)以上。

表3 无公害白玉蜗牛病害防治药物

药物名称	使用方法	用量
陈石灰	喷洒在饲养土上	10～20 毫克/升
高锰酸钾	浸浴 2 分钟	2 毫克/升
聚维酮碘(有效碘 1％)	浸浴 2 分钟	3 毫克/升
土霉素	口服	10 毫克/千克连续 3～5 天
黄芩	口服	2 克/千克煎汁喷入饲料连喂 3～6 天
大黄粉	口服	2.5 克/千克煎汁喷入饲料连喂 6～7 天
鱼腥草与柴胡	口服	各 5 克/千克煎汁喷入饲料连喂 5 天

5.4.5 禁用和限用药物名录

禁止使用无生产许可证、无生产厂名、无生产日期的药物。主要禁用和限用药物品种见表4。

表4 无公害白玉蜗牛禁用和限制使用药物

药物名称	禁用范围	禁用原因
孔雀石绿	全面禁用	高毒致癌高残留
醋酸亚汞	全面禁用	高毒高残留
硝酸亚汞	全面禁用	高毒高残留
六六六	全面禁用	高残留
滴滴涕	全面禁用	高残留
新霉素	全面禁用	高毒高残留
菊酯类农药	全面禁用	高残留
呋喃西林	禁止内服	高残留

5.5 越冬管理

(1) 入冬前建好保温棚,家庭越冬饲养室以 2~10 米² 为宜。

(2) 越冬饲养室内温度必须控制在 25~28 ℃。

(3) 越冬饲养室内空气干燥,必须按湿度标准做好保湿工作,对地面、饲养箱内壁喷水时,须用温水。

(4) 冬季要坚持每天清除残饵粪便,将地面打扫干净即可。

(5) 越冬期间既要照顾蜗牛的偏食性,又要注意蜗牛的杂食性,不要长期投喂单一饲料,间隔一段时间调换一种蜗牛喜食的青绿饲料。精饲料做到多种原料混合配制。

6 采收

6.1 采收时间

经过 4 个月饲养,达到商品规格的白玉蜗牛即可采收上市。

6.2 采收方法

采用人工捕获的方法。采收时要轻拿轻放,以避免弄破螺壳。

(八) 无公害白玉蜗牛人工繁殖技术规程

1 范围

本规程规定了无公害白玉蜗牛的繁育环境条件、种蜗牛选择、饲养管理与产卵孵化。

本规程适用于人工饲养中无公害白玉蜗牛。

2 规范性应用文件

下列文件中的条款通过本规程的引见而成为本规程的条款。凡是注日期的引用文件,其随后所有的修改单(不包括勘误的内容)或修订版均不适用于本规程。然而,鼓励根据本规程达成协议的各方研究是否可使用这些文件的最新版本。凡是不注日期的引用文件,其最近版本适用于本规程。

GB 15618 - 1995 土壤环境质量标准

NY 5051 - 2001 无公害食品淡水养殖用水水质

3 繁育环境条件

3.1 总则

应选择适合白玉蜗牛生活习性,符合种蜗牛繁殖、生长条件和防逃要求,背风向阳、水源较好、无污染的环境建场。

3.2 水质

水质应符合 NY 5051 - 2001 无公害食品淡水养殖用水水质要求。

3.3 饲养室

饲养室应通风保温,环境整洁。存放过农药、化肥和堆有腐烂发霉物品等残存或释放有毒有害物的房屋不能作为白玉蜗牛繁育饲养室。

3.4 饲养棚

饲养室内应搭建饲养棚。饲养棚宜采用 1 毫米厚的塑料布(膜)进行保温、保湿。棚的高度为 2.5～2.8 米。

3.5 饲养架

饲养棚内应搭建饲养架。饲养架以高 2 米、宽 0.5 米为宜,分 7～8 层搁置饲养箱,每层高度 20～25 厘米,并能方便投食和打扫卫生。

3.6 饲养箱

饲养箱制作应以杨树、桐树等阔叶树为宜,不能用松木、杉木、柏木等针叶类木材制作。饲养箱加盖后高度保持 25 厘米、长 50 厘米、宽 40～45 厘米,木板厚度为 1.5 厘米。

4 种蜗牛选择

选择野生或人工选育的非近亲成熟白玉蜗牛,并符合白玉蜗牛的分类特征,外形完整、无伤残、无畸变,外表褐云色彩鲜艳,贝壳色泽光洁,螺壳条纹清晰,肉色细嫩,行动敏感,生长边宽带有乳白色,体重 40 克以上,无病、受孕待产的白玉蜗牛。

5 饲养管理

5.1 放养密度

种蜗牛的放养密度应适中,以每平方米放养 120 只为宜。

5.2 放养时间

种蜗牛的放养最佳时间为每年 1～2 月。

5.3 饲养土要求

饲养土应符合 GB 15618‐1995 二级以上要求,土质潮湿肥沃,腐殖质丰富,水分 30%～40%,pH 7～7.5。

5.4 饲养土管理

饲养箱箱底铺设 3～5 厘米饲养土,以满足白玉蜗牛在土壤中挖穴产卵的习性。饲养土上剩料残渣和蜗牛粪便每天消除一次,并每隔 15 天更换饲养土。

5.5 温度控制

种蜗牛饲养室温度控制在 25～28 ℃。

5.6 湿度控制

种蜗牛饲养室的空气相对湿度控制在 75%～85%,养殖土湿度控制在 30%～40%。

5.7 光照度调节

每天保持 10 小时光照时间,光照强度 10～20 勒,即相当于日出前或黄昏后的光线。

5.8 投饲

5.8.1 饲料

应符合安全、卫生要求。主要饲料种类有:

——贝壳粉、虾壳粉、蛋壳粉、骨肉粉等钙质料;

——鸡毛菜、苦荬菜、油菜、大白菜、小白菜、蒲公英、紫云英、菠菜、包心菜等叶菜类青饲料;

——丝瓜、黄瓜、菜瓜、冬瓜、茄子、南瓜、红薯、土豆、西红柿、胡萝卜、四季豆等瓜豆类青饲料。

——米糠、麸皮、蚕豆皮、黄豆皮、绿豆皮、大麦、豆腐渣、红薯干皮等糠皮类粗饲料;

——花生饼、芝麻饼、棉籽饼、菜籽饼、豆饼等饼粕类精饲料;

——鱼粉、蚕蛹粉等动物性精饲料。

5.8.2 投喂方法

投喂时做到定点、定量。投喂时间宜在每天 17:00～18:00,饲料投放在箱中间,不能撒在蜗牛身上。饲料应合理搭配,精料占 10%,青料占 85%,粗料占 5%。在混合精料中,钙质料占 30%,蛋白质 40%,碳水化合物 25%,其他 5%。日投喂量为蜗牛体重的 6%。

6 产卵与孵化

6.1 采卵

采集蜗牛卵粒与投喂食料和清除饲养箱内垃圾同时进行,每隔一天一次。方法是食指和中指并拢,在距箱壁 10 厘米的饲养土中沿逆时针和顺时针方向各刨半周,发现卵粒,用拇指和食指或小汤匙将卵粒轻轻拿起,轻放在盛有饲养土的容器里。卵粒不能用水擦洗和直接洒水,以免损坏卵粒的黏膜保护层和呼吸微孔,也不能将卵粒放在阳光下暴晒或火炉旁烘烤,以免脱水死亡。

6.2 人工孵化

6.2.1 孵化箱

孵化箱可一箱二用,同时作为幼蜗牛的饲养箱。孵化箱以阔叶树木材制作,用厚度为 1.5 厘米的木板制成长 50 厘米、宽 35 厘米、高 10 厘米的木箱,并加上木箱盖。

6.2.2 孵化基质

孵化基质宜采用离地面 2～3 厘米的深层土壤,经太阳曝晒 8 小时后备用。深层土应符合 GB 15618 - 1995 二级以上要求。

6.2.3 孵化方法

将孵化箱放在符合 NY 5051 规定的清洁水中浸泡,让其充分吸足水分备用,再将孵化基质加水调配均匀至含水分 30% 左右,放入木箱内铺平,厚度以 2～3 厘米为宜。并将采收的每一团卵分别放入深度为 1.5～2 厘米的小穴内,再在上面盖一层 2～3 毫米含水分 30% 左右的孵化基质,盖上箱盖,并用湿毛巾覆盖于箱盖上。

6.2.4 孵化温度、湿度

孵化温度控制在 25～28 ℃,孵化箱内的空气相对湿度保持 70%～80%。

6.2.5 孵化后管理

孵化出的幼蜗牛不得即刻移入饲养箱和投放饲料,须 3 天后投饲,一周后再翻箱。